KB202555

청와대야 소풍 가자

비밀의 정원과 나무 이야기

청와대야 소풍 가자

권영록 · 조오영 · 정명규 · 최영섭 · 박국진 · 조병철 지음

2025
증보판

좋은땅

　봄날 백두산 천지에 올라 보면 만병초, 두메양귀비, 금매화, 큰복주
머니란을 비롯한 야생화들이 시간에 맞춰 피고 진다. 이를 두고 혹자
는 신들이 만든 '비밀의 정원'이라고 한다.

　청와대의 정원은 비록 사람에 의해 만들어졌지만, 오랜 기간 대중
에 개방되지 않았다는 점에서 '비밀의 정원'이라 말할 수 있다. 그래서
2022년 대국민 개방 이후 수만 명의 인파가 비밀에 대한 궁금증을 풀
기 위해 매일 같이 찾아들었다.

　『청와대!』 국민들에게 꿈과 희망을 심어 주던 터전.

　봄의 꽃 대궐, 여름의 녹음, 형형색색의 가을 단풍, 순백의 눈꽃이 겨
우내 피어나는 그곳엔, 불변의 아름다움이 있다. 이를 관람하기 위해
찾아온 국민들은 아! 하고 감탄사를 지르며 자연의 뽐을 만끽하지만,
정권교체기마다 수백여 명의 직원들이 한꺼번에 바뀌는 혼돈의 장소이
기도 했다.

　새 정부가 들어서면 청와대에서 가장 흔하게 회자되는 말은 '우리 정
부의 성공을 위하여'란 구호였다. 그러나 정권이 끝나고 나면, 몸담았
던 직원들이 이런저런 형태로 시련을 겪는 것이 사실이었다.

　'비밀의 정원'은 정치적 색채가 없다. 그렇기에 정권이 끝나도 변함

없이 청와대의 풍경을 유지할 수 있다. 이 책에는 그 변함없는 비밀의 정원에 대한 이야기를 담았다.

조선의 도읍지 한양은, 북쪽의 북악산을 주산으로 하고, 남쪽의 남산, 동쪽의 낙산, 서쪽의 인왕산을 기준으로 경복궁을 창건하였다.

청와대는 고려시대에는 신궁, 조선시대에는 경복궁의 후원이었으며, 대한민국 정부수립 이후에는 대통령의 집무실인 경무대였다.

경무대는 1960년 청와대青瓦臺로 이름을 바꾸고 영문으로 Blue House라 불렸다. 1991년 현재의 본관을 새로 지어 이용하다가, 2022년 5월 9일 대통령 집무실로서의 역사적 임무를 마감하였다.

2022년 5월 10일 청와대의 모든 기능이 용산으로 이전되었고, 터만 남아 국민 누구나 방문할 수 있는 관광명소로 바뀌었다. 개방 초기에는 하루 3만 명의 방대한 인원이 방문하다 보니 청와대를 충분히 둘러볼 수 없었고, 잘 보전돼 오던 시설이 훼손되기 시작했다. 이를 계기로 필자들은 국민이 쉽게 청와대를 이해할 수 있도록 2022년도에『청와대야 소풍 가자』라는 책을 펴냈다. 이 책의 근간은 2012년 발간된『청와대의 꽃 나무 풀』이란 책으로, 정치적 이념이 전혀 없는, 청와대 자연환경을 조사 정리한 기초 서적이다.

이번에『청와대야 소풍 가자』증보판을 발간하게 된 것은 청와대 문화유산을 좀 더 소상하게 소개하고, 대통령의 나무, 희귀수목과 일반수목 및 야생화에 대한 생태적 특성을 기재했다. 또한 나무와 야생화에 담긴 인문학적 이야기를 더 구체적으로 기술하여, 이 책이 청와대 전용

문화해설서로, 국민들의 교양 도서로, 학생들의 학습 도서로 활용될 수 있도록 하였다.

『청와대야 소풍 가자』란 의미는 권위적 의식에서 벗어나 청와대가 독자의 품으로 다가간다는 메시지를 담았고, 소풍이란 단어로 설렘도 의도했다. 집필진 또한 청와대 행정관과 인문학에 조예가 깊은 전문가들로 보강하였다.

필자들이 청와대에서 근무할 때 청와대 자연성 회복사업으로 사계절 물이 흐르는 작은 개울을 만들어 물을 흘리고, 나무와 풀꽃을 심은 바 있다. 그러자 놀랍게도 나비와 새들이 찾아왔다. 2022년 봄에는 흰뺨검둥오리가 녹지원 개울가에 알을 낳았고 아기오리가 태어났다. 신록이 푸르던 초여름, 오리 가족이 개울에서 노니는 모습이 청와대를 찾은 관광객의 눈에 띄었다고 한다.

이렇듯 청와대가 생태적으로 안정되고 잘 보전되고 있음을 전해 드리며, 이 책을 발간하는 데 도움을 주신 분들께 진심 어린 감사를 드린다.

2025년 2월 25일

지은이 권영록, 조오영, 정명규, 최영섭, 박국진, 조병철

수도 서울의 중심에 자리한 북악산은 백두산의 정기를 이어받아 웅대한 위엄을 지니고 있습니다. 그 위엄은 북악산 기슭을 유영遊泳하여 청와대 처마 밑으로 흘러 들어갑니다. 제20대 대통령 취임 당일인 2022년 5월 10일, 청와대의 기능이 용산으로 모두 이전했습니다. 그 덕에 청와대의 문화유산과 자연경관이 국민의 품으로 돌아왔고, 북악산과 어우러진 웅대한 위엄이 온 누리에 드러나게 되었습니다.

2007년, 서울성곽의 개방으로 역사를 체험하는 국민이 늘어나면서 북악산의 자연생태에 대한 관심 또한 높아졌습니다. 이에 국립산림과학원은 북악의 나무와 풀을 도감으로 엮어 출간하기도 하였습니다.

2022년 개방한 청와대도 마찬가지입니다. 하루 3만여 명의 인원이 관람하면서 문화유산에 많은 관심을 보였고, 수용 한계를 초과한 방문으로 자연환경 훼손이 우려되기도 하였습니다. 이러한 점을 고려해, 과거 대통령실 행정관으로 근무했던 저자들이 관람객의 사전 이해를 돕고자 뜻을 모았습니다. 청와대의 문화유산과 자연생태에 대한 자료를 책으로 발간한 것입니다. 이는 역사 기록의 의미 외에도 야생화와 수목의 식물학 자료로서 보전 가치가 크다고 할 수 있습니다.

이번에 발간한 『청와대야 소풍 가자』 증보판은, 초판에 비해 건축물 및 문화유산 등 세부적인 내용을 더하였고, 야생화 125종, 수목 118종(대통령 기념식수 14종 23그루, 희귀나무 22종, 청와대 나무 86종)을 각각 종별로 수록했습니다. 나무에 얽힌 인문학적인 내용과 지리적·형태적·생태적 특징까지 기재하였으므로, 향후 청와대 자연환경 연구에 많은 도움이 될 것으로 보입니다. 추가로 북악산, 청와대, 경복궁, 남산으로 이어지는 서울의 남북 생태환경 연구의 기본자료로써도 활용 가치가 높아 보입니다.

『청와대야 소풍 가자』를 통해 청와대 수목에 대한 식물학 기초자료는 정리되었으니, 이를 바탕으로 청와대재단에서 문화유산 및 생태 관리를 철저히 하여, 후손에게 아름다운 자산을 남겨 주기를 기원합니다.

2025년 2월 25일

(전) 국립산림과학원 연구관
농학박사 최명섭

목차

PART 01 　생명의 궁宮

PART 02 　미리 가 본 청와대(문화유산과 건축물)

PART 03   비밀의 정원 The secret garden

마음을 담아간 야생화

봄에 피는 꽃

여름에 피는 꽃

가을에 피는 꽃

PART 08 청와대의 나무들

생명의 궁宮

1. 한양의 맥脈

지리적 명당, 생명의 물길

우리나라 지리는 백두산에서 시작된다. 백두산은 민족의 영산으로 숭상받아 왔으며 단군신화가 태동한 자리이기도 하다.

단군신화를 보면 환웅이 홍익인간의 뜻을 펼치려고 하늘에서 3,000명의 무리를 이끌고 백두산 신단수에 내려와 신시神市를 세우고 세상을 다스렸으며, 웅녀와 결혼하여 단군을 낳았다.

백두산의 높이는 2,744m로 한반도에서 가장 높은 산이다. 산 정상은 1년 중 8개월이 눈으로 덮여 있고, 흰색의 부석浮石들이 얹혀 있어서 흰머리산이라는 뜻으로 백두산이라 불리게 되었다.

백두산 정상 칼테라호인 천지天池의 면적은 9.18k㎡이고 가장 깊은 곳은 384m로 하늘과 맞닿아 푸르고, 주변의 흰 경관과 조화를 이루고 있다. 천지에는 장군봉, 백운봉, 천문봉 등의 장엄한 봉우리가 있으며 이중 장군봉이 가장 높은 봉우리이다.

연길에서 백두산까지 가는 길에 자작나무 숲이 울울창창 흰 수피를 자랑하며 빽빽이 들어서 있고, 가문비나무와 틈새에 마가목의 빨간 열매가 함께하면서 보기에 좋았고, 더불어 건강한 산림생태계를 유지하고 있다.

청와대야 소풍 가자

일반적으로 교목한계선은 산꼭대기 기후가 저온이나 수분 부족, 강풍 등으로 키 큰 나무가 살 수 없는 한계선으로, 백두산의 경우 해발 1,800~2,100m 지점에 거센 바람을 이겨 낸 사스래나무가 마지막 선을 지키고 있다. 이 지점을 지나면서 관목과 초본류만 있고, 동절기 상록 관목으로 만병초가 푸름을 유지하고 있다.

백두산의 봄은 신들도 아껴 놓은 '비밀의 정원'이라고 한다. 6월경 봄이 오면 천상의 흰 꽃이라 일컬어지는 만병초, 담자리꽃나무, 바람이 부는 대로 숨을 쉰다는 두메양귀비, 솔잎처럼 생긴 잎에 초롱 같은 꽃을 피우는 가솔송, 호범꼬리 등이 피고, 조금 따뜻해지면 금매화, 큰원추리, 형형색색 큰복주머니란, 날개하늘나리가 연이어 핀다. 백두산의 야생화들은 색깔이 진하다. 그 이유는 꽃 피는 기간이 짧기 때문에 수정을 위하여 벌, 나비들에게 잘 보이게 하기 위함이다.

백두산 북파(북쪽언덕)에서 바라본 천지의 모습

조선 영조 때 신경준이 펴낸『산경표』는 조선의 산맥체계를 도표로 정리한 것이다. 우리나라 옛 지도에 나타난 산맥들을 산줄기와 하천을 중심으로 산맥체계를 1대간, 1정간, 13정맥으로 집대성하였다.

『대동여지도』는 고산자 김정호가 1861년 제작한 한반도의 지도로서, 산줄기를 봉우리와 능선을 따라 이어 그렸으며 백두산에서 시작하여 지리산에서 끝나는 백두대간을 하나의 줄기로 표기하였다.

1대간인 백두대간은 백두산에서 시작하여 두류산, 금강산, 설악산, 오대산, 소백산, 속리산을 거쳐 지리산까지 남북으로 뻗어 있는 산줄기로 총길이는 1,400km에 이른다. 백두대간을 중심으로 갈라진 산줄기는 삼국 시대의 국경과 행정 경계를 이루었고 한반도 자연의 특성을 나타내며 우리 민족의 인문학적 기반이 되는 산줄기이기도 하다.

1정간은 장백정간으로 원산에서 서수리곶산까지로 함경도의 두류산에서 분리되어 북동쪽으로 뻗어 올라가고 두만강 유역으로 이어져 있다. 장백정간은 북쪽의 두만강 유역과 남쪽의 동해안 지방의 인문·지리·생활문화에 큰 영향을 주었다.

13정맥은 백두대간인 두류산에서 분리되어 남쪽으로 내려가면서 서쪽으로 13개 정맥이 뻗어 나간다. 북쪽에서부터 청북정맥, 청남정맥, 해서정맥, 임진북예성강정맥, 한북정맥, 한남금북정맥, 한남정맥, 금북정맥, 금남정맥, 금남호남정맥, 호남정맥, 낙남정맥, 낙동정맥이 있다.

13정맥 가운데 한양을 중심으로 살펴보면 한북정맥과 한남정맥이 있다. 한북정맥은 백두대간 백산 분기점에서 시작하여 강원도 금화, 경기도 포천의 운악산, 양주의 홍복산, 도봉산, 삼각산, 노고산을 거쳐 고양의 건달산, 파주군 교하면 장명산에 이르는 것으로, 서남으로 뻗은 한강 줄기의 북쪽에 있는 분수령이라 하여 한북정맥이라 부른다.

한남정맥은 백두대간의 속리산에서 시작된 산줄기가 안성시 죽산의 칠장산에서 서북쪽으로 돌아 안성, 용인, 안산, 인천을 거쳐 김포의 문수산에 이르는 산줄기이다. 한강 줄기의 남쪽에 있는 분수령이라 하여 한남정맥이라 부른다.

한양은 두 정맥인 한북정맥과 한남정맥의 지리적 맥을 이어받아 분지형으로 만들어진 도읍지이며, 한양의 중심에는 한강이 유유히 흐르고 있다.

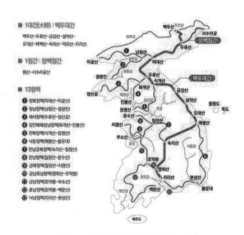

출처 : 산림청, 인터넷 홈페이지

한강은 남한강과 북한강으로 구성되어 있다. 남한강의 발원지는 대덕산과 함백산 사이의 금대봉(1,418m) 자락이며, 북한강은 금강산의 내금강인 단발령으로 알려져 있다. 북한강과 남한강 두 물길이 만나는 곳은 양평군 양서면 양수리인데, 이곳을 두물머리(양수리)라 하며 한강의 시작이다. 이 한강 물길은 서울을 통과하여 김포를 지나서 황해로 흘러가며, 수도권 주민들에게 생명의 젖줄 역할을 한다.

한양은 사방으로 산이 있고 가운데 물이 흐르는 형세를 가진 도시로 국토의 중심부에 있으며 외곽의 산은 적의 침입으로부터 방어에 유리하고, 물이 있어 수상 교통의 요충지로 발달하였고, 한강 변을 중심으로 농업 생태계가 형성되어 한 국가의 도읍지로 갖추어야 할 조건을 가진 천혜의 땅으로 태조 이성계가 조선의 도읍지로 결정한 곳이다.

산과 물과 인심이 어우러진 생명의 도시

한양의 산세를 살펴보면 백두대간의 정기와 한북정맥의 땅 기운을 이어받은 북쪽의 북한산(삼각산), 동쪽의 아차산, 서쪽의 덕양산이 있다. 반면 남쪽에 있는 한남정맥의 기운을 받은 관악산은 백두대간의 끝자락인 지리산의 기운을 끌어 올라와 한양 남쪽의 기운을 모은 산이다. 이를 한양 외명당의 배경이라 하고 북한산, 관악산, 아차산(용마산), 덕양산을 외사산外四山이라고 한다.

또한 외사산 안쪽으로 한양을 둘러싸고 있는 산이 있는데, 북한산(삼각산)에서 이어져 내려와 우뚝 솟은 북쪽의 북악산(백악산)이 있고, 이를 중심으로 동쪽의 낙산, 서쪽의 인왕산, 남쪽에는 남산이 있다. 이 산을 내명당의 배경인 내사산內四山이라 부른다. 내사산 안쪽인 한양도성의 면적은 약 16㎢이며, 그 속에는 내수內水 청계천이 흘러

가고 있다.

도시를 조성할 때 산은 큰 의미를 지닌다. 우리나라는 풍수 사상으로 수호신이 지상으로 내려와 산의 형상이 되었다고 생각하고, 하늘을 동서남북으로 나눠 지키는 신으로 청룡, 백호, 주작, 현무 4신이 있다고 믿었다. 이들 수호신이 내려앉은 것이 한양을 둘러싼 산의 형상이며 이것이 내사산이 가지는 의미이다.

한양 천도를 결정한 백악주산설

1392년 7월 태조 이성계는 즉위하자마자 천도를 지시했다.

처음 권중화(1322~1408년, 고려 말에서 조선 초까지 문신)는 계룡산에 도읍지를 정해야 한다고 주장하였지만 그 해 하륜이 계룡산 천도 반대 상소를 내면서, 한양 천도를 주장했고, 안산을 주산으로 하는 무악주산설을 주장했다. 반면에 무학대사와 정도전은 한양 천도를 환영하면서 두 사람의 의견은 인왕주산설과 백악주산설로 갈라졌다.

무학대사는 풍수지리에 밝아 한양을 설계하는 데에도 풍수지리를 적극적으로 이용했다. 인왕산을 주산으로 삼고 북악산과 남산을 좌청룡, 우백호로 하여 동향의 도시를 만들 것을 주장하였다.

정도전은 한반도의 자연 지리 체계를 하나의 맥으로, 한반도의 땅 기운이 모여 있는 북한산 만경대와 관악산 연주대를 하나의 상징 축으로 맞추어 도시를 만들어야 한다는 구상하에 북악산(백악산)을 주산으로 남향의 도시를 만들어야 한다고 백악주산설을 주장하였다.

무학대사는 백악주산설에 대하여 관악산은 불의 산이고, 남산(목멱

산)에 목木 자가 있어 불쏘시개 역할을 하여 왕궁에 재앙이 오며, 풍수
지리상 좌청룡인 낙산이 허약함을 문제 삼았고, "신라 의상대사는 『산
수비기』에서 정씨가 나와 시비를 품으면 5대를 못 가서 찬탈의 화를
당하고 2백 년 내에 탕진될 위험이 있다고 했다."라고 경고했다. 그러
나 풍수지리에 능통한 무학대사의 반대에도 불구하고 왕권 못지않은
신권臣權의 영향력에 힘입어 백악주산설로 결정되면서 한양이란 도읍
지와 함께 경복궁을 창건하였다.

한양 도성의 생활 하천, 청계천淸溪川

한양 도성을 한복판으로 흐르는 내수인 하천은 조선 시대에 만든 개
천開川이다. 개천이란 말은 자연 하천이 아니며, 개착, 즉 땅을 파서 물
길을 만든 하천이다.

한양 천도 직후 도성을 관통하는 하천으로부터 재해를 줄이기 위하
여 개천 사업을 하였다. 개천은 서쪽에서 발원하여 동쪽으로 흐르는
서출동류의 도심형 하천으로, 백성들의 삶과 떨어질 수 없는 생활 하
천으로 탈바꿈하였다. 일제 강점기인 1911년에 청계천으로 이름이 바
뀌었고 해방 이후 피난민들의 판자촌이 들어서면서 많은 양의 생활 하
수가 흐르고 쓰레기와 악취로 위생상 시민들의 건강을 위협하였다.
1958년부터 1960년대 중반까지 청계천을 복개하였으며, 1967년 8월
15일부터 1971년 8월 15일까지 고가 도로를 건설하여 청계천의 기능
은 서울의 생활하수가 흘러가는 공간으로 변하였다.

청와대야 소풍 가자

2003년 7월 1일을 기점으로 2005년 10월 1일 준공을 한 청계천복원 사업 구간은 광화문 동아일보사 앞부터 신답철교까지 5.84km이다. 청계천 복원은 환경 생태적으로 지속 가능한 하천으로 복원한 것으로 서울 시민은 물론 국민들로부터 사랑받는 명소가 되었다. 청계천은 보고 들을 수 있는 물소리, 바람 소리, 새소리와 녹색의 수변 복원으로 자연과 사람이 함께 살아가는 생명의 하천으로 재탄생하였다.

청계천 발원지는 인왕산, 북악산, 남산이다.

2005년 11월 종로구와 청계천추진본부에서는 청계천 발원지를 북악산 서쪽의 종로구 청운동 자하문 고개에 있는 최규식 경무관 동상에서 북악산 정상 쪽으로 150m 지점에 있는 약수터라고 한다. 인왕산 수성동 계곡의 물도 발원지다. 두 물길은 백운동천에서 만나 청계천으로 흘러든다.

백운동천은 일제 강점기인 1925년 복개되었으나 경복궁을 감싸안고 흐르기에 도성 풍수의 득수처得水處로 꼽히기도 한다. 인왕산 수성동의 계곡물도 백운동천과 만나 청계천으로 흘러드는데 일제가 마을 이름을 청풍계清風溪와 백운동을 더해 청운동이라 불렀으며, 이 이름은 지금도 남아 있다.

한편, 북악산 동쪽 해발 245m 지점에 있는 촛대바위 부근을 청계천의 최장 발원지라는 견해도 있다. 이 물길을 청계천 지천인 중학천이라 하며 삼청동, 경복궁 동문인 건춘문 앞을 지나 청계천으로 합류하였으나 1957년 도시 정비를 목적으로 복개되었으며 연장은 2.4km이다.

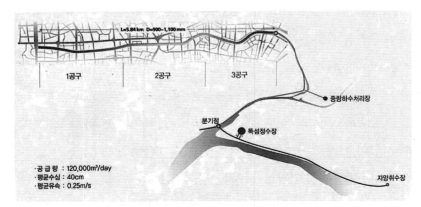

청계천 복원 구간(동아일보~신답철교, 5.84km).
출처 : 알기 쉬운 시민백서 청계천.

청계천 시점부로 8도를 상징하는 모양이며
울릉도, 제주도를 비롯한 각도의 돌로 만들었다.

2. 청와대 약사略史

고려 시대

고려는 개국 초기부터 풍수지리와 도참사상에 의존하였다. 풍수지리와 도참사상에 관심이 많던 고려 문종은 1067년에 지금의 서울, 양주를 남경으로 고치고 다음 해에 신궁을 건설하였다. 이 신궁이 지금의 청와대 자리에 있었다는 설이 유력하다.

고려사에 따르면 고려 숙종은 1101년『남경개창도감』을 만들어 1104년 5월에 왕궁 건설을 완료하고 13일 정도 머물렀다고 한다. 이후 왕궁은 청와대 자리에 계속 남아 예종, 인종이 행차하여 신하들로부터 조하[1]를 받고 연회를 열었다고 했다.

조선 전기

청와대 자리에서 왕이 공신들의 맏자손들과 함께 회맹단에서 천지신명 앞에 명세하고 봉군, 봉작, 논공행상을 하는 의식인 회맹會盟[2]을 실시하였다. 회맹단은 기록으로 보아 경복궁 신무문 밖 북동

---

1)　경축일에 신하들이 조정에 나아가 임금에게 하례하던 일이나 의식.

2)　공훈(功勳)이 있는 사람의 이름을 책에 써 올릴 때 임금과 신하가 모여서 서로 맹세하던 일.

쪽으로 보고 있다. 인접 지역에는 민간인이 거주할 수 없었다고 한다. 그러나 의식이 있는 특별한 날을 제외하고는 자유로이 왕래할 수 있었다고 한다.

회맹단을 포함한 마을도 있었는데 북동 또는 대은암동인데 지금의 영빈관 부근으로 보고 있다. 이 시기의 경복궁 후원에는 충숙당, 접송정, 취로정, 서현정, 관저전 등의 전각이 있었다.

조선 후기

경복궁은 1592년 임진왜란으로 200년 만에 불타고 만다. 안타까운 역사적 사실이다. 흥선대원군 이하응에 의하여 중건되기 이전까지 270여 년간 폐허로 남아 있다가 1863년 고종이 즉위하면서 34년간 임금이 거처하는 법궁으로 역할을 했다.

이 시기에는 신무문 밖 후원을 북원北苑으로 표시하였으며 일반인의 출입을 엄격히 통제하였다. 북궐도형[3]에 따르면 대한제국 말기 후원의 건물 배치는 과거·열병·교련을 위한 권역인 융문당·융무당, 구경과 휴식을 위한 지역인 오운각, 임금의 친히 농사를 짓는 권역인 경농재로 나누어져 있었다. 경복궁 후원은 북쪽의 북악산이 막혀 통과하기가 곤란하였으며, 후원을 기준으로 동쪽의 춘화문, 남쪽의 신무문, 서쪽에 추성문, 금화문, 북쪽에 현무문 등이 있었다.

---

3)   1901~1907년에 만든 경복궁과 경복궁의 후원을 배치도 형식으로 표현한 일종의 도면이다.

청와대야 소풍 가자

한양전도. 1780년경(정조 4년). 개인소장.
출처 : 청와대와 주변 역사 · 문화유산.

일제 강점기

경복궁은 1896년 아관파천[4]으로 법궁으로서 위상이 추락하였다. 이후 1912년 경복궁은 조선 총독부 건물이 되었다. 조선 총독부는 통치 5주년을 기념하고 일본 문물의 홍보를 위하여 조선물산공진회를 왕궁 훼손을 목적으로 경복궁에 설치하였다.

조선물산공진회로 인하여 경복궁 건물, 후원인 청와대 자리가 크게 훼손되었으며 1921년경에는 경농재, 융문당, 침류각, 오운각 등 일부만 남았다고 한다.

---

4)   아관파천 : 1896년 2월 11일부터 1897년 2월 20일까지 친러 세력에 의하여 고종과 세자가 러시아 공사관으로 옮겨서 거처한 사건으로 일본 세력에 대한 친러 세력의 반발로 일어난 사건이다.

1910년 조선 총독부가 서울에 설치되고, 남산에 있던 통감부 건물을 총독부 청사로 사용하였다. 이를 왜성대倭城臺라 불렀다. 일제는 총독부 새 청사 터를 경복궁 내에 정하고 1916년에 착공하여 1926년에 준공하였다. 광복 이후에도 중앙청, 국립중앙박물관으로 사용하다가 1996년 김영삼 대통령 때에 철거되었다.

경복궁 후원 청와대 터는 1926년 조선 총독부 통치 20주년을 기념하여 조선 박람회가 열리면서 대부분 건물이 철거되었다. 조선 박람회 이후 한동안 공원으로 남아 있던 청와대 자리에 1937년에서 1939년 사이에 조선 총독의 관사를 지었고 이를 경무대라 불렀다.

광복 이후

1945년 8월 15일 제2차 세계 대전에서 일본의 항복 선언과 함께 미군정 최고 책임자인 하지 중장의 관사로 사용하다가 대한민국 정부로 승계하였으며, 대한민국 초대 이승만 대통령의 집무실 및 관저로 이용되었다.

당시 집무실 및 관저 이름은 경무대景武臺를 그대로 사용하였으나 제2대 윤보선 대통령이 경무대는 독재를 연상한다는 의견에 따라 1960년 12월 30일 청와대로 개명하였다. 청와대는 지붕을 푸른 기와로 덮은 데서 유래되었고 영명의 Blue House는 미국의 White House와 비교될 수 있는 이름에서 연유되었다.

청와대야 소풍 가자

근현대

1987년 6월 민주 항쟁으로 국민의 손으로 직접 투표하여 뽑은 노태우 대통령 재임 때인 1991년 9월 4일, 지금의 청와대 본관이 준공되어 오늘에 이르고 있다.

청와대 개방과 관련하여서는 1968년 1·21사태 즉, 북한의 청와대 습격 사건으로 청와대 주변의 통제가 강화되었다. 그 이후 김영삼 대통령 때에 일부 개방하기 시작하여 노무현, 이명박, 문재인 정부를 거치면서 점차 확대하였다. 2022년 5월 10일 제20대 대통령이 취임하면서 대통령실을 용산의 국방부 청사로 옮기면서 청와대를 국민들에게 개방하였다.

청와대의 주소와 면적은 일제 강점기 때는 광화문 1번지, 644,337㎡이었다. 1946년도에는 세종로 1번지, 230,980㎡로 줄었다가, 도로명 주소로 바뀌면서 청와대로 1로 변경되었고, 면적은 253,505㎡이다.

PART 02

미리 가 본 청와대
(문화유산과 건축물)

청와대는 1945년 해방 이후 대통령의 집무실 및 관저로 78년간 사용되었으며 2022년 5월 10일 제20대 대통령이 취임하는 날 대통령 집무실의 기능을 용산으로 이전하고 「청와대, 국민의 품으로」라는 슬로건 아래 청와대의 모든 시설을 전격적으로 개방하여 국민의 품으로 돌려주는 결정을 하였다.

대정원 앞에 설치된 '청와대 국민 품으로'.

이번 장은 '미리 가 본 청와대'로 정하고 청와대의 각종 시설의 종류

청와대야 소풍 가자

를 해부하여 본다. 청와대의 문화유산과 건축물은 기능과 용도가 다르며 나름대로 가치와 의미가 있다. 보물, 유형 문화재, 전통 한옥, 콘크리트 건축물, 교량, 정원 등으로 다양하게 존재한다.

독자들이 이해하기 쉽게 청와대 관람 코스를 중심으로 순서대로 정리하였다. 일반적으로 춘추관에서 시작하여 헬기장, 녹지원, 상춘재, 관저, 수궁터, 소정원, 본관, 영빈관을 거쳐 외부에 있는 칠궁, 효자동 분수대, 사랑채 순으로 관람을 한다. 자유 관람의 경우 다음 순서를 따라가면 놓치지 않고 볼 수 있다.

춘추관은 청와대 관람의 첫 관문으로 간단한 인적 사항을 확인한 후 청와대의 역사와 문화에 대한 설명을 들을 수 있다.

청와대 경내로 들어오면 가지런하게 정리된 녹색의 헬기장에서 북악산(백악산)과 인왕산을 바라볼 수 있고 오른쪽에 유리 온실이 있다.

온실 앞의 경비 초소를 지나면 아늑한 단풍나무와 회화나무로 감싸고 있는 녹지원의 179살 반송이 반겨 준다.

녹지원 반송 곁에는 노송이 자리 잡고 있으며 뒤쪽으로 돌계단을 오르면 전통 한옥의 상춘재가 그 자태를 뽐내고 있다. 상춘재를 바라보며 오른쪽 전통 담장 너머에 대나무 숲으로 가려진 건물이 대통령 가족이 전용으로 쓰는 수영장이다.

상춘재 뒷길로 나오다 보면 청명한 물소리가 들리는데 이 다리가 백악교이다. 백악교를 뒤로하고 오른쪽 언덕길을 오르다 보면 쉼터가 있고 도로를 횡단하면 침류각 입구인데 아름드리 오리나무가 지키고 서 있다. 아늑한 모습을 한 침류각은 남쪽을 바라보며 전통 고택의 자태를 뽐내고 있으며 오른쪽 앞에는 소박한 초가집과 그 앞뜰에는 텃밭이 있다. 침류각 뒤뜰에는 대통령이 직접 농사를 짓던 친경전이 있는데 지금도 보전되어 있다.

침류각에서 오솔길로 조금만 올라가면 대통령과 가족이 살던 관저가 나온다. 관저 입구의 솟을대문에는 인수문仁壽門 글자가 새겨져 있다. 인수문을 들어서면 조형의 소나무와 꽃들이 반겨 주고 마당에는 녹색의 잔디가 깔끔하게 정리되어 있다. 눈앞으로 커다란 한옥을 마주하게 되는데 이 건물이 대통령과 가족이 사는 관저이다. 관저 내정의 남쪽에는 조그만 한옥 정자가 편안하게 앉아 있는데 바로 청안당淸安堂이다.

대통령궁, 청와대에서 가장 궁금했던 관저까지 둘러보았다. 관저 인수문을 나와 오른쪽으로 내리막길을 내려오다 보면 아름드리 낙우송이 하늘을 가리고 있고, 좀 더 지나 수궁터 쪽으로 내려오면 붉은 벽돌 건물이 있는데, 이 건물이 대통령 주치의가 근무하던 의무동이다. 의무동 오른쪽 산기슭에는 쉬땅나무가 한여름에 흰 꽃을 피우며, 마당을 지나면 바로 수궁터가 나온다. 수궁터는 예전 청와대 본관이 있던 곳이다. 지금은 건물을 허물어서 없고 녹지에 칠백 년 넘은 주목과 김영삼 대통령 기념식수인 산딸나무가 역사를 말해 주고 있다.

수궁터 마당에서 경비 초소를 지나니 추녀 끝에 한 그루 소나무가 있다. 이곳이 본관, 즉 청와대이다. 본관 1층 복도에는 레드 카펫이 깔려 있고 세종실, 인왕실, 충무실, 여사님 집무실 등이 있다. 2층으로 올라가면 핵심 지역으로 대통령 집무실, 접견실, 백악실, 비서실 등이 있다.

본관에서 소정원 쪽으로 가면 입구에 불로문不老門이 있고, 소정원을 지나면 용충교와 녹지원이 있다. 용충교 아래는 사계절 물고기가 살고 있으며, 이 다리를 건너면 청와대 최고의 정원, 녹지원이 펼쳐지고 직원들이 근무하는 위민관으로 갈 수 있다.

위민관은 1·2·3관으로 구성되어 있다. 출입구는 연풍문이며, 연풍문을 들어오면 위민2관과 경호실이 있고 경호실 앞에는 747평의 정원인 버들마당이 있다.

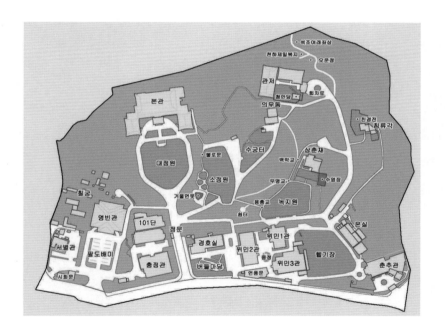

버들마당에서 경호실 쪽문으로 나가면 청와대 11문인데 이 문이 청와대 정문이다. 정문에서 북악산을 바라보면 대정원과 본관이 한눈에

들어온다. 대정원 앞에서 청와대를 배경으로 사진을 찍고, 영빈관으로 들어서면 청와대에서 가장 오래된 기념식수 나무인 가이즈카향나무를 옆에 두고 석조 건축물인 영빈관을 맞이하게 된다.

영빈관에서 청와대 밖으로 나가는 문을 시화문이라 하며 이 문을 지나면서 오른쪽에 서별관이 보이고, 외부에 있는 칠궁을 관람하고 무궁화동산, 효자동 분수대 앞을 지나서 사랑채를 둘러보면 청와대 관람의 여정이 마무리된다.

청와대야 소풍 가자

1. 언론의 산실 춘추관春秋館

춘추관春秋館은 청와대에서 가장 먼저 나를 반겨 주는 곳이다. 굳게 잠겨 있는 솟을대문을 열고 들어서면 석조 건축물이 웅장하게 서 있다. 춘추관은 고려와 조선 시대 역사를 편찬하던 관청의 이름이었다. 같은 맥락으로 청와대 춘추관도 "엄정하고 비판적인 태도로 보도하고 홍보하여 공정하고 진실된 역사를 남길 곳"이라는 뜻이다.

춘추관에는 춘추관장[5]을 비롯한 행정관들이 근무하였고, 중앙과 지방 언론사의 출입 기자들이 근무했던 곳으로 별도로 기자실을 운영했으며, 엄정하게 역사를 기록한다는 자유 언론의 정신을 담고 있다.

춘추관은 1989년 5월 착공하여 1990년 9월 29일에 준공한 지상 3층 지하 1층 건물로 건축면적 1,200㎡, 연면적은 3,399㎡이다. 맞배지붕으로 지은 이 건물의 외형은 고려 시대 건축양식으로 최고의 조형미를 지닌 예산 수덕사 대웅전을 본뜬 것이라고 한다.

조선 시대 백성들은 임금에게 억울함을 직접 알리기 위한 수단으로 왕궁 밖 문루에 매단 신문고를 이용하였다. 춘추관 앞 삼거리에서 춘추관을 바라보면 큰 북이 있는데 이것은 신문고의 정신을 계승

---

5)   춘추관장은 청와대 비서관급에 속하는 직급이다.

하여 만든 것으로, 일명 용고龍鼓[6]라 하며 크기는 지름이 2m, 길이가 2.3m이다. 이 용고는 설치 이래 춘추관 울타리 안에 갇혀 있어 한 번도 소리가 울리지 않았고 단순히 전시용으로 사용되고 있다.

---

6)   작가는 대한민속국악사 김관식 선생님이다.

신문고의 정신을 계승하여 만든 용고 정면.

신문고의 정신을 계승하여 만든 용고 측면.

2. 국빈들의 작은 연회장 상춘재常春齋

상춘재常春齋는 "항상 봄이 머무는 집"이란 뜻이다.

봄이 오면 녹색의 양잔디 뜰 옆으로 철쭉꽃이 만발하고 뒤뜰에는 수선화를 비롯한 야생화가 곱게 피는 장소이다.

이곳은 미국, 유럽, 중국, 일본 등 주요 나라 국빈들이 방문하면 반드시 들리는 곳이다. 버락 오바마, 도널드 트럼프 대통령 등 국빈들께서 정상 회담과 오·만찬을 하였던 장소이다.

상춘재는 일제 강점기 조선 총독 관사 별관 매화실로 명명되던 건물을 제1·제2 공화국 때에 의전용 공간으로 사용하였다. 이승만 대통령 때에 상춘실로 이름을 바꾸었고, 1978년 3월 박정희 대통령께서 개축하여 상춘재라 불렀다.

전두환 대통령 당시 우리나라 전통 가옥을 소개하고 의전행사를 목적으로 신축을 결정하고, 1982년에 착공하여 1983년 4월 5일 현재의 모습으로 준공하였다. 상춘재는 지상 1층, 연면적 417.96㎡의 한옥으로 목재는 경상북도 봉화군 춘양면 일대에 자생했던 200년생 이상 되는 춘양목을 재목으로 사용하였다. 내부는 대청마루로 된 거실과 온돌방 2개가 있다. 대청마루에서 바라보는 뒤뜰은 조경석으로 단장된 화계가 있었으나 문재인 정부 때 전통 양식의 화계로 재조성하였다. 상

춘재 입구 현판 아래 옥향나무 두 그루와 왼쪽 추녀 끝에 단풍나무가
있었으나 화계 재정비를 하면서 옥향나무는 수명을 다하여 정리하였
고, 단풍나무는 상춘재에 너무 가까이 있어 다른 장소로 옮겨 심었다.

출처 : 국가유산청 제공, 사진작가 서헌강.

출처 : 국가유산청 제공, 사진작가 서헌강.

출처 : 국가유산청 제공, 사진작가 서헌강.

청와대야 소풍 가자

3. 청와대에도 수영장이 있다

청와대에 무슨 수영장이?

아이들 말로 헐, 수영장이!!!

청와대에도 수영장이 있다. 오직 대통령과 가족들만이 이용하는 공
간이다. 수영장은 상춘재 뜰 동쪽 담장 너머에 있으며 돔 형식의 투명
한 지붕 구조를 갖추고 있다. 상춘재에서 보면 전통 담장 뒤로 대나무
로 가려져 있어 잘 보이지 않는다. 상춘재에서 수영장을 바라보면 수
영장이 현대식 건물로 경관적으로 어울리지 않아 이를 차폐하고자

2010년도에 대나무를 심었으며 현재는 푸르름이 유지되어 사계절 제 역할을 다하고 있다. 같은 해 수영장 옥상 가장자리에 옥상정원을 조성하여 관리하였다.

수영장은 1973년 6월에 지었으며 연면적은 647㎡이다. 레인 길이는 20m, 폭 7m의 풀과 조그만 사우나 시설도 갖추고 있다. 규모가 크지는 않지만 대통령 일가족이 이용하는 데는 부족함이 없고, 대통령 가족들이 이따금 이용하였다고 한다.

청와대야 소풍 가자

4. 흐르는 물을 베개 삼은 침류각枕流閣

　침류각枕流閣은 전통 한옥 건물로, 지어진 연대는 정확하지 않다. 19세기 말 경복궁 중건 후의 모습을 그린 북궐도형에도 침류각은 보이지 않는다.

　침류각은 본래 대통령 관저 자리에 있었으나 1989년도 관저를 신축할 때 지금의 자리로 옮겨졌으며, 연면적은 78.42㎡이다. 서울시 유형문화유산 103호로 지정되어 있다.

　건물의 외관은 "ㄱ"자 모양의 곱은자집이며, 앞면 4칸 옆면 2칸의 몸체에 좌측 앞과 우측 뒤에 각 1칸씩 있다. 건물 내부 좌측에는 2칸의

출처 : 국가유산청 제공, 사진작가 서헌강.

대청마루가 있고 우측에 3칸 규모의 방이 있고 앞쪽으로 한단 더 높게 만든 1칸 반의 누마루가 있다.

건물 기단 앞에는 천록天祿과 괴석 받침, 화재에 대비하여 물을 담은 드므7)가 배치되어 있다. 건물 전면 기둥에 주련柱聯 7개가 있었으나 현재는 없다. 필자가 재직 당시 토종벌이 누마루 천장에 집을 짓고 살았던 기억이 난다.

침류각의 봄과 드므

---

7)　중요한 건물 주변에 물을 담아 놓은 그릇(독). 불이 났을 때 방화수로 사용함.

청와대야 소풍 가자

    침류각 앞에는 정면 2칸, 측면 1칸짜리 초가집 한 채가 있는데 산기
슭에 다소곳이 앉아 있어 포근한 느낌을 준다. 이 건물은 1990년 준공
되었으며 연면적 18㎡이다. 노태우 대통령 재임 당시 건축한 것으로
노모께서 자주 이용하였다고 한다.

침류각 옆에 있는 초가집.

5. 대통령과 가족이 살던 관저官邸

관저官邸

관저官邸는 대통령과 그의 가족들의 전용 생활 공간이다.

노태우 대통령 이전에는 수궁터에 있던 청와대에서 1층은 집무실로 2층은 관저로 사용하며, 대통령의 집무실과 가족의 생활 공간이 구분되지 않았다. 대한민국의 국력과 위상에 미치지 못하는 협소한 공간으로 생활에 어려움이 많아 새 관저를 1989년 8월 28일 착공하여 1990년 10월 25일 준공하였으며, 건축면적은 1,334㎡, 연면적은 2,684㎡이다.

관저의 기본 골격은 철근 콘크리트조 건물이나 외부는 목재로 마감하고 팔작지붕에 청기와를 덮은 한옥과 같은 외부 모양을 갖추고 있다. 건축 당시 목재는 강원도 명주군(현재 강릉시)에서 자란 홍송紅松을 사용하였다. 생활 공간인 본채와 접견 행사 공간인 별채를 따로 배치하였으며 앞마당에는 사랑채인 청안당淸安堂이 있다. 관저 건축으로 이 자리에 있던 오운정, 석조여래좌상은 관저 위쪽으로, 침류각은 아래쪽으로 조금 떨어진 장소로 이전하였다.

청와대야 소풍 가자

출처 : 국가유산청 제공, 사진작가 서헌강.

인수문에서 관저 내실이 있는 건물을 바라본 전경.

관저 현관, 서재, 접견실, 대식당의 모습.

관저 안뜰

관저의 안뜰 면적은 1,100㎡이다. 조성 당시 안뜰 마당은 전통 양식에 따라 흙으로 조성해야 한다는 안과, 잔디 마당으로 조성해야 한다는 두 가지 안이 제시되었으나 최종적으로 잔디 마당으로 결정되어 지금의 뜰이 조성되었다고 한다.

인수문을 들어서면 조형 소나무와 어우러진 괴석이 배치되어 있다. 잔디 마당 가장자리에는 주목, 화목류, 초화류가 심겨 있어 철 따라 꽃이 피는 금낭화, 하늘매발톱, 바위솔, 국화 같은 야생화가 있다. 팬지, 봉선화, 바늘꽃 등 일년초를 대통령과 가족들이 직접 심고 가꾸기도 했다.

사진에서 보이는 내부 진입 도로는 조성 당시 석재 포장이었으나 빛 반사로 인한 눈부심 때문에 2009년에 하드 우드로 교체하였다.

뒤뜰에는 암반의 돌 틈 사이에서 사계절 흘러나오는 약수가 있으나

청와대야 소풍 가자

음용수로는 사용하지 않았지만 항상 깨끗하게 관리하고 있었다. 암벽에는 낙석방지망을 설치하고 인동덩굴 등을 심어서 녹화하였다. 인동덩굴은 김대중 대통령 당시에 많이 심었다고 한다.

관저 뒤뜰에 있는 샘터와 생선 건조 줄.

청안당清安堂

청안당은 관저 내정에 있는 사랑채 즉 별채이다. 청안당은 편안한 곳이란 뜻으로 대통령과 가족들이 때때로 휴식, 차담회 장소로 이용하였으며 연면적은 79.11㎡이다.

인수문仁壽門

인수문은 관저로 들어서는 대문이다. 仁壽門이란 이 문을 사용하는 사람은 어질고 인덕이 많으며 장수한다는 의미를 담고 있다. 전통 한옥의 분위기에 맞게 삼문[8]을 내었으며 대통령께서도 이 문을 통하여 걸어서 출입하였다. 삼문 형식의 인수문연면적은 83.52㎡이다.

인수문 앞에 소나무 3그루가 심겨 있는데 이곳을 관저 회차로라고 한다. 회차로 원형 녹지 사이로 인수문이 보이고 3그루 소나무 중 2그루는 대통령 기념식수이다.

---

8)   대궐이나 관청 앞에 세운 세 문. 정문, 동협문, 서협문을 말한다.

인수문.

관저 회차로.

　천하제일복지天下第一福地는 관저 바로 뒤쪽에 있는 암반에 새겨져 있다.
청와대 직원들도 들어갈 수 없었던 숨겨진 공간에 있다. 오운각으로
올라가는 오솔길 아래에 있어, 오솔길에서 내려가지 않으면 볼 수가
없다. 조심조심 십여 걸음 내려가면 비로소 그 모습을 드러낸다. 필자
도 처음 이 글귀를 보는 순간 숨이 막히고 심장이 고동치는 것을 느꼈
다. 아무나 들어갈 수 없는 자리에서 진귀한 보물을 보는 느낌이었기
때문이다. 이 여섯 글자를 통해 청와대 자리가 예부터 명당이었음을

알 수 있다.

천하제일복지天下第一福地 각자는 자연 암반에 가로 200cm, 세로 130cm의 장방형이다. 그 안에 구획을 만들어 각자를 새겼으며 300~400년 전에 새겼다고 추정하고 있다.

표석 왼편에 연릉오거延陵吳据라는 작은 글자가 있는 것으로 보아 중국 남송 시대 연릉 지역 출신인 오거의 글씨를 집자한 것으로 추정하고 있다. 노태우 대통령 당시 본관 신축 공사 때인 1990년 2월 발견된 이 음각의 표석은 일각에서는 구한말에 새겨진 것이란 속설도 있다.

7. 신선도 머문다는 오운정五雲亭

오운이란 오색의 구름으로 별천지, 신선의 세계를 상징한다.

오운정五雲亭에서 내려다보면 관저의 푸른 지붕과 녹색의 안뜰, 품격 있는 나무들이 한눈에 들어온다. 말 그대로 구름을 타고 내려다보는 느낌이 드는 곳이다.

오운정의 이름은 경복궁 후원에 있었던 오운각에서 유래된 것으로 보인다. 가로 3m, 세로 3m 규모의 조그만 정자이며 현판의 글씨는 이승만 대통령이 쓴 것이다.

출처 : 국가유산청 제공, 사진작가 서헌강.

오운정은 대통령 관저 자리에 있었으나 1989년 관저를 신축하면서 지금의 자리로 옮겨졌다. 서울시 유형문화유산 102호로 지정되어 있다. 특징은 지붕이 이익공二翼工[9) 형식을 취하고 바닥은 마루이며 사방은 세살청판분합문으로 되어 있다.

---

9)　　기둥머리에 두공과 창방에 교차 되는 상하 두 개의 쇠서로 짜여진 공포.

8. 최고의 미남 석불, 석조여래좌상石造如來坐像

유적의 명칭은 경주 방형대좌 석조여래좌상石造如來坐像으로 9세기경 통일 신라 시대에 만들어진 높이 1.3m 불상이다. 원래는 경주 남산의 옛 절터에 있었다고 한다. 이 불상은 우리나라에서 가장 잘생긴 불상 이라 하여 미남불이라고도 부른다.

일제 강점기인 1912년 데라우치 총독이 경주에서 총독부 박물관으 로 이전한 것으로 소장처는 남산의 총독 관저인 왜성대 이었다.

1939년 총독 관저를 청와대 자리로 옮기면서 석조여래좌상도 왜성 대에서 청와대로 이전되었다.

지금의 대통령 관저 자리에 있던 것을 1989년도 관저를 신축할 때 100여 m 떨어진 관저 뒷산으로 옮겼으며 보호각은 5공화국 초에 지어 졌다.

서울시 유형문화유산 24호이던 것이 2018년 4월 20일 국가지정문화 유산 보물 1977호로 승격되었다.

출처 : 국가유산청 제공, 사진작가 서헌강.

9. 비밀의 궁, 청와대 본관

남산에서 마주 보는 산이 북악산이다. 북악산 기슭, 삼태기 모양으로 오목하게 파인 터에 푸른 기와집이 고즈넉이 앉아 있는데 이 건물을 청와대 본관이라고 부르며 청와대를 상징하는 건물이다.

동쪽 추녀 끝자락에는 본관 신축 전에 있었던 소나무가 보존되어 자라며, 배롱나무, 무궁화, 모과나무와 대정원 쪽으로 소나무 군락이 조성되어 있어 멀리서 바라보면 북악산과 더불어 한 폭의 한국화가 연상되기도 한다.

누가 있을까? 무엇을 하고 있을까? 어떻게 생겼을까?

정말 궁금한 비밀의 장소라고 필자도 생각했다.

해 돋는 이른 아침에 본관 앞에 봉황 표식이 있는 검은색 승용차가 본관 앞에 정차한다. 양미간에 미소를 띤, 때로는 수심에 가득 찬 모습을 한 신사와 작은 서류 가방을 든 수행원이 내린다. 우리나라 최고의 통치권자인 대통령이 출근하는 모습이다.

본관에는 대통령이 근무하는 집무실이 있다. 국빈 접견, 수석비서관 회의, 국무회의 등 국정을 논하고 국정 현안을 결정하는 곳이다.

지금의 본관은 노태우 대통령 재임 때인 1989년 7월 22일 착공하여 1991년 9월 4일 준공하였다. 옛 왕궁의 건축 양식을 본뜬 철근 콘크

청와대야 소풍 가자

리트 구조로 지하 1층, 지상 2층이며 건축 면적은 3,974㎡, 연면적은 8,477㎡이다. 팔작지붕은 도자기를 굽듯 구운 청기와 15만 장으로 지붕을 이은 것이다.

청와대 본관의 낮과 밤의 경관.

1층은 세종실, 인왕실, 충무실과 여사님 집무실인 무궁화실이 있다.
2층은 대통령 집무실, 접견실, 집현실, 백악실 등이 있다.

일월오봉도가 있는 세종실.

세종실 전실에 전시되어 있는 역대 대통령 초상화.

청와대야 소풍 가자

1층 서쪽의 세종실은 국무회의 등 국정의 주요 회의를 하며 전실에는 역대 대통령의 초상화가 전시되어 있다. 동쪽의 충무실은 임명장 수여, 브리핑, 중 규모 연회를 할 수 있는 공간이다. 인왕실은 간담회나 오·만찬이 열리는 소규모 연회장으로 이용되고 외국 정상 방한 때 공동 기자 회견 등 다용도로 활용되었다.

충무실 전경.

인왕실 전경.

한편 1층의 무궁화실은 여사님 전용 집무실로 집권 정부에 따라 명칭은 다르지만 일반적으로 제2 부속실이라고 하였다.

여사님 집무실인 무궁화실.

무궁화실 앞에 전시된 역대 여사님 사진.

청와대야 소풍 가자

1층에서 2층으로 올라가는 중앙 계단 전면을 바라보면 대한민국을 대표하는「금수강산도」를 마주하게 되고 천장에는「천상열차분야지도」가 전시되어 있다. 두 작품은 1991년 설치되었다. 금수강산도는 크기가 533×1,146cm이며 종이에 채색한 것으로 김식 작가의 작품이다. 해당 작품은 1861년 제작한 김정호의 대동여지도를 참고한 것으로 울릉도와 독도가 뚜렷하게 표현되어 있다. 천상열차분야지도는 크기가 552×1,489cm이며 종이에 실크스크린을 하여 설치한 벽화이다. 본관과 춘추관의 천장에 설치하였으나 춘추관은 가려져 보이지 않는다. 한상봉 작가의 작품으로 설치한 이유는 천지인天地人의 하늘을 상징하는 의미와 '예로부터 제왕은 하늘의 명을 받아 백성을 다스리고 왕조는 하늘의 뜻에 따라 세워졌다'는 천명天命사상에 근거하여 천문도를 가져야 했기 때문이다. 이 작품의 원본은 1395년 조선 태조 4년에 제작된 천상열차분야지도각석天象列次分野之圖刻石이다.

2층으로 올라가는 현관의 레드카펫 옆의 벽면에는 주요 미술품을 상시 전시하여 국격 향상을 위하여 노력하였다. 청와대는 미술품은 수장고에 보관하고 미술 담당 행정관인 학예연구관이 있었다.

청와대 본관 현관 내부 전경.

2층 계단 전면부에 있는 금수강산도.

천장에 설치된 천상열차분야지도.

2층에 올라서면 명실상부한 대통령 집무실과 대통령을 보좌하는 제 1 부속실이 있다. 사진에서 보는 것처럼 우리나라 대통령의 집무실은 168㎡ 정도로 그리 크지 않는 공간이다. 집무실 옆방에 대외적으로 내

청와대야 소풍 가자

빈을 만나는 접견실, 수석 및 보좌관 회의를 하는 집현실, 소회의 및 다과회장인 백악실 등이 있다.

2층 대통령 집무실.

2층 대통령 집무실 옆 접견실 및 회의실.

2층 홀 전경과 국빈 대기실.

10. 비서관들의 일터, 위민관爲民館

위민관爲民館은 대통령실 직원들이 일하는 곳이다.

자세히 설명하면 대통령실장, 수석 비서관, 비서관, 행정관, 행정 요원들이 근무하는 곳이다. 아침 일찍부터 저녁 늦게까지 등불이 꺼지지 않은 곳이다. 얼리버드, 새벽형 인간들이 모여 사는 집단이다. 어느 정부이든 간에 비서실 직원들은 국가와 국민을 위하여 최선을 다해 일한다.

위민관, 정권에 따라 여민관으로도 불리기도 하였다. 위민관은 세종의 위민 정치를 본받겠다는 의미를 담았고, 여민관은 국민과 함께 즐거움을 같이 한다는 뜻이다.

위민관은 3개 동의 건물이 있다.

위민1관은 온실이 있던 자리에 2004년 12월 6일 지하 1층, 지상 3층 건물로 신축하였으며 연면적은 3,220.54㎡이다. 3층에는 87.27㎡ 크기의 대통령 집무실이 배치되어 있으며, 대통령께서 수시로 집무를 보던 곳이다. 위민1관에는 대통령실장, 인사 수석 비서관실, 정무 수석 비서관실 등이 있었다.

위민2관은 경제 수석실, 민정 수석실, 총무 기획관실 등이 있었으며, 1968년 5월 5일 준공한 지하 1층, 지상 3층 건물로 연면적은 5,446.87㎡이다.

청와대야 소풍 가자

위민1관.

위민2관.

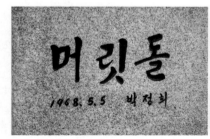

위민2관 머릿돌.

위민2관 안내판.

위민3관은 국가 안보실, 홍보 수석 비서관실 등이 배치되어 있었으며, 1972년 10월 준공한 지하 1층, 지상 3층 건물로 연면적은 4,018.24㎡ 이다.

위민3관, 오른쪽 북악산 왼쪽 인왕산.

11. 대국민 면회와 직원들이 출입하는 연풍문年豐門

연풍문年豐門은 청와대의 얼굴이다.

누구든 청와대를 방문할 때는 이 장소에서 보안 검색을 받아야만 통과할 수 있다. 보안 검색은 101단 요원들이 담당하였다. 요원들은 대부분 훤칠한 키에 잘생긴 외모의 선남선녀들이 근무하고 있었다.

연풍문 안내실에 오면 이름, 주소, 주민등록번호 등 개인 정보가 적힌 출입 신청서를 작성하여 제출하면 간략한 조회를 거쳐 출입 여부를 결정하여 준다. 출입 신청서를 제출한 방문자들이 혹여나 출입 불가라는 판정이 나오지 않을까 두근거리는 마음으로 기다리는 곳이다. 그래서인지 몰라도 처음 방문할 때 신원 조회 때문에 방문자들은 기분이 좋지는 않다고 한다. 5~10분 정도 지나 안내원이 들어가도 좋다는 사인을 주면 공항 검색대와 마찬가지로 검색대를 통과한 후 위민관으로 들어가거나 연풍문 면회실에서 직원들을 만날 수 있다.

청와대 출입은 외부인들은 물론 내부의 어느 직원이라도 출입할 때마다 출입 카드를 찍고 다녔으며 항상 모든 절차를 엄격하게 관리하였다.

연풍문은 과거 40년 이상 된 북악 안내실을 철거하고 새로 지은 건물이다. 2008년 9월 착공하여 2009년 2월 15일에 준공한 지하 1층. 지상 2층이며, 연면적 859㎡ 규모로 청와대 최초 그린오피스 Green

Office 건물이다. 1층에는 방문객 안내실, 휴게실, 은행, 화장실과 출입 게이트가 있고 2층에는 북카페와 휴게실, 접견실, 회의실이 있다.

연풍문은 2008년 새해 사자성어로 이명박 대통령이 꼽은 시화연풍 時和年豊의 연풍에서 따온 것이다. 시화연풍은 '나라가 태평하고 해마다 풍년이 든다.'라는 뜻으로 『조선왕조실록』에도 기록되어 있다. 청와대 서쪽 출입문은 이 사자성어에 맞추어 시화문으로 불렸다.

연풍문 건축을 담당하였던 필자와 행정관들.

준공표석.

12. 대통령만 출입하는 정문

　청와대 정문은 대통령과 국빈, 국무 위원 등이 출입하는 곳으로 철통같은 보안 시스템이 설치되어 있다.

　정문 앞 초소에는 3명의 경호원들이 24시간 경비를 서고 있다.

　청와대 정문을 지나면 대정원이고, 대정원 회차로를 지나면 대통령 집무실인 본관이다. 본관 뒤에는 북악산이 주산으로 자리 잡고 있으며, 북악산봉우리는 채 피지 않는 모란 꽃송이 모양이며 청와대는 북악산 자락의 삼태기 모양의 터에 마치 나비가 내려앉은 듯한 모습이다.

　정문은 사진에서 보는 것처럼 4개의 기둥이 있다. 맨 오른쪽 기둥에 '청와대로1'이라는 도로명 표지판이 있다. 양쪽 철문 중앙에는 봉황 무

늬가 새겨져 있으며 규모는 폭 12m, 높이 3.6m이다.

청와대 정문은 일명 11문이라고 부른다. 경복궁 북문인 신무문과 마주 보고 있다. 경복궁 신무문 앞에 청와대를 바라보는 포토 라인을 설치하여 방문객들에게 제공하고 있다. 이 포토 라인은 이른 아침부터 많은 단체 외국 관광객이 방문하여 둘러보는 장소이다.

13. 국빈 환영과 대규모 행사장인 영빈관迎賓館

영빈관迎賓館

영빈관의 사전적 의미는 "귀한 손님을 맞이하기 위하여 따로 잘 지은 큰 집"으로 의미 그대로 손님을 맞이하는 곳이다. 외국의 대통령이나 수상이 방문하였을 때 민속 공연, 만찬 등의 환영 행사와 주요 회의를 개최하는 장소이다. 1층은 국빈들의 환영 행사, 문화 공연, 청와대 직원 조회 등 대규모 행사와 회의 장소로 사용하였으며, 2층은 문화 공연을 겸한 오찬과 만찬 행사 장소로 많이 이용되었다.

영빈관은 1978년 1월 15일 착공하여 1978년 12월 22일 준공한 지하 1층, 지상 2층 건물로 건축면적 1,728.3㎡, 연면적 5,903.55㎡이다. 영

영빈관 전경.

빈관 전면에는 30개의 대형 기둥이 있는데, 전면 중앙의 4개 기둥은 이음새가 없는 통석으로 1개의 무게가 무려 60톤에 달하는 전북 익산의 황등석이다.

　영빈관 내부는 무궁화와 월계수로 장식하고 정면 벽 중앙에 봉황 문양이 새겨져 있다. 이 문양은 태평성대와 대통령을 상징하고, 천정의 원형은 대화합을 상징한다.

영빈관 1층 회의장으로 전면에는 봉황 문양, 천정은 원형이다.

영빈관 2층 회의장.

　　　　　　　　　　　　　　　　　　청와대야 소풍 가자

영빈관 1, 2층 VIP 접견실.

팔도배미 터

영빈관 앞마당에는 팔도배미 터가 있다. 팔도배미란 1893년 고종이 신무문 밖 후원에 논밭을 8구역, 조선의 전국 8도를 상징하는 친경전을 만들어 친히 농사를 지으면서 농사의 풍흉을 살피던 곳이다. 이러한 배경을 바탕으로 2000년 6월에 영빈관 앞뜰을 좌우 8권역으로 나누고, 옛 왕궁의 정전 등에서 볼 수 있는 삼도의 품계를 나타내는 마당을 만들었다.

영빈관 팔도배미 터.

영빈관에서 바라본 인왕산 모습.

영빈관에서 바라본 서별관과 도로 건너편 연무관 모습.

청와대야 소풍 가자

14. 경제 · 금융 회의 전용공간 서별관西別館

　서별관西別館은 청와대 경제 · 금융 관련 비서관실에서 주로 이용하였는데 국정과 관련된 정책 회의를 하던 장소이다. 언론에 가끔씩 비밀 회의 장소라고 보도되었다.

　서별관은 청와대 출입문인 시화문을 나가기 전에 있는 건물로서 1960~70년대 주택으로 사용되던 건축물에 석재 타일을 붙여 사용하였으며, 2010년도에 공조 시스템을 갖춘 회의실로 리모델링을 하였다. 1981년 9월에 준공된 지하 1층, 지상 1층으로 연면적은 595.97㎡이다.

서별관 근경과 내부 평면도.

15. 칠궁七宮의 여인들

비운의 여인일까? 사랑받은 왕비일까?

대부분 후궁은 이름 없이 사라졌지만 그중에서도 왕을 낳은 여인들이 있다. 칠궁은 후궁이지만 왕을 낳은 여인들의 신위를 모셔 놓은 사당이다. 즉 7명의 후궁의 신위를 모신 곳이다.

궁호	후궁	궁호추상	남편	아들
저경궁 儲慶宮	경혜인빈 김씨 敬惠仁嬪 金氏	1775.06.29. (영조31.06.02.)	선조	원종
대빈궁 大嬪宮	옥산부대빈 장씨 玉山府大嬪 張氏	1722.11.18. (경종02.10.10.)	숙종	경종
육상궁 毓祥宮	화경숙빈 최씨 和敬淑嬪 崔氏	1744.04.19. (영조20.03.07.)	숙종	영조
연호궁 延祜宮	온희정빈 이씨 溫僖靖嬪 李氏	1778.04.14. (정조02.03.18.)	영조	진종
선희궁 宣禧宮	소유영빈 이씨 昭裕暎嬪 李氏	1789.01.21. (정조12.12.26.)	영조	장조 (사도세자)
경우궁 景祐宮	현목수비 박씨 顯穆綏妃 朴氏	1825.01.19. (순조24.12.01.)	정조	순조
덕안궁 德安宮	순헌황귀비 엄씨 純獻皇貴妃 嚴氏	1911.07.27.	고종	의민태자 (영친왕)

출처: https://namu.wiki/w/칠궁 참조

칠궁을 원래 한성 곳곳에 흩어져 있던 후궁들의 사당을 1870년(고종 7년)에 실리적인 측면을 고려해 한곳으로 옮기기 시작하였으며 1929년에 순헌황귀비의 덕안궁德安宮이 들어오면서 최종적으로 7개의 사당이 모여 칠궁七宮이라 불리게 되었다.

북악산을 바라보면서 촬영한 칠궁.

인왕산을 바라보면서 촬영한 칠궁.

16. 청와대 역사 문화 홍보관, 청와대 사랑채

청와대 사랑채는 역대 대통령의 발자취와 한국의 관광지를 소개하는 종합 관광 홍보관이다.

사랑채는 청와대의 역사를 소개하고 있다. 청와대青瓦臺는 '푸른 기왓장으로 지붕을 이은 건물'이라고 소개하고 있다. 청와대는 대한민국 대통령이 일하고 생활하는 공간이다. 사랑채에 가면 옛 청와대 터부터 현재의 청와대 모습을 갖추기까지 변천 과정을 알 수 있다.

역대 대통령이 각 나라의 정상에게서 받은 선물과 세계 각국의 예술 작품을 만날 수 있는 전시 공간도 있다. 역대 대통령의 사진과 재임 기간 중 업적과 대통령의 휴가지는 어떤 곳이 있는지를 확인할 수 있다.

또한, 유네스코 세계 유산에 등재된 한국의 문화유산 등 아름다운 관광지를 구석구석 살펴볼 수 있는 곳이다.

사랑채는 대한민국 정부의 녹색 성장 정책에 발맞춰 화석 연료 사용을 줄이고, 태양 에너지와 지열 사용량을 늘린 저탄소 녹색 건물로 2010년 1월 4일에 준공하였다.

사랑채 마당 오른쪽 정원에 대고각大鼓閣이 있는데 이는 김영삼 정부 당시 서울 정도 600년을 기념하기 위하여 건립하였다고 한다.

서울 정도 육백 년 기념 대고각.

PART 03

비밀의 정원
The secret garden

1. 발길이 머무는 녹지원錄地園

들어서는 순간, 발걸음이 절로 멈춰 선다.

밑동에서 힘차게 뻗은 세 개의 큰 줄기, 가지런하고 튼튼하면서 촘촘한 가지, 틈새 없이 **빽빽한** 솔잎, 둥근 하늘을 향한 장대한 모습의 반송이 잔디밭에 서 있다.

우와!!! 감탄사가 절로 나온다.

이것이 녹지원에서 처음으로 느끼는 감성이다.

녹지원은 경복궁 후원으로 조선 시대에 문·무과의 과거를 보던 장소였다. 일제 강점기에는 총독 관저의 정원이 되면서 가축 사육장, 온실로도 사용되었다. 근래에는 어린이날 행사, 장애인의 날 행사, 홈 커밍 행사, 음악회 등 대통령이 참석하는 다양한 야외 행사를 개최하는 곳이다.

박정희 대통령 재임 때에 경제 발전과 국력 신장으로 야외 행사를 할 수 있는 장소가 필요하였다. 그래서 1968년에 5,289㎡의 규모로 조성하였으나 행사의 빈도가 늘어나면서 1985년에 5,620㎡로 확장하였다. 잔디밭 가장자리에는 조깅 정도는 할 수 있는 둘레길이 있다. 1993년 7월 11일 아침에 김영삼 대통령과 빌 클린턴 미국 대통령이 녹지원 둘레길을 15분 20초간 달렸다는 기록이 있다.

잔디밭 가운데는 높이 17m, 폭 18m의 약 179살 반송이 청와대를 대표하며 서있다. 왼쪽에는 4그루의 소나무가 반송을 받쳐 주고 있으며 주변에는 120여 종의 나무들이 숲을 이루면서 지켜 주고 있다.

계절에 따라 왕벚나무, 회화나무, 단풍나무가 고유의 색깔을 내고 철 따라 피는 야생화는 지나가는 사람들의 발길을 머물게 한다. 봄이면 숲 언저리에 수선화, 매발톱, 가을이면 둘레길을 따라 코스모스가 정겹게 피었던 모습이 남아 있다. 한때 청와대에 살고 있던 꽃사슴이 야생화 꽃봉오리가 맺히면 모조리 따 먹었던 것이 기억난다. 당시 대통령께서 꽃사슴을 얼마나 예뻐하셨던지, 그래도 방출하지 말고 방문하는 국민들이 즐겨 볼 수 있도록 하라고 말씀하셔서 꽃사슴 관리를 맡았던 101경비단 직원들은 매우 힘들어했다.

눈 덮인 녹지원 반송의 겨울 자태.

녹지원 주변에는 전두환, 노태우, 이명박, 박근혜, 문재인 대통령 등의 기념식수도 여러 그루가 있다.

반송 양쪽으로 소나무가 녹지원 경관을 받쳐 주고 있다.

녹지원의 사계절 경관.

청와대야 소풍 가자

꽃사슴이 노는 광경.

2. 의전 행사 전용 대정원

청와대 대정원은 잔디 광장이다.

사진에서 보는 것처럼 외국의 대통령이나 수상 등의 국빈 방문 시 의장대 사열 등 의식 행사를 하는 곳이다. 중앙에 연단이 있고 아래쪽에 사열대가 있다. 대정원은 국빈들이 방문하였을 때 대통령께서 "Welcome to Korea" 환영 의전 행사를 하는 곳이다.

청와대 관람객들은 대정원 하단 입구에서 청와대 본관을 바라보면서 삼삼오오 기념 촬영을 한다. 녹색의 잔디, 푸른 기와집, 연꽃 봉오리를 닮은 북악산 정상을 바라보면서 기氣를 받아 간다고 한다.

가족초청 행사 군악대 퍼레이드.

청와대야 소풍 가자

대정원 규모는 4,893㎡로 1991년 본관 신축과 동시에 조성되었다. 잔디는 난지형이다. 난지형 잔디는 자생종인 한국 잔디로서 공해와 추위에는 잘 견디나 재생력이 약하고 한지형 잔디에 비해 초록색을 유지하는 기간이 짧다. 잔디의 학명은 *Zoysia japonica* Steud이며, 벼과 식물에 속하는 다년생 초본류이다.

잔디정원을 중심으로 순환 회차로가 있다. 회차로 바깥쪽 둘레길 가장자리에 심긴 반송 32그루가 경관적으로 안정감을 주지만 봄이면 송홧가루가 주변을 노랗게 물들게 한다.

3. 불로문不老門이 있는 소정원笑庭園

소정원笑庭園은 본관과 녹지원 사이에 있는 정원이다. 원래의 모습은 청와대 경내에서 가장 폐쇄되고 음습한 장소로 조경과 건설 사업으로 발생한 폐기물을 쌓아 두던 장소였다. 필자는 이곳의 환경 개선을 위하여 2010년도에 전통식 정원과 근·현대식 정원의 두 가지 개선안을 마련하였다. 전통식 정원으로 추진하려 하였으나 보고 과정에서 사업비가 과다하다는 단점이 있어 이명박 대통령께서 근·현대식 정원을 조성하는 것으로 결정하셨다.

소정원은 2010년 1월에 착공하여 2010년 4월 5일 준공하였으며, 면적은 15,535㎡이다. 주요 시설은 불로문不老門, 야생 화원, 거울 연못,

휴게시설 등이 있다. 거울 연못은 북악산과 인왕산을 연못 속에 비치
도록 하여 화기를 물속에 넣어 기운을 약하게 한다는 풍수적 의미를
담았다. 불로문은 석재 통문으로 창덕궁 연경당 입구의 불로문을 본떠
만들었다. 높이 230cm, 넓이 150cm이며 이 문을 지나는 사람은 무병
장수한다는 스토리텔링을 담았다. 야생 화원은 우리나라에서 자생하
는 야생화를 기본으로 하고, 꽃 피는 시기를 고려하여 사계절 꽃을 볼
수 있도록 다양한 종류의 야생화를 심었다. 하늘에서 보면 나비 모양
인데 세계로 뻗어 가는 대한민국의 번영을 상징하고 있다.

불로문을 지나는 모습.

청와대야 소풍 가자

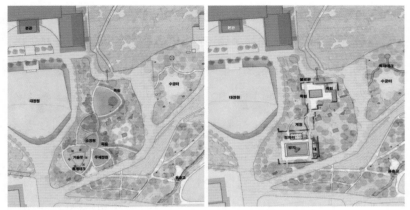

근·현대적 설계안.　　　　　　　　전통 조경 설계안.

소정원 조감도. 조경설계서안(주) 대표 신현돈.

거울 연못에 투영된 북악산의 모습.

소정원은 화려하지는 않지만, 야생화들이 반겨 주는 곳이다.

그래서인지 대통령께서는 이곳을 출퇴근길로 이용하기도 하였다. 또한 소정원 조성 공사 중일 때 이곳을 지나시다가 말씀하신 일화가 있다. "돌 너무 좋아하지 마라. 저기 쥐 뜯어 먹었나?"라는 말씀을 하셨다. 이는 석재를 너무 많이 사용하지 말고 자연 친화적인 정원으로 조성하도록 지시하신 말씀이다.

"저기 쥐 뜯어 먹었나?"는 야생화의 싹이 돋아나는 모습을 보고 하신 말씀이다. 야생화는 특성상 새싹이 돋아나고, 꽃이 피는 시기가 야생화의 종류에 따라 달라 봄철에 군데군데 빈 땅이 생긴 모습을 보시고 하신 말씀이다.

소정원은 수석 비서관 등 직원들이 본관 업무 보고를 갈 때 지나는 길에 있어 긴장된 마음을 한번 풀면서 올라가는 공간이었다. 2010년 G20 정상 회의, 2011년 핵 안보 정상 회의 시 외교 의전 공간으로도 활용하였다.

야생 화원.

청와대야 소풍 가자

현재 거울 연못 모습.

 필자는 소정원을 조성할 때 밤낮을 가리지 않고 일하였다. 2010년 3월은 유난히 비가 많이 왔다. 통상적으로 보면 우리나라 봄 날씨는 건조하여 대형 산불이 많이 일어나는 시기이다. 그럼에도 2010년 3월에는 하루건너 비가 내렸다. 4월 5일 식목일에는 소정원 준공 기념으로 대통령께서 무궁화를 기념식수 하기로 정해진 날이다. 마음은 급하고 시간이 촉박하였다. 준공 기한을 맞추어야 한다. 비가 오는 중에는 데크 조성 작업장에 천막을 설치하고 야간작업을 병행하였다.

 보슬비가 내리는 어느 날이다. 대통령께서 퇴근길에 이 모습을 보시고 "이제 일 좀 하는구먼."이라고 하셨다. 당시 대통령께서는 건설 현장에서 일하는 모습을 보면 기분이 꽤나 좋으셨던 것 같다.

 힘들었던 공사 진행 과정을 마무리하고 2010년 4월 5일에 무궁화 기념식수를 하였다. 그 꽃은 지금도 매년 피고 있다.

소정원에서 비 가림 천막 설치 후 작업 및 야간작업 광경.

이명박 대통령이 심은 무궁화 기념식수.

4. 역사의 흔적 수궁터守宮址

수궁守宮이란 북궐도형에 의하면 조선 시대 및 대한 제국 때 경복궁 신무문 밖 후원, 즉 지금의 청와대 자리에 경복궁을 중건한 후 왕궁을

청와대야 소풍 가자

지키기 위한 군사들을 위한 건물로, 일제 강점기 군사들이 머물던 수궁을 허물고 총독의 관사를 지었고, 1948년 8월까지 주한 미군 사령관 하지 중장의 관사로, 1948년도 대한민국 정부 수립 이후 이승만 대통령과 역대 대통령의 집무실과 관저로 사용되었다.

1990년 10월 관저, 1991년 9월에 본관을 신축하였고, 그대로 남아 있던 구 본관(아래 사진)을 1993년도 일제 잔재 청산 차원에서 철거하였다. 이후 이곳에 기록표지판을 세우고 정원을 조성한 것이 수궁터 정원이다.

역사의 흔적을 고스란히 머금고 있는 수궁터 정원은 2,582㎡이고 746년 된 주목을 비롯하여, 소나무, 다래나무, 단풍나무, 산딸나무 등과 대통령 기념식수도 있다.

구 본관, 안내 표석, 절병통 節甁桶, 명당 쉼터(사진 순서 시계방향).

5. 용버들이 용틀임하는 버들마당

버들마당은 위민2관과 경호실을 사이에 두고 있는 청와대 정원으로 직원들이 가장 많이 애용하는 곳이다.

2008년 당시 연풍문 옆에 있는 대문(청와대 12문이라 하였음)으로 들어오는 바로 앞에 자작나무 숲이 차량 출입을 차단하는 역할을 하고 있었다.

당시 정원에는 사철나무, 측백나무, 향나무 등의 상록수를 빽빽하게 심어 외부에서 청와대가 보이지 않도록 차폐하였다. 폐쇄된 산책길에는 폐철도 침목과 자갈이 깔려 있고 주로 직원들의 담소와 흡연 장소로 이용되었다. 당시 밀폐된 공간으로 유지하였던 것은 보안이라는 명분이 가장 컸는데, 산책로의 폐침목 사용으로 인하여 기름 냄새와 토양 오염이 심하였다.

2008년도 이명박 정부가 들어서면서 정책 기조가 소통과 개방으로 바뀌면서 비서동 사무실의 칸막이 철거와 높이를 낮추고, 외부공간도 소통과 나눔의 공간으로 개선하기로 했다.

그래서 버들마당에 대하여도 국민들이 쉽게 접근하고 의견을 나눌 수 있는 소통의 공간으로 조성하기로 그해 봄 정책 결정을 하였다. 필자가 중심이 되어 조경 전문가, 유관 기관 관계자, 실무진들과 함께 현장 실사와 의견 조율을 거쳐 기본 설계안을 마련하였다.

설계의 기본 방향은 우울한 숲에서 친환경 공간으로, 폐쇄적 공간에서 나눔의 공간으로, 버려진 공간을 실용적 공간으로 개선하는 것이었다. '하늘은 둥글고 땅은 모나다.'란 천원지방天圓地方을 모티브로 사각의 부지에 원형의 앉음석과 분수를 배치하였다. 바닥과 둘레길은 우리나라에서 생산한 낙엽송으로 데크를 깔고 쉼터를 배치하였다. 계절별로 꽃을 볼 수 있는 정원을 조성하고, 대상지에 자라고 있던 용버들, 물푸레나무, 은행나무, 감나무 등 큰 나무는 전부 보전하였다.

2008년도 6월에 착공하여 2008년 10월 9일 준공하였으며 연면적은 2,469㎡(747평)이다.

'버들마당'이란 정원 이름은 공모로 선정하였다. 국민, 비서실 직원 등 100여 명 이상이 참여하였고, 수십 가지 안이 접수되었으나 당시 김회구 비서관께서 제안한 버들마당이 선정 위원회 의결을 거쳐 결정되었다. 선정 이유는 용버들이 상징적으로 정원에 자라고 있고, 수령 또한 100여 년이 되는 상징적 나무이고, 정치적 색깔이 없다는 의미가 커서 버들마당으로 선정되었다.

버들마당 공사 전후 모습.

준공표석.

돌 틈새 리시마키아.

천원지방의 분수

버들마당에 까치밥을 주던 감나무가 있었다.

청와대야 소풍 가자

6. 상춘재 뜰을 바라보며

상춘재는 "항상 봄이 머무는 곳"이다. 봄은 사람들에게 무엇을 던져주는가? 필자가 평생에 자연을 가꾸는 업을 해와서인지 몰라도 '설렘'으로 표현하고 싶다. 봄은 땅에서, 나무줄기에서 메마른 가지에서, 씨앗에서 새싹과 꽃을 피우기 때문이다.

상춘재는 청와대에서 소중한 전통 정원의 형식을 갖추고 있다. 앞뜰에는 철쭉과 매화나무, 산수유꽃이 피고, 수영장이 있는 동쪽 전통 담장 아래에는 하늘매발톱, 앵초 등의 봄꽃이 핀다. 국빈이나 여야 대표 회의를 할 때, 기념 촬영을 할 때, 상춘재 뜰은 중요한 역할을 한다.

상춘재에는 언론에 공개되지 않았던 비밀의 정원인 뒤뜰이 있다.

상춘재 대청마루에서 뒤뜰을 바라보면 작지만 언제나 정갈하게 꾸며져 있다. 수선화를 비롯한 꽃들이 봄부터 가을까지 핀다. 겨울에는 이엉 위에 흰 눈이 소복이 쌓여 눈 속에서 봄을 기다리고 있다. 조경

뒤뜰.   뒤뜰 겨울 단장.

석, 회양목, 주목, 눈향나무가 이엉을 감싸고 있는 것이 겨울의 모습이다. 상춘재 앞뜰의 면적은 410㎡, 뒤뜰은 27㎡이다.

뒤뜰 장대석 화계.

감이 익은 앞뜰.

7. 흰뺨검둥오리 새끼 떼가 서식하는 실개천

2010년 봄, 실개천 정비 사업을 하였다.

2022년 봄, 흰뺨검둥오리가 실개천에 알을 낳았다.

2022년 여름, 흰뺨검둥오리 새끼 떼가 실개천에 살고 있다.

청와대 실개천은 관저와 의무동에서 내려오는 두 물줄기가 백악교에서 합류하여 용충교로 흐르는 작은 계천溪川이다. 이 계천은 장마철 이외에는 원천수가 없는 건천으로 물이 상시 흐르지 않았다. 더구나 무명교 아래에는 하상을 깊게 파서 뻘 형태로 되어 있었으며 물이 고여 썩은 냄새가 나고 수질 악화의 원인이 되었다.

이 계천은 녹지원 바로 옆을 지나는 물길이어서 환경·생태·경관적

청와대야 소풍 가자

으로 매우 열악한 곳이었다. 필자는 물 순환 시스템, 모래와 자갈을 이용한 여과 시스템, 조경석, 수생 식물의 도입을 통해 자연과 사람이 공존하는 생명이 있는 실개천으로 개선하자는 내용을 대통령에게 보고하여 개선 작업에 착수하였다.

기본 계획 당시 하천 재원은 연장 265m, 폭 0.5~2m, 수심 0.1~2.0m, 1일 유지용수량 600톤, 유지용수 확보는 지하수와 담수의 리사이클링으로 항상 실개천에 물이 흐르도록 계획하였다.

〈기본 계획〉 실개천 정비, 소정원 조성, 수영장 차폐 식수.

이 계획에 따라 수변에 사면 안정과 정수식물을 심고 야생화와 키작은 나무들을 심어 친환경적 녹색 공간을 조성하고, 사람들이 보고 즐기고, 산책할 수 있는 친수 공간을 조성하여 작지만 생명이 있는 생태 하천으로 변모하였다. 시간이 흐르면서 생태 하천으로 지속성이 유지되자 틈틈이 원앙, 청둥오리, 왜가리, 흰뺨검둥오리가 찾아왔다.

2022년도 개방과 더불어 흰뺨검둥오리는 실개천에 산란하고 부화하여 새끼 오리 떼와 함께 청와대에서 살아가고 있었다. 자연은 뿌린 대로 거둔다는 것을 보여 준 교훈이다.

녹지원 최초의 벤치가 2010년 5월에 만들어졌다.

이전에는 제어 판넬이 노출되어 경관을 해치고 있었다. 실개천 정비 사업을 하면서 제어 판넬을 경관과 어울리게 쉼터의 기능을 가지게 하고자 의자형 벤치를 설치하였다.

실개천 공사 전.

실개천 공사 후.

청와대야 소풍 가자

공사 후 흰뺨검둥오리 새끼들이 노니는 모습.

필자가 의자형 벤치 설치 과정에서 있었던 일화가 있다. 대통령께서 휴일에 진돗개와 산책하며 ②번 광경을 보시고 "여기에 왜 널을 가져 다 놓았지?"라고 하셔서 ③번과 같이 의자형 벤치를 제작 설치하였다. 의자형 벤치를 설치하고 바닥의 경사면에 경사 보완을 위해 ③번과 같 이 계단을 설치하였는데 대통령께서 "여기 내가 걸려 넘어지라고 계단 을 만들어 놓았지?"라고 하셨다. 그래서 ④번과 같이 턱을 없애고 가장 자리 시설을 보완하여 현재까지 잘 이용하고 있다. 참고로 의자 디자 인과 제작에 700만 원이 들었다.

그해 봄. 잦은 비와 꽃샘추위와 함께 소정원, 실개천 조성 공사를 하 면서, 적막한 구중궁궐 초병들의 감독 아래 우중 및 야간작업을 하느 라 무척 힘들었던 기억이 난다. 그때 필자는 이렇게 생각했다.

"이 또한 지나가리라."(This, too, shall pass away.)

① 제어 시설 보호 구조물.

② 제어 판넬 덮개 설치.

③ 데크 설치 후 턱이 생김.

④ 데크 바닥 턱을 없앰.

8. 대통령의 농사터, 친경전

  농경 사회에서 동아시아의 왕들은 몸소 농사를 체험하고 권장하며 풍년을 기원하고 풍흉을 가늠할 목적으로 전답을 만들었는데 이를 친경전, 적전이라고 하였다. 조선 시대에는 "팔도배미"[10]라고 불렀다.

---

10)   종로구 궁정동 청와대 옆 경농재 앞에 있던 논으로서, 우리나라 8도의 모양을

청와대 경내에도 친경전이 있다.

침류각 뒤뜰에 150㎡의 밭에 상추, 파, 배추 등 채소류를 재배하고 침류각 앞뜰에 70㎡ 농사를 지었다. 주로 대통령 내외분과 가족들이 휴일에 산책을 겸하여 친경전을 돌보곤 하였다.

재배했던 작물은 상추류, 무, 배추, 파, 쑥갓, 오이, 가지 등 일상생활에서 즐겨 먹는 채소류이다.

따라 여덟 배미의 논을 만들어 놓고 임금이 몸소 농사를 지었던 데서 유래된 이름이다.

9. 식물의 보고寶庫 온실

청와대는 본관, 영빈관 등에서 많은 의전 행사를 한다.

행사장을 꾸미는 꽃과 식물은 어떻게 할까? 청와대 내부에서도 많은 고민거리 중의 하나이다. 화분도 화환도 모두 보안 검색의 대상이 되기 때문에 외부에서 반입하기가 여간 까다로운 게 아니다.

그래서 청와대에는 온실을 두고 있다. 조경과 온실을 관리하는 전문직 공무원들도 20여 명이 있다. 이 직원들이 직접 식물들의 분갈이와 관리를 하고 행사의 성격에 맞게 식물을 배치하고 꽃 장식을 한다.

온실에는 종려죽, 관음죽, 난류, 영산홍, 화목류, 관엽 식물, 분재 등 110여 종 이상의 품질 좋은 장식용 식물을 보유하고 있다. 난과 꽃 종류는 양재, 서초동 등의 화훼시장에서 직접 구매하여 화분에 심고 장식하여 행사장에 공급한다.

행사용 꽃이나 관엽 식물은 외부에서 공급하는 것이 화훼 산업 발전을 위하여 바람직할 수도 있다. 그러나 청와대의 특성상 긴급을 요하는 일과 보안 문제로 자급자족 체제를 유지하고 있다.

온실은 2003년도까지 위민1관 자리에 있었으나, 위민1관 신축으로 테니스장이던 현재의 장소로 2004년 이전하였다. 시설 자동화가 된 유리온실 1동 591㎡와 2010년에 지은 온실 1동 130㎡가 있다.

10. 비밀의 중정中庭

　중정中庭의 사전적 의미는 "마당의 한가운데, 집안의 건물과 건물 사이에 있는 마당"이다. 가운데 있는 뜰로 해석할 수 있다.

　청와대에도 2개소의 중정이 있다.

　하나는 본관에, 다른 하나는 위민1관과 3관 사이에 있다.

　본관 중정은 아무나 볼 수 없다. 인왕실 동쪽 창밖에 있어 큰 창문을 통해서 볼 수 있다. 작지만 소나무와 꽃나무가 심겨 있고 바닥은 자갈과 모래를 깔고 물을 담아서 물고기가 살 수 있도록 하고 있다.

　관리자의 말에 따르면 가끔씩 왜가리가 찾아든다고 한다. 연못에 물고기가 있으니 아마 솔숲에 앉아 있던 왜가리가 먹거리를 찾아오는 모양이다.

　위민1관과 위민3관 사이에 있는 중정은 직원들의 쉼터이다.

　100㎡ 규모에, 그늘막 1동과 의자가 설치되어 있다. 한때 애연가들의 모임 장소이기도 했다.

위민관 중정 붉은 꽃 산딸나무

이 중정에는 붉은 꽃 산딸나무와 황철쭉이 있어 봄이면 분홍빛과 노란빛으로 곱게 피어 직원들의 눈길을 사로잡기도 한다.

본관 중정의 모습.

위민관 중정.

11. 연못과 옹달샘

청와대에는 관상용 물고기를 키우는 연못과 약수터로 쓰였던 옹달샘이 있다. 연못은 관저 회차로, 용충교, 백악교, 본관 중정, 소정원 거울 연못이 있다. 연못에는 비단잉어, 잉어, 붕어, 피라미, 버들치 등이 살고 있다. 관저 연못에는 사료통을 비치하여 대통령께서 산책할 때 한두 번 먹이를 던져 주기도 한다.

용충교 연못 왼쪽으로 오래전 식수로 사용하던 약수터가 있다. 지금

용충교 연못.

청와대야 소풍 가자

은 음용수로 사용하지 않고 경관용 석재 장식으로 주변 경관을 조성하였으며, 샘물은 용충교 연못으로 흘러내린다. 또 하나의 약수터는 관저 뒤뜰 "천하제일복지" 바위 아래에서 나오는 샘물이 있다.

백악교 연못(잉어가 헤엄치는 모습).

관저 연못.

용충교 연못으로 흐르는 옹달샘.

관저 뒤뜰 옹달샘.

청와대야 소풍 가자

12. 헬기장 잔디정원

춘추관에서 청와대 경내로 들어오면 바로 녹색의 광장이 눈앞에 펼쳐지는데 헬기장 잔디정원이다.

융단처럼 깔린 잔디정원은 너무나 평화롭게 보인다. 정면으로 북악산이, 왼쪽으로 인왕산이 올려다보이는 곳이다.

청와대 헬기장 규모는 6,270㎡로서 대면적이다. 헬기장은 대통령께서 지방 순방을 할 때 헬기에서 타고 내리는 장소이다. 항상 같은 모양의 헬기 2대가 나란히 준비되어 있다.

헬기장 잔디정원 아래에는 지하 벙커인데 이를 국가위기관리 센터(NSC)라고 한다. 국가 위기 상황 등 안보 관련 긴급회의를 하는 Control Tower이다.

헬기장에서 바라본 북악산 정상의 모습.

잔디정원에는 관리 시설이 잘 갖추어져 있다. 스프링클러 시설이 되어 있고, 단근, 배토, 시비, 병충해 방제와 연 25회 정도 잔디를 깎아서 항상 깔끔한 모습으로 관리하고 있다.

13. 춘추관 옥상정원

청와대에도 옥상정원이 있다.

춘추관과 수영장에 옥상정원이 조성되었다.

옥상정원은 녹지가 외부의 열을 차단하여 여름에는 건물 내부의 온도를 낮추고 겨울은 온도를 높여 주어 에너지 절약 효과를 얻을 수 있다. 녹지의 경우 여름철에 2~3℃ 정도 온도를 낮춘다고 한다.

청와대 옥상정원도 저탄소 녹색 성장의 일환으로 2009년 수영장,

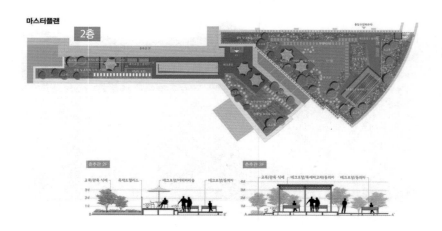

2011년 춘추관에 조성하였다. 아래 마스터플랜은 필자가 재직 당시 계획한 춘추관 2, 3층 옥상정원이다. 쉼터, 수목, 잔디 등으로 조성되어 기자들의 휴식 공간으로 활용되었다.

춘추관 2층.

춘추관 3층.

14. 숲속 쉼터의 명당 녹지원 데크

녹지원에서 소정원 가는 길목 숲속에 80㎡의 쉼터가 있다. 이곳은 각종 시설을 관리하는 제어 장치와 초소를 은폐하려고 나무로 차폐 식재를 한 장소이다. 큰 나무 밑이라 측백나무를 매년 교체하고 있어 필자가 목재 데크 설치 아이디어를 제안하여 2012년 9월에 조성안을 마련하고 통나무 의자를 배치하여 쉼터를 만들었다. 단풍을 보며, 바람 소리, 새소리를 들을 수 있는 풍광이 좋은 곳이다. 사진에서 보는 것처럼 가을이면 붉은 단풍이 소복이 쌓인다.

녹지원 데크가 만들어진 이후 청와대 직원들이 본관 집무실을 오가면서 잠시 들러, 보고 내용을 가다듬는 장소가 되었다고 한다. 가만히 숲속에 앉아 피톤치드와 접하면서 안정된 마음가짐을 가지고자 하였던 것이 아닌가 싶다.

피톤치드phytoncide의 의미를 다듬어 보았다.

식물은 자신의 생존을 어렵게 만드는 박테리아, 곰팡이, 해충 등을 퇴치하기 위해 의도적으로 생산하는 살생 효능을 가진 휘발성 유기 화합물을 만들어 내는데 이것을 통틀어 피톤치드라고 한다. '식물의'를 뜻하는 phyton과 '죽이다'를 뜻하는 cide의 합성어로 1937년 러시아 상트페테르부르크 대학의 생화학자 보리스 토킨 Boris P. Tokin이 처음 사용한 용어이다.

청와대야 소풍 가자

제어 시설 상부에 목재 데크를 설치한 후 낙엽 진 단풍 모습.

15. 청와대 가로수 길

청와대 가로수 길은 경복궁 외곽 도로를 순환하는 2.7km 길이다.

광화문에서 국립고궁박물관, 효자동 분수대, 춘추관, 동십자각, 광화

문까지이다. 국립고궁박물관에서 효자동 분수대까지 구간에는 한 아름이 넘는 버즘나무가, 청와대 앞길에는 은행나무가, 춘추관에서 동십자각까지는 왕벚나무가 심겨 있다.

청와대 앞길은 경복궁 북문인 신무문 앞이며, 효자동 분수대에서 춘추관까지가 청와대 앞길이다. 가로수와 사철나무 등 생울타리, 꽃 심기는 종로구청에서 관리하고 있다.

청와대 앞길의 아름드리 은행나무 경관을 본 사람들은 아! 서울에도 이런 굵고 오래된 나무와 아름다운 곳이 있구나 하고 감탄한다. 아마도 서울에서 가장 아름답고 보기 좋은 가로수 길 중의 하나일 것이다.

은행나무ginkgo는 잎이 넓지만 침엽수이다. 은행나무 열매가 떨어질 때 고약한 냄새 때문에 관리에 골머리를 앓고 있지만 과거 한때는 열매와 잎이 기호식품으로, 의약품 재료로 우대받은 때도 있었다. 분수대에서 춘추관까지 600여 m 짧은 거리지만 가을이 짙어질 때 노란색 도톰한 잎을 밟고 걷는 기분을 만끽할 수 있는 곳이다.

16. 효자동 분수대

효자동 분수대는 일제 강점기 때 전차 종점이 있었던 유서 깊은 장소이다. 여름이면 봉황과 지구본 아래에서 시원한 물줄기가 투명 커튼처럼 흘러 내린다. 남산을 바라보며 비상하는 봉황은 세상의 악을 잠재우고 있다.

외국인 관광객들이 청와대를 관광할 때 가장 먼저 모이는 장소가 분수대 광장이다. 관광 가이드의 안내 깃발 아래 단체 관광객들이 모여 인원 점검과 청와대 관광 안내를 하는 곳이다. 이명박 대통령 재임 당시 로터리 형식이던 분수대를 도로 선형을 변경하여 광장과 쉼터 공간으로 서울특별시에서 재정비하였다.

1985년에 만들어진 효자동 분수대 안내문에는 다음과 같이 기록되어 있다.

이 분수대는 주변 경관과 조화되게 한국 고유의 전통미를 살리면서 웅장함보다 알차고 수려하게 동動보다는 정靜을 택하여 조용하고 안정된 분위기를 느끼게 하였다.

온 누리를 상징하는 12개의 기둥을 탑신으로 하고 그 내부 벽면에 십장생도를 조각하였고, 세계속에 한국의 영광을 나타내는 무궁화로 포장된 지구의 위에 지도자의 상징인 봉황을 조각하여 이곳의 뜻을 새겼고, 평화와 자유, 단합과 번영을 구가하는 단란한 국민상을 네 귀에 세워 본체와 조화 있게 하였으며 1985년 11월 18일 설치하였다.

이 분수대에서는 북악산을 한눈에 바라볼 수 있으며 자유, 평화, 단합, 번영을 표현한 조각상 4점과 봉황 조각이 어우러져 멋진 경관을 연출하고 있다. 분수대 중앙에 있는 새는 대통령을 상징하는 봉황이고, 동서남북 사방에 4개의 석재 조각상은 모두 부모와 어린아이 한 명을 한 가족으로 세트를 구성하고 있다. 아마도 이는 "하나만 낳아 잘 기르자."라는 1980년대 산아제한 정책의 일환인 것으로 풀이된다.

효자동 분수대 모양은 1980년대 다수 설치되었으나 현재 서울에는 한국은행 앞 분수대와 함께 2곳이 남아 있으며, 우리나라의 대표적인 상징적 조형 분수대로서 1985년 남산 미술원 이일영 작가가 설계하였다.

2010년도 G20 정상 회의를 앞두고 기계실은 물론 주변 녹지를 잔디

　　　　　　　　　　　　　청와대야 소풍 가자

와 꽃으로 재단장하고 LED 조명을 추가, 야간 경관도 아름답게 정비하여 그해 7월 1일부터 재가동하였다.

분수대 정면.

분수대 뒷면.

분수대 옆면.

17. 청와대(궁정동) 무궁화동산

무궁화동산은 서울시 종로구 궁정동에 있다. 궁정동宮井洞이란 동명은 육상궁동毓祥宮洞의 궁宮 자와 온정동溫井洞의 정井 자를 합하여 생겨난 이름이다.

무궁화동산은 김영삼 대통령 취임 첫해인 1993년 청와대 시화문 건너 옛 중앙정보부 궁정동 안전 가옥인 안가 다섯 채를 헐고 10,000㎡ 규모의 무궁화동산을 만들었다. 1993년 7월 1일 개원식에 참석한 대통령은 "과거 권위주의 시대의 밀실 정치를 깨끗이 청산하는 의미 깊은 현장"이라고 소개했다.

　　　　　　　　　　　　　청와대야 소풍 가자

중앙 광장을 중심으로 산책로, 화단, 교목, 관목, 초본류, 충효의 정자 등을 조성하였다. 1992년 조성 당시 전국 각지에 있는 자생 초화류 3,000 여 포기, 수목 1,000여 그루를 심었다. 그 이후 리모델링을 통해 30여 종류의 무궁화 7,490그루를 심어 명실상부한 국민 공원으로 사랑받고 있다. 무궁화동산은 종로구청 도시녹지과에서 조성하고 관리하고 있다.

김영삼, 김대중 대통령께서 기념식수를 하였다고 하나, 김영삼 대통령 기념식수는 보이지 않고, 1999년 4월 5일 김대중 대통령의 기념식수는 보존되어 있다.

무궁화동산.

우물정(井) 자 조형물.

무궁화동산에 핀 꽃.

1999.4.5. 김대중 대통령 기념식수, 구상나무.

청와대야 소풍 가자

PART 04

대통령의 나무

청와대 경내에는 열 분의 대통령께서 건축물 준공, 대외 정책 교류 기념 및 식목일을 기념하여 나무를 심으셨다. 기념식수 나무와 식재 장소는 특별히 정해진 것은 없었고, 조경 담당 행정관이 심는 장소에 대한 의미와, 심을 곳에 적당한 수종 3~5종에 대한 역사성과 문화에 대한 스토리텔링을 정리·보고하여 정하는 것이 일반적인 관례였다.

아래 표의 수종, 위치, 크기는 심을 당시이고, 나이는 2024년도 현재 나이로 환산한 표이다.

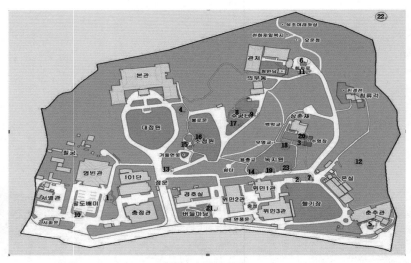

대통령의 나무 위치도

☞ 대통령이 심은 나무

연번	수종	위치	크기	본수	현재 나이	심은 날	대통령	비고
계	13종			23			10분	
1	가이즈카 향나무	영빈관	H4.1×W4.4×R24	1	106	78.12.23	박정희	
2	독일가문비	온실 앞	H12×W8.0×R36	1	80	80.04.01	최규하	
3	백송	상춘재	H11×W8.0×R36	1	79	83.04.01	전두환	
4	구상나무	본관	H7.0×W5.0×R28	1	65	90.04.05	노태우	
5	소나무	춘추관	H7.0×W8.2×R47	1	136	90.09.29	노태우	
6	소나무	관저회차로	H8.0×W7.0×R47	1	127	90.10.25	노태우	
7	주목	온실 앞	H4.2×W3.3×R20	1	64	92.04.05	노태우	구본관 터에 있던 나무
8	산딸나무	수궁터	H4.3×W5.2×R13	1	49	94.04.05	김영삼	
9	복자기	수궁터	H6.7×W6.4×R28	1	45	96.04.05	김영삼	
10	무궁화	영빈관하단	H2.5×W1.3×R13	1	42	00.06.17	김대중	
11	소나무	관저회차로	H7.0×W5.0×R42	1	101	03.04.05	노무현	
12	잣나무	잣나무단지 내	H4.5×W3.0×R7	1	28	04.04.05	노무현	
13	반송	정문 앞	H3.0×W2.7×R19	1	36	08.04.06	이명박	
14	반송	녹지원 서편	H3.0×W3.0×R20	1	35	09.04.05	이명박	
15	무궁화	소정원	H3.0×W2.2×R15	1	39	10.04.05	이명박	
16	이팝나무	소정원	H7.5×W5.0×R24	1	31	13.04.08	박근혜	
17	소나무	수궁터	H4.5×W3.3×R14	1	21	14.04.05	박근혜	
18	무궁화	녹지원	H2.0×W1.2×R7	3	21	15.04.05	박근혜	
19	소나무	위민1관 뜰	H6.0×W4.0×R34	1	71	18.04.05	문재인	
20	동백나무	상춘재	H2.7×W2.6×R13	1	25	19.04.07	문재인	
21	소나무	버들마당	H6.2×W5.5×R32	1	21	20.04.22	문재인	
22	은행나무	55경비대대	H7.5×W3.5×R18	1	24	21.04.05	문재인	
23	모감주나무	녹지원 동편	H6.0×W6.0×R18	1	21	22.04.05	문재인	

주) H : 나무 키, W : 수관 폭, R : 근원 직경

1. 박정희 대통령 기념식수

가이즈카향나무 *Juniperus chinensis* 'Kaizuka'

향나무는 나무줄기 등에서 독특한 향香을 내기 때문에 향나무라고 불렀으며, 불로 향나무 향을 피우면 그 향이 하늘의 어느 절대자에게 올라간다고 믿었다. 옛날부터 사람들의 기원을 전달하는 신목神木의 역할을 했던 나무가 향나무이다.

향나무도 여러 종류가 있는데 일제 강점기를 비롯하여 근래까지 향나무 중에서 우리나라에 가장 많이 보급되었고, 공원, 가로녹지대, 정원, 화단 등에서 가장 흔히 볼 수 있는 향나무는 일본 원산 가이즈카향나무다.

가이즈카향나무는 측백나무과에 속하는 상록침엽교목이다. 이 나무는 가지가 고르게 나며 지엽이 치밀하여 전정에 강하므로 정형적인 아름다운 수형을 만들 수 있으며, 기존 향나무의 따가운 바늘잎 대신 부드러운 비늘잎이기 때문에 관리하기가 편해서 그간 많이 식재되었는데 근래 들어 다양한 조경 소재의 개발로 인하여 지금은 많이 줄어들었다.

가이즈카향나무는 본래의 향나무가 따끔따끔한 바늘잎이 많은 것을 일본에서 부드러운 비늘잎으로 개량한 향나무로, 가이즈카는 패총貝塚 조개무덤이라는 말이다. 아마 일본의 조경회사가 요코하마에서 유럽 등 해외에 이 향나무를 많이 수출했는데 요코하마 인근의 패총과 관련

청와대야 소풍 가자

이 있는 것으로 보고 있다.

한방에서는 향나무 잎을 회엽檜葉이라고 부르는데 어린 가지나 잎을 채취하여 말려서 사용하는데 해독, 거풍, 산한散寒, 활혈活血, 감기, 관절염, 습진에 효능이 있다고 한다.

청와대 경내에서 가장 오래된 기념식수로 1978년 12월 22일 영빈관 준공을 기념하기 위하여 1978년 12월 23일 박정희 대통령께서 영빈관 좌측 담장 앞에 심었다. 심을 당시 키 4.1m, 근원 직경 24cm이었으며, 현재 나이는 106살이다.

영빈관. 박정희 대통령 각하 기념식수.

2. 최규하 대통령 기념식수

독일가문비 *Picea abies* (L.) H.Karst.

먼저, 우리나라에는 독일가문비와 비견되는 가문비나무가 있다. 북한의 개마고원에 무리 지어 분포하고 지리산, 덕유산, 오대산에도 몇 그루씩 존재한다. 가문비나무라는 이름은 흑피목黑皮木에서 유래했다고 보고 있다. 비슷한 전나무에 비하여 껍질이 흑갈색이기 때문에 검은피나무라고 한 것이 가문비나무가 되었다.

가문비나무는 열매와 가지가 밑으로 늘어지는 독특한 모습으로 관상 가치가 크다. 우리나라에서 독일가문비는 주로 정원, 공원에 많이 심어진 것을 볼 수 있다.

독일가문비를 보면, 짧은 가지에 솔방울과 같은 열매가 아래로 처져서 힘없는 모양을 하고 있는데 많은 눈이 와서 가지에 소복소복 쌓이는 것을 이겨 내는 장치라고 할 수 있다. 약해 보이지만 강한 바람과 북유럽 등의 많은 눈을 이길 수 있는 생태적 특성을 가지고 있다. 독일가문비는 북유럽 여러 나라와 폴란드, 러시아 등 넓은 지역에 걸쳐 있다.

독일가문비 이름은 일본이 독일에서 가져온 가문비나무이기 때문이라고 한다. 우리 가문비나무는 고산 식물이기 때문에 공원 등 평지에는 잘 자라지 않아서, 유럽에서 들어온 독일가문비 나무를 공원수, 정원수로 흔히 심고 있다.

독일가문비는 소나무과의 상록침엽교목으로 키가 30~50m까지 자라며, 이름 그대로 유럽이 원산지인데 토심이 깊고 기름진 땅에서 잘 자란다. 나무껍질은 붉은빛을 띤 갈색이며 가지가 사방으로 퍼진다. 작은 가지는 밑으로 처지고 갈색이며 털이 나기도 한다. 꽃은 6월에 피며, 열매는 10월에 익는다. 어린나무는 크리스마스트리용으로 쓰이며 공원이나 정원에서 관상용으로 많이 심는다.

최규하 대통령은 1980년 4월 1일 녹지원 담장 밖 녹지대에 기념식수를 하였으며 심을 당시 키 12m, 근원 직경 36cm이었으며, 현재 나이는 80살이다.

온실 앞. 최규하 대통령 각하 내외분 기념식수.

3. 전두환 대통령 기념식수

백송 *Pinus bungeana* Zucc. ex Endl.

백송은 쉽게 만날 수 있는 나무가 아니기 때문에 한 번 보기만 해도 잊지 못할 만큼 강한 인상으로 남는 나무다. 백호, 백마, 백록白鹿, 흰 꿩, 흰 비둘기, 흰 까치, 흰 뱀 등과 같이 백송도 영험한 것, 좋은 일이 생길 징조를 상징하는 것으로 생각하였으며, 백의민족白衣民族이라는 민족 정서에도 잇닿아 있어 예부터 우리의 선비나 사대부 가문에서는 귀하게 생각하는 대표적인 나무였다.

백송은 중국 북부가 고향인데 조선 초기에 사신으로 갔던 관리들이 한두 그루 얻어 와서 심은 것이 우리나라에 전래되었다고 한다. 흔치 않은 나무인 까닭에 50년만 넘으면 보호수가 될 정도이다. 서울 종로구 통의동에 약 600년 된 백송은 천연기념물 제4호로 지정되었다가 1990년 7월 순간 돌풍으로 넘어져 버렸다. 당시 노태우 대통령이 이 백송을 살리라고 지시해서 서울시에서 백송 회생 대책 위원회까지 설치하여 살리려고 노력했지만 결국 고사하여 1993년 3월에 천연기념물에서 해제가 되었으며 고사한 백송의 줄기는 국립수목원 산림박물관 유물실에 보관되어 있다. 헌법재판소 안에 있는 백송도 수령이 600년 정도로 천연기념물 제8호로 지정되어 있다. 또 충남 예산 용궁리에 있는 예산의 백송은 천연기념물 제106호로 추사 김정희 선생이 심었다고 하며, 천연기념물 제60호로 지정된 고양시의 500년 된 송포 백송도 있다.

청와대야 소풍 가자

백송은 정원수나 공원수로 인기가 있는 나무였지만 그동안 전국적으로 많이 보급되지 못했다. 근래 양묘 기술의 발달로 종자에서 묘목을 대량 생산할 수 있게 되면서 최근에 흔하게 보급되고 있다.

백송의 특징은 어릴 때는 줄기의 색깔이 연한 녹색을 띠다가 나이가 들면서 회백색으로 변한다. 표면이 평활하고 플라타너스 나무처럼 껍질에 얼룩을 만들면서 얇게 나무껍질이 떨어져 나간다. 백송은 리기다소나무와 같이 3엽송이며, 일반 소나무인 적송, 해송, 반송은 2엽송이고, 잣나무, 섬잣나무, 누운잣나무는 5엽송이다.

전두환 대통령은 1983년 4월 5일 상춘재 준공을 기념하여 상춘재 앞마당에 기념식수를 하였는데 심을 당시 키 11m, 근원 직경 36cm이었으며, 현재 나이는 79살이다.

상춘재. 전두환 대통령 각하 내외분 기념식수.

4. 노태우 대통령 기념식수

노태우 대통령은 4그루의 기념식수를 하였다.

1988년 4월 5일 본관 입구에 구상나무, 1990년 9월 29일 춘추관 앞에 소나무, 1990년 10월 25일 관저 앞에 소나무, 1992년 4월 5일 구 본관 수궁터에 있던 주목을 온실 앞으로 옮겨 심었다.

구상나무 *Abies koreana* E.H.Wilson.

구상나무의 이름은 제주도 방언에서 유래가 되었다고 한다. 구상나무의 잎이 제주 바다에서 많이 나는 성게를 닮았다고 해서, 성게의 제주도 방언 쿠살에 나무의 제주 방언 낭이 합해져서 쿠살낭이라고 한 것에서 유래하여 구상나무가 된 것이라고 한다.

구상나무는 고산 지대에 분포하므로 보통 사람들은 많이 볼 수가 없어서 잘 알려지지 않았지만, 유럽과 미국에는 한국 전나무Korean fir로 불리며 잘 알려져 있고 크리스마스트리로 비싼 가격에 많이 팔리는 나무라고 한다. 이 때문에 88 서울 올림픽 때에 참가 선수들이나 수상자들에게 초창기 유럽에서 월계수를 주듯이 우리나라를 알릴 수 있는 구상나무 묘목 한 그루씩을 주자는 의견이 있어 구체적으로 검토되었으나 채택되지는 않았다고 한다.

구상나무는 원래 서늘한 기후를 좋아하는 나무인데 지구 온난화로 기온은 올라가지만 나무는 더 고산으로 올라갈 자리가 없는 상태에 처

본관 입구. 노태우 대통령 기념식수.

해 있어 멸종이 우려된다. 우리 고유의 구상나무는 현재 세계자연보전연맹(IUCN)이 선정한 멸종 위기종으로 지정되어 있기도 하다. 한라산이나 지리산 등의 상층부에서 처연하게 남은 고사목을 볼 수 있는데 대부분 구상나무이다.

태백산을 비롯한 백두대간에서 고사목으로 만나는 주목朱木과 비슷한 모양이다. 주목을 살아 천 년, 죽어 천 년이라고 하는 것과 비교하여, 구상나무는 살아 백 년, 죽어 백 년이라고 말들을 한다.

구상나무는 소나무과에 속하는 상록침엽교목이다. 구상나무는 우리나라 고유의 특산종으로 해발 1,000m가 넘는 고산에서 자라며 한라산, 덕유산, 지리산 등의 높은 산에서 살아가는 나무로 20m까지 자란다. 겨울눈은 둥근 달걀 모양이고 수지樹脂가 있으며 잎의 뒷면이 옅은 하얀색으로 보인다. 잎은 줄 모양 바소꼴이다. 꽃은 6월에 피며 암수한 그루이다. 열매는 구과로 10월에 익으며 솔방울은 하늘을 향한다. 재목은 건축재 · 가구재 · 토목재 · 펄프재로 쓰고 최근에 많이 보급되면서 공원수나 정원수로 많이 식재되고 있다.

본관 준공 기념으로 심은 구상나무는 심을 당시 키는 7m, 근원 직경 28cm이었으며, 현재 나이는 65살이다.

소나무 *Pinus densiflora* Siebold & Zucc.

우리는 소나무로 지어진 집에서 태어났고 우리의 탄생을 알리는 금줄에도 소나무 가지가 끼워져 있었으며 소나무가 있는 뒷동산에서 뛰어놀면서 자라났다. 추석에는 솔잎 송편을 먹었으며 소나무 장작불을 피운 온돌방에서 솔바람 소리를 들으며 잠자리에 들었고 소나무로 만든 가구나 생활 도구를 사용하다가 세상살이가 끝나는 날 소나무로 만든 관 속으로 들어가 땅에 묻혔다.

우리나라 지명 중에서 소나무 송松 자가 들어가는 지명이 다른 나무 이름이 들어가는 지명에 비해서 월등히 많은 것은 소나무가 가까이에 많아 친근하였기 때문이었다.

나무를 가리키는 한자어 가운데 공公 자가 들어가는 나무는 소나무

청와대야 소풍 가자

송松 자뿐이라고 한다. 이는 진시황이 갑자기 내린 비를 큰 소나무 밑에서 피한 감사함으로 그 소나무에게 가장 높은 공작公爵의 품계를 준 것에서 소나무 송松 자가 되었다고 한다.

나무 백과에서 임경빈 교수는 소나무의 이름이 솔나무에서 ㄹ이 탈락해서 생긴 이름이라고 한다. 무명실을 직조할 때 쓰는 풀 솔은 소나무의 잔뿌리로 만들었고 또 솔잎을 모아 다발로 만들어서 솔처럼 사용했기 때문에 솔나무라고 했는데 시간이 지나면서 발음하기 편하게 소나무로 변했다고 한다.

우리나라의 소나무는 몇 가지 변종 및 품종이 인정되고 있는데 크게 동북형·금강형·중남부평지형·안강형·중남부고지형으로 나눌 수 있다.

재질 중 가장 으뜸인 금강송은 태백산맥 줄기를 타고 금강산에서 경북 봉화, 울진, 영양 등지에 자라는 소나무는 유난히 곧고, 마디가 길고, 껍질이 유별나게 붉은 최고급의 소나무인데, 금강산의 이름을 따서 금강송이라고 하며, 이 금강송이 벌채되어 철로가 있는 봉화 춘양역으로 집하가 되어서 춘양목이라고 했다. 동북형은 함경북도 일대, 중남부평지형은 안면도 지방, 안강형은 경주 안강 지방, 중남부고지형은 전라도 위봉산 일대이다.

소나무는 흉년에 중요한 구황 식품인데 초근목피로 연명을 해야 할 때, 초근으로는 주로 칡뿌리를 먹었고, 목피로는 소나무의 속껍질을 벗겨서 먹었다. 우리가 말하는 똥구멍 찢어지게 가난하다는 말은 이 소나무 껍질을 먹고 거친 섬유질이 소화되지 않아 심하게 변비가 생겼다는 데에서 생긴 말로 우리 민족의 애환이 담긴 말이다.

소나무는 소나무과의 상록침엽교목으로 키가 35m, 직경 2.0m까지 자라며 우리나라 전 지역에 분포한다. 수피는 붉은빛을 띤 갈색이나 밑부분은 검은 갈색이다. 바늘잎은 2개씩 뭉쳐나고 길이 8~9cm, 너비 1.5mm이다. 2~5년이 지나면 밑부분의 바늘잎이 떨어진다. 꽃은 5월에 피고, 솔방울은 달걀 모양으로 길이 4.5cm, 지름 3cm이며 열매 조각은 70~100개이고 다음 해 9~10월에 노란빛을 띤 갈색으로 익는다. 잎은 소화 불량 또는 강장제로, 꽃은 이질에, 송진은 고약의 원료 등 약용으로 쓴다. 화분은 송홧가루로 다식을 만들며 목재는 건축재·펄프 용재로 이용되고, 관상용, 조경수용으로 많이 심는다.

① 춘추관 앞. 노태우 대통령 기념식수.

소나무 기념식수는 1980년도 9월 29일, 1980년 10월 25일에 춘추관 및 관저 준공 기념으로 심었다. ①은 심을 당시 키 7m, 근원 직경 47cm, 현재 나이는 136살이다. ②는 심을 당시 키 8m, 근원 직경 47cm, 현재 나이는 127살이다.

② 관저 회차로. 노태우 대통령 내외분 기념식수.

주목 *Taxus cuspidata* Siebold & Zucc.

한반도의 척추인 백두대간을 타고 태백산, 소백산, 덕유산, 지리산까지 태산준령의 산꼭대기에는 어디에서나 늙은 주목朱木이 있다. 겨울에 눈이 쌓이고, 상고대로 하얗게 덧입으면 처연한 모습이 신비롭기까지 하다. 죽어서 마르고 비틀어지고 꺾어지고 속이 비어 있는 상태도 있어 장구한 세월의 흔적을 보여 주는데 보통 굵기가 한 뼘 남짓하면 주목의 나이는 백 년이고 한 아름에 이르면 세월은 벌써 천년이라고 보면 된다.

소백산의 주목 군락은 세계적 학술 가치가 인정되는 것으로 천연기념물 제244호로 지정되어 있으며, TV에 자주 방송된 태백산 정상의 주목을 보기 위해서 겨울이면 태백산을 찾는 사람들도 많이 있다. 또 강원도 정선군 사북읍에는 우리나라에서 가장 나이가 많은 천연기념물 제433호 주목 세 그루가 장엄한 모습으로 서 있는데 수령이 무려 1,400년으로 신라 김유신 장군이나 백제의 계백장군과 동년배가 된다.

주목은 살아서 천 년, 죽어서도 천 년을 간다고 한다. 주로 백두대간의 높은 산에서 군락을 이루며 강한 생명력으로 천 년을 사는 것으로 명성이 나 있는데 죽어서도 잘 썩지 않기 때문에 그 자리에서 천 년을 고사목으로 견디는 나무다.

옛사람들에게는 붉은 주목은 잡귀신을 물리치는 벽사의 나무였다. 또 주목의 특수한 성분이 있어 나무를 썩게 하는 미생물이 범접을 못하여 오래전부터 권세가들이 사후에 목관을 주목으로 만들게 했다고 한다. 평양의 낙랑 고분, 경주 금관총, 고구려 길림성 환문총의 나무관은 모두 주목을 사용했는데 2천 년이 지나도 주목으로 된 관은 거의 원형에 가깝게 남아 있다고 한다.

주목의 잎과 씨앗 내에 있는 배유와 배아는 강한 독성 탁신Taxine이 있어, 주목의 빨간 열매를 씹어서 먹으면 생명에 위험할 정도로 독성이 강하다. 미국에서 방목하던 젖소가 호흡 곤란 및 발작을 집단으로 일으켰고, 일부는 심정지로 급사를 했는데 부검 결과 제1 위에서 다량의 주목잎이 발견되어 사인을 탁신Taxine 중독으로 판단했으며 1981년 일본 아오모리에서도 소의 주목 중독이 보고된 적이 있다.

주목의 껍질에는 항암 물질인 택솔이 있다는 것으로 밝혀졌으며, 씨눈과 잎, 줄기에 기생하는 곰팡이를 생물 공학 기법으로 증식하여 택솔을 대량 생산하는 방법을 개발하였다.

주목은 주목과의 상록침엽교목으로 고산 지대에서 자란다. 우리나라, 일본, 중국 동북부, 시베리아 등지에 분포한다. 키가 17m, 직경이 1m 이상 자라며, 가지를 사방으로 뻗으며 큰 가지와 원줄기는 홍갈색으로 껍질이 얇게 띠 모양으로 벗겨지는데 줄기가 붉어서 주목朱木이라 불린다. 잎은 줄 모양으로 나선상으로 달리지만 옆으로 뻗은 가지에서는 깃처럼 2줄로 배열하며 길이 1.5~2.5cm, 너비는 2~3mm로 표면은 짙은 녹색이고 뒷면에 황록색 줄이 있다. 꽃은 잎겨드랑이에 달리는 단성화이며 4월에 핀다. 열매는 핵과로 과육은 종자의 일부만 둘러싸고 9~10월에 붉게 익는다. 관상용으로 심으며, 재목은 가구재, 조각재로 이용한다.

자라는 형태에 따라 원줄기가 곧게 서지 않고 밑에서 여러 개로 갈라지는 것은 눈주목 Taxus cuspidata var. nana, 잎이 보다 넓고 회색이 도는 것은 회솔나무 Taxus baccata var. latifolia Nakai, 원줄기가 비스듬히 자라면서 땅에 닿은 가지에서 뿌리를 내리는 것은 설악눈주목 Taxus caespitosa Nakai이다.

청와대 구 본관은 1993년 10월에 철거되었는데 철거 전인 1992년 4월 5일 수궁터에 있던 나무를 온실 앞으로 옮겨 심었다. 이식 당시 키 4.2m, 근원 직경 20cm이며, 현재 나이는 64살이다.

온실 앞. 노태우 대통령 내외분 기념식수.

5. 김영삼 대통령 기념식수

김영삼 대통령은 1994년 4월 5일과 1996년 4월 5일에 수궁터에 산딸 나무와 복자기를 심었다.

산딸나무 *Cornus kousa* Bürger ex Hance.

산딸나무는 네 장의 꽃잎이 십자+字로 붙어 있고 복잡한 색이 섞이 지 않아서 청순하고 깔끔한 느낌을 주는 꽃이다.

기독교와 관련, 예수가 십자가에 못 박힐 때 십자가로 쓰인 나무가 서양에서 독우드Dogwood라고 불리며, 산딸나무라고 한다. 서양에서는 옛날에 산딸나무 껍질에 키니네 성분이 들어 있어서 산딸나무 껍질을 쪄서 나온 즙으로 개의 피부병을 치료했던 것에서 유래했거나, 영어의 고어로 Dag, Dog은 꼬챙이라는 뜻이 있는데 산딸나무 목질이 단단해서 가지를 나무 꼬챙이로 사용한 데서 온 어원이라고 보고 있다.

전설에 따르면 산딸나무, 독우드는 예수 십자가를 만들 만큼 중동에서는 큰 나무였는데 예수가 십자가에 못 박히신 후에는 다시는 십자가를 만들지 못하도록 하나님이 나무의 키도 작게 하고 가지도 비꼬이게 만들었다. 단지 예수의 십자가를 기억하라는 의미로 십자+字 꽃잎을 남겨 두었다는 것이다. 이 전설의 영향으로 유럽과 미주의 여러 기독교 국가에서는 십자가 모양의 꽃이 피고 거기에 열매가 아름답기 때문에 산딸나무를 정원수로 많이 심었다고 한다.

산딸나무의 화려하게 보이는 하얀 꽃잎은 사실은 꽃잎이 아니고 잎이 변형된 포엽苞葉; Bract leaf이다. 산딸나무의 꽃은 정확하게 꽃송이 가운데 올망졸망 뭉쳐져 있는 구슬 같은 부분이다. 꽃의 크기가 작다 보니 수분受粉을 위한 벌과 나비를 유혹할 수 없을 것 같아서 잎을 변형시켜 신기하게도 꽃같이 보이도록 예쁘게 포장을 한 것이다.

산딸나무는 세계적으로 여러 종이 있으나 서양 산딸나무와 동양 산딸나무로 크게 나누는데, 예수 십자가를 만든 나무는 서양 산딸나무이고, 우리가 주위에서 자주 접할 수 있는 산딸나무는 중국이 원산지로 중국, 한국 중부 이남, 일본의 혼슈 이남에서 자라는 동양 산딸나무다.

수궁터. 김영삼 대통령 내외분 기념식수.

열매는 가을에 새들의 좋은 먹잇감이 되는데 이 열매의 모양이 우리가 흔히 먹는 딸기와 비슷하게 생겨서 산딸나무라고 이름을 붙였다.

산딸나무는 층층나무과의 낙엽활엽소교목으로 키가 12m, 직경 50cm까지 자란다. 가지는 층층나무처럼 퍼지고 잎은 마주나고 달걀 모양 타원형으로 길이 5~12cm, 너비 3.5~7cm이다. 끝이 뾰족하고 밑은 넓은 쐐기 모양이며 가장자리에 거치가 없으나 약간 물결 모양이다. 꽃은 양성화로 6월에 짧은 가지 끝에 두상 꽃차례로 피고 꽃잎 같은 4개의 하얀 포로 싸인다. 포 조각은 좁은 달걀 모양이며 길이 3~6cm이다. 열매는 취과로 딸기처럼 모여 달리며 10월에 붉은빛으로 익는다. 정원수, 공원수, 가로수로 많이 심으며, 목재는 기구재, 조각재로 이용한다.

수궁터는 일제 잔재를 철거한 자리로 김영삼 대통령에게는 특별한 의미가 있는 장소이다. 그래서인지 기념식수도 수궁터에서만 했다. 심을 당시 키 4.3m, 근원 직경 13cm이며, 현재 나이는 49살이다.

복자기 | *Acer triflorum* Kom.

복자기는 가을에 붉게 물드는 단풍이 불붙는 듯하여 단풍나무류 중에서도 제일 색이 곱고 진하여 세계적으로 널리 알려진 조경수이다. 단풍나무 종류는 대부분 잎자루 하나에 잎이 하나씩 붙어 있는데, 복자기는 엄지손가락 크기의 길쭉한 잎이 잎자루 하나에 세 개씩 붙어 있다. 단풍 중에서 으뜸으로 밝은 진홍색 잎사귀는 불타는 것 같아서 아름다움이 귀신의 눈병마저 고칠 정도라고 해서 안약나무라고도 부른다. 단풍잎에는 안토시아닌이라는 물질이 있어 가을이 되면 붉은 단풍이 든다.

목재는 치밀하고 무거우며 무늬가 아름다워 가구재, 조각재, 무늬 합판재 등 고급 용재로 쓰인다.

복자기는 단풍나무과의 낙엽활엽교목으로 우리나라와 중국 북동부에 분포하고 키가 15m 정도 자란다. 나도박달이라고도 하며, 숲속에서 층층나무 등과 혼생한다. 수피는 회백색이고 가지는 붉은빛이 돌며 겨울눈은 검은색이고 달걀 모양이다. 잎은 마주나고 3개의 작은 잎으로 구성된다. 작은 잎은 긴 타원형의 달걀 모양 또는 긴 타원형 바소꼴[11]로 가장자리에 2~4개의 거치와 더불어 굵은 털이 있다. 잎자루는 길이 5cm이고 털이 있다. 꽃은 5월에 피고 산방화서로 3개가 달리고 꽃가

---

11)   창처럼 생겼으며 길이가 너비의 몇 배가 되고 밑에서 1/3 정도 되는 부분이 가장 넓으며 끝이 뾰족한 모양.

지에는 갈색 털이 있다. 열매는 시과로 길이 5cm 정도이고, 9~10월에 익으며 날개는 둔각으로 벌어진다.

1994년 기념 식수한 산딸나무와 마찬가지로 수궁터에 심었다. 심을 당시 키 6.7m, 근원 직경 28cm이며, 현재 나이는 45살이다.

수궁터. 김영삼 대통령 내외분 기념식수.

6. 김대중 대통령 기념식수

무궁화 *Hibiscus syriacus* L.

일반적으로, 국가를 상징하는 3가지는 국기國旗와 국가國歌, 그리고 국화國花라고 할 수 있다. 우리나라의 국기는 태극기로 대한민국 국기

법에 의해서 보호되고 있으며, 국가는 애국가가 지정되어 있다. 그러나 국화로서 무궁화는 아직도 나라의 꽃으로 공식 지정된 것은 아니다. 국화법 제정이 매번 국회에 제출되고 있지만 아직 표류하고 있는 상태이다. 때문에, 지금이라도 누군가가 무궁화의 국화 적격성 시비를 다시 해도 이상할 것이 없다.

무궁화의 원산지는 학명에 *Syriacus*가 있고, 무궁화를 영어로 샤론의 장미Rose of Sharon라고 하고 있어 시리아가 원산지라고 주장하는 사람도 있으나 무궁화의 원산지는 역사적인 문헌들로 보았을 때는 한국이 원산지일 개연성이 높다고 한다.

중국의 기원전 8세기경 춘추 전국 시대에 저술된 지리서『산해경山海經』에 '군자의 나라에 훈화초가 있는데 아침에 피었다가 저녁에 진다.'라는 기록이 있다. 여기서 군자의 나라는 우리나라를 가리키며 훈화초는 무궁화의 옛 이름이다.

또, 신라의 최치원이 써서 당나라에 보낸 국서에서 신라를 일컬어 근화지향槿花之鄕이라고 했는데 이는 무궁화의 나라라는 의미다. 일본의 역사서『왜기倭記』에서도 무궁화는 조선의 대표적인 꽃으로서 무려 2000여 년 전에 중국에서도 인정된 꽃이라고 하고 있어 한국이 원산지일 것으로 보고 있다.

무궁화라는 명칭이 처음 문헌상으로 나온 것은 고려 중엽의『동국이상국집』인데, 무궁無窮이란 뜻이 끝이 없다는 뜻으로 무궁화無窮花가 끝없이 피고 지고를 한다는 의미라고 설명되어 있다.

신라 시대에도 무궁화를 근화槿花라고 했으며 목근木槿이라고도 했다. 이 목근이 무근, 무궁으로, 세월이 흐르면서 변음이 되었고 무궁에 좋은 한자를 차자借字[12] 하여 무궁화無窮花라고 표기했다고 보는 것이 일반론이다. 마치 목면木棉이 무명이 된 것과 같다고 보면 될 것 같다.

무궁화는 여름날 이른 새벽에 나팔꽃보다 빨리 이슬을 머금고 피어서 저녁에 시들어 버리는 일일화이지만, 다음날 또 새로운 꽃이 피어나는 것으로 여름에서 가을까지 긴 기간을 계속 피고 지고를 반복한다. 무궁화가 보통 작은 나무는 하루에 20송이, 큰 나무는 50송이 정도 꽃이 피는데, 100일 동안이면, 2,000~5,000송이 꽃을 피우는 것으로 다른 화목에서는 도저히 찾을 수 없는 참으로 신비롭고 신선함과 아름다움이 있는 꽃이다.

무궁화가 질 때는 다시 봉오리처럼 곱게 오므라져서 꽃송이 전체가 빠지면서 떨어지는 게 특징으로 여타의 꽃이 질 때는 색이 바래고 꽃잎이 지저분하게 떨어지는 데 비해 무궁화는 깨끗하고 조촐한 끝맺음을 한다고 볼 수 있다.

무궁화는 아욱과의 낙엽활엽소교목이다. 우리나라 국화이며 전국 중부 이북의 깊은 산을 제외하고 어디서나 볼 수 있고 비옥한 땅에서 잘 자라나 척박한 땅에서도 잘 견딘다. 우리나라와 싱가포르, 홍콩, 타이완 등지에 분포하고 있다. 내한성이 강하고 많은 가지를 치며 수피는 회색을 띤다. 잎은 늦게 돋아나고 어긋나며 자루가 짧고 마름모꼴 또는 달걀 모양으로 길이 4~6cm, 너비 2.5~5cm며 얕게 3개로 갈라지

---

12)   한자 본래의 뜻과는 관계없이 음이나 훈을 빌려다 쓰는 한자.

청와대야 소풍 가자

며 가장자리에 불규칙한 거치가 있다. 표면에는 털이 없으나 잎 뒷면
에는 털이 있다. 꽃은 7~10월까지 피며 반드시 새로 자란 잎겨드랑이
에서 하나씩 피고 대체로 종鍾 모양이며 꽃자루가 짧다. 꽃은 지름
7.5cm 정도이고 보통 홍자색 계통이나 흰색, 연분홍색, 분홍색, 다홍
색, 보라색, 자주색 등이 있다. 꽃은 홑꽃과 겹꽃이 있다. 열매는 10월
에 익으며 길쭉한 타원형으로 5실이 있고 다섯조각으로 갈라진다. 정
원, 학교, 도로변, 공원 등지의 조경용으로 많이 심고, 분재용이나 생울
타리로도 이용한다.

2000년 6월 17일 남북정상회담을 기념하는 뜻에서 심었으며 영빈관
광장 입구에 처음으로 나라꽃 무궁화를 기념식수 하였다.

영빈관 입구. 김대중 대통령 이희호 여사.
민족 대화합의 길을 여신 첫 남북정상회담(평양, 2000.6.13.~15)을
기념하여 무궁화(품종 영광, 홍단심)를 식수하심.

심을 당시 키 2.5m, 근원 직경 13cm, 현재 나이는 42살이며, 품종은 홍단심계 영광이다. 꽃말은 끈기, 섬세한 아름다움이다.

7. 노무현 대통령 기념식수

노무현 대통령은 2003년 4월 5일 관저 회차로에 소나무, 2004년 4월 5일 북악산 자락에 잣나무를 심었다.

소나무 *Pinus densiflora* Siebold & Zucc.

2003년 4월 5일 관저 회차로에 소나무를 기념식수 하였다.

관저 회차로. 노무현 대통령 권양숙 여사 기념식수.

심을 당시 키 7m, 근원 직경 42cm이며, 현재 나이는 101살이다.

관저 회차로는 인수문 앞에서 대통령이 탑승한 차량이 정차하고 출발하는 장소이다.

잣나무 *Pinus koraiensis* Siebold & Zucc.

잣나무의 열매를 잣이라고 하는데 한자로는 송자松子, 백자柏子, 실백實柏이라고 하며, 약으로 사용할 때는 해송자海松子라고 한다. 우리나라 잣이 아주 옛날부터 특산으로 명성이 높아 신라의 사신이 중국이나 일본에 갈 때 선물로 많이 가지고 갔다고 한다.

당나라 때 의서인 『해약본초』에서는 잣의 생산지를 신라라고 기록하고 있고, 명나라 때 『본초강목』에서는 잣을 신라송자新羅松子라고 칭하고 있다. 잣나무를 중국에서는 구체적으로 신라송新羅松이라고 불러서 신라에서 들어간 것을 분명히 하고 있으며 일본에서도 잣나무를 조선송朝鮮松 또는 조선오엽송朝鮮五葉松이라고 불러서 우리나라에서 건너간 것이라고 보고 있다.

잣나무는 남쪽의 따뜻한 지역에서는 열매를 잘 맺지 않으며, 가평, 홍천, 양주, 포천 등 겨울에는 비교적 춥고 사나운 날씨 하에서 열매를 많이 맺는다. 열매는 나무의 높은 가지 끝에 달린다. 이 높은 곳의 잣을 따야 하는 사람들에게는 난처한 부분이다. 보통 20~30m 높이의 적당히 굵지 않고 여물지 않은 잣나무 가지 끝의 잣을 따는 것은 생각만 해도 아찔하며 위험한 작업이다. 오래전에 원숭이를 들여와 잣을 따도록 훈련을 시켰는데 원숭이들이 집단으로 잣을 따는 것을 거부했다고 한다. 원숭이가 털에 송진이 묻는 것을 몹시 싫어했기 때문이다.

세한연후지송백지후조歲寒然後知松栢之後彫 날씨가 추워진 후에야 소나무와 잣나무가 시들지 않는 푸름을 안다. 『논어』의 자한 편에 나오는 유명한 구절로 우리 조상들은 송백 같은, 즉 어떠한 역경에도 뜻을 굽히지 않고 지조와 의리를 지키는 군자의 마음을 강조했다. 추사 김정희가 제주도에 유배 시절 제자 이상적에게 주려고 그린 문인화「세한도歲寒圖」의 모티브가 된 구절이다.

잣나무는 소나무과의 상록침엽교목으로 키가 20~30m, 직경이 1m 정도 자라는 커다란 나무이다. 홍송紅松이라고도 부르며 한국, 일본, 중국 북동부에 분포한다. 해발 1,000m 이상의 고산 지대에서 잘 자란다. 나무껍질은 흑갈색이고 잎은 짧은 가지 끝에 5개씩 달린다. 꽃은 5월에 피고 열매는 구과毬果로 긴 달걀 모양이며 길이 12~15cm, 지름 6~8cm이고, 이듬해 10월에 익는다. 잣은 식용 또는 약용으로 이용하며 배젖에는 지방유 74%, 단백질 15%가 들어 있어 자양 강장 효과가 좋다. 목재는 건축재, 가구재로 이용하며 청와대 관저 건축재로 이용되었다. 또 명동 성당을 지을 때 백두산 지역의 잣나무를 사용했다고 한다.

2004년 4월 5일 식목일을 기념하여 북악산 자락 침류각 뒤쪽 산록에 잣나무 단지를 조성 하였는데 직원들과 함께 땀 흘리며 화합하는 마음을 보여 주었다고 한다. 심을 당시 키 4.5m, 근원 직경 7cm이며, 현재 나이는 28살이다.

북악산 자락. 노무현 대통령 · 권양숙 여사 기념식수.

8. 이명박 대통령 기념식수

이명박 대통령은 2008년 4월 5일 정문 앞 녹지대에 소나무, 2009년 4월 5일 녹지원 입구에 소나무, 2010년 4월 5일 소정원에 무궁화를 심었다. 2009년도 식목일 기념식수 당시에는 북한이 장거리 로켓을 발사한 날이었다. 청와대는 "북한은 로켓을 쏘지만 우리는 나무를 심는다."라며 "북한의 도발에 대해 단호하고 의연하게 대응할 것."이라고 하면서 나무 심기의 중요성을 강조하였다.

소나무 (반송형) *Pinus densiflora* Siebold & Zucc.
2008년 4월 5일 정문 앞 녹지대에 소나무를 심었다. 심을 당시 키

3.0m, 근원 직경 19cm이며, 현재 나이는 36살이다.

2009년 4월 5일 녹지원 입구에 소나무를 심었다. 심을 당시 키 3.0m, 근원 직경 20cm이며, 현재 나이는 35살이다. 이 소나무는 반송형으로 원줄기에서 여러 개의 가지가 나와 우산 모양의 반원형을 보인다.

2008년 정문 앞. 이명박 대통령·김윤옥 여사 기념식수.

2009년 녹지원. 이명박 대통령·김윤옥 여사 기념식수.

청와대야 소풍 가자

무궁화 *Hibiscus syriacus* L.

2010년 4월 5일에 소정원 준공 기념으로 나라꽃 무궁화를 심었다. 심을 당시 키 3.0m, 근원 직경 15cm이며, 현재 나이는 37살이다.

소정원. 이명박 대통령·김윤옥 여사 기념식수.

9. 박근혜 대통령 기념식수

박근혜 대통령은 2013년 4월 8일 소정원에 이팝나무, 2014년 4월 5일에는 수궁터에 정이품 소나무 후계목인 소나무, 2015년 4월 5일에는 녹지원에 무궁화 3그루를 심었다.

이팝나무 *Chionanthus retusus* Lindl. & Paxton

이밥을 고봉으로 담아 놓은 것 같다고 해서 이밥나무로 불리는 나무다. 쌀밥이 이밥으로 불리게 된 연유는 고려 말에서 조선 초 삼봉 정도 전은 민심을 움직이기 위해 권문세족으로부터 토지를 몰수하여 백성들에게 나누어 줌으로 드디어 농민들도 쌀밥을 먹을 수 있게 되는데 이 쌀밥을 이성계가 주는 밥이라고 해서 이밥으로 널리 부르게 했다. 600여 년 전, 삼봉의 민심 선무宣撫를 의도한 정치적인 이밥이란 시사어가 지금도 그대로 쌀밥 대신 사용된다는 것이 신기하다.

이팝나무의 꽃 피는 시기가 농촌에서는 보릿고개로 배를 주리는 시기인 반면 농사일이 많은 농번기로 가장 고된 시기다. 이때 논밭 주위에 흐드러지게 핀 이팝나무꽃의 모습은 고봉으로 쌀밥을 담아 놓는 것 같이 보였을 것 같다. 이팝나무의 이름은 보릿고개의 애환이 담긴 이밥, 쌀밥에서 유래했다고 보는 것이 주류다.

예전에는 경북 중부와 전북 북부를 연결하는 선이 이팝나무 자생 북방 한계선이라고 보고 있었지만, 근래에는 온난화로 서울 인근에서도 가로수와 공원수로 많이 심어져 흔히 볼 수 있는 나무가 되었다. 서울의 경우 2004년까지 가로수로 한 그루도 없었던 이팝나무가 현재는 가로수로 많이 심고 있다. 이팝나무가 인기를 끄는 이유는 공해 및 병충해에 강하고 꽃가루 피해가 없고 5~6월에 꽃을 볼 수 있으며 가을의 단풍도 아름답기 때문이다.

이보다 더 큰 이유는 필자가 청계천 복원 공사 환경·조경 팀장으로 있을 때 청계천 가로수를 이팝나무, 느티나무, 회화나무로 결정하고 복원 구간 5.84km, 2,019그루 가로수 중 이팝나무를 1,470그루, 74%를 심었고 2005년 10월 1일 청계천이 준공되자 전국적으로 유행처럼 퍼져 나가기 시작하였다.

이팝나무는 예부터 정자목이나 신목의 구실을 했는데 꽃이 많이 피고 오래가면 그해 풍년이 든다고 점을 쳤다고 한다. 이팝나무가 꽃이 많이 피고 오래간다는 것은 모내기에 물이 부족하지 않다는 의미로 모내기를 제철에 할 수 있으면 풍년이 든다는 추정이 점이 아니라도 가능할 것 같다. 남부 지방에서는 이팝나무의 노거수가 많이 있는데 역시 정자목이나 신목 역할을 했기 때문이다. 천연기념물로 지정된 이팝나무가 7그루나 된다. 이는 소나무, 은행나무, 느티나무, 향나무 다음으로 많은 숫자이며 꽃나무로는 가장 많다. 천연기념물로 지정된 이팝나무 중에 가장 크고 꽃이 아름다운 나무로 경남 김해시 주촌면 이팝나무, 전북 고창군 중산리 이팝나무 등이 있다.

이팝나무는 물푸레나무과의 낙엽활엽교목으로 키가 20m, 직경이 50cm까지 자라며 우리나라, 일본, 타이완, 중국에 분포한다. 산골짜기나 들판에서도 자라고 꽃은 흰색으로 5~6월에 피는데 새 가지 끝에 원뿔 모양 취산 꽃차례로 달리며 암수딴그루이다. 잎은 마주나고 잎자루가 길며 타원형이고 길이 3~15cm, 너비 2.5~6cm이다. 가장자리가 밋밋하지만 어린 싹의 잎에는 겹거치가 있다. 열매는 핵과로서 타원형이고 검은 보라색이며 10~11월에 익는다.

2013년 4월 8일 소정원에 기념식수를 하였다. 심을 당시 키 7.5m, 근원 직경 24cm이며, 현재 나이는 31살이다. 이 나무는 대구 달성군에서

굴취해 온 것으로 필자는 기념식수 당시 1천 년은 간다는 희망찬 화두를 던지기도 하였다.

소정원. 박근혜 대통령 기념식수.

소나무 *Pinus densiflora* Siebold & Zucc.

2014년 4월 5일 수궁터에 소나무를 기념식수 하였다.

이 소나무는 충청북도 산림환경연구소에서 2002년 어미나무인 정부인송에 정이품송의 꽃가루를 인공 수분 시킨 후 1년 뒤 씨앗을 받아 2004년부터 키워온 정이품송 후계목으로 연구소 포지 내에서 가장 우량하고 수형이 좋은 나무를 선정하였다. 심을 당시 키 4.5m, 근원 직경 14cm이며, 현재 나이는 21살이다.

수궁터. 박근혜 대통령 기념식수.

무궁화 *Hibiscus syriacus* L.

2015년 4월 5일 녹지원에 나라꽃 무궁화 3그루를 심었다.

이 무궁화는 수원에 있는 국립산림과학원 산림생명자원연구부에서 생산된 것으로 품종은 개량단심, 홍화랑, 백단심이며, 심을 당시 키 2.0m, 근원 직경 7cm, 현재 나이는 21살이다.

녹지원. 박근혜 대통령 기념식수.

10. 문재인 대통령 기념식수

　문재인 대통령은 5그루를 심었다. 2018년 4월 5일 위민관 뜰에 소나무, 2019년 4월 7일 상춘재에 동백나무, 2020년 4월 22일 버들마당에 소나무, 2021년 4월 5일 55경비대대에 은행나무, 2022년 4월 5일 녹지원 동편에 모감주나무를 심었다.

소나무 *Pinus densiflora* Siebold & Zucc.

2018년 4월 5일 위민관 뜰에 소나무를 심었다.

심을 당시 키 6.0m, 근원 직경 34cm이며, 현재 나이는 71살이다.

위민관. 대통령 문재인 김정숙 기념식수.

　　　　　　　　　　　　　　　　　청와대야 소풍 가자

동백나무 *Camellia japonica* L.

동백冬栢은 겨울 동冬에 잣나무 백栢 자로 겨울 잣나무가 되는데 추운 겨울에 푸른색을 잃지 않고 절개를 지킨다는 송백松栢과 비교해서 동백冬栢으로 쓴 것으로 보고 있다.

동백나무는 중국과 일본, 제주도, 다도해를 비롯한 남해, 남부 지방, 서해 도서 지방, 울릉도에서 자생하는데 내륙의 북방 한계를 고창 선운사라고 하나, 섬으로는 옹진군 대청도까지 올라와 있다. 최근에는 온난화의 영향으로 광릉수목원에 식재한 동백이 노지에서 월동하고 꽃을 피웠다고 한다.

동백나무는 차나무과에 속하는 상록활엽소교목인데 성목은 높이가 8m 내외까지 자라고 지름은 30cm 안팎이며 잎의 표면은 짙은 녹색으로 윤기가 있어서 잎 자체로도 관상 가치가 있다. 꽃은 겨울에 선홍색으로 피는 것이 기본인데 분홍색과 흰색도 있다.

겨울에 꽃이 피는 동백나무의 수정은 누가 도울까?

동박새이다. 동박새는 여름에는 높은 산에 살면서 집을 짓고 번식을 하면서 곤충과 벌레를 잡아먹고 산다. 겨울에는 먹거리가 없어 산 아래 동백숲으로 내려와서 동백꽃의 꿀을 빨며 에너지를 보충한다. 이 과정에서 이마에 꽃가루를 묻혀 다른 꽃에 수분을 하는데 우리나라에서는 보기 드문 조매화鳥媒花이다.

동백나무의 학명은 카멜리아 자포니카*Camellia Japonica* L.로 스웨덴의 린네는 동백의 원산지를 일본으로 암시하고 있으나, 중국의 『이태백 시집주』에는 동백나무의 중국 이름인 해홍화海紅花는 "신라국에서 들어왔는데 대단히 드물다."라고 기록하고 있어 동백나무가 신라에서 전래되었다고 보고 있다.

조선 시대 선비들은 동백은 상록이고 겨울에도 꽃이 피므로 청렴하고 절조 높은 선비의 모습으로 묘사하였으며, 남쪽 해안 지방에서는 혼례식 초례상에 송죽 대신 동백나무가 꽂혔는데 동백나무 잎처럼 변치 말고 동백꽃처럼 아름답게 살라는 길상吉祥의 의미로 사용되었다고 한다. 반면 제주도에서는 불길不吉하다고 집 안에 심지 않았다고 하는데 동백꽃이 질 때의 모습이 꽃잎이 마르지 않은 싱싱한 상태로 어느 날 꽃이 통째로 쑥 빠져서 떨어지는 모습이 불의의 사고를 보는 것 같기 때문이다.

11월에 익는 동백나무 열매를 까면 3개의 씨가 나오는데 그 속껍질을 벗기고 속살만으로 기름을 짜면 동백유冬柏油가 된다. 동백기름은 윤기가 나고 냄새는 없으며 잘 마르지 않고 때도 끼지 않아서 여인들의 머릿기름으로 사랑을 받았으며, 식용유로 사용하게 되면 최고급 식용유가 되고 등잔불 기름으로 사용하면 그을림이 적고 불이 밝다고 한다.

2019년 4월 7일 상춘재 마당에 기념식수를 하였다. 심을 당시 키 2.7m, 근원 직경 13cm이며, 현재 나이는 25살이다. 동백나무가 노지에서 겨울나기에 가능한 북방 한계선은 전라남도 고창군의 선운사로, 서울 지역의 경우 겨울나기를 위해서는 특별한 조치가 필요할 것 같다.

상춘재. 대통령 문재인 김정숙 기념식수.

소나무 *Pinus densiflora* Siebold & Zucc.

2020년 4월 22일 버들마당에 소나무를 심었다.

심을 당시 키 6.2m, 근원 직경 32cm이며, 현재 나이는 21살이다.

버들마당. 제20회 지구의 날 대통령 문재인 김정숙 기념식수.

까치밥인 감나무가 있던 자리에 기념식수를 하였다.

은행나무 *Ginkgo biloba* L.

은행나무는 은 은銀 자에 살구 행杏 자를 쓴다. 은행의 중과피에 은색
이 나는 얇은 껍질이 있고 은행 열매의 모양과 색깔이 살구의 작은 모
양과 비슷하게 생겼기 때문이다. 은행나무를 영어로 Silver Apricot이
다. 이는 Silver 銀, Apricot 杏으로 우리가 쓰는 은행이라는 의미를 그
대로 영어로 번역해 놓은 것이 된다. 일본에서는 은행의 열매를 긴낭
이라고 하고, 은행나무는 잎이 아름다운 것이라고 이쬬一葉라고 한다.
중국에서는 은행나무를 압각수鴨脚樹라고 부르고 있는데 은행잎 중간
이 갈라진 모양이 오리발과 비슷하게 생겼다고 붙인 이름이다.

은행나무는 수명도 오래된 것은 천 년이 넘지만 처음 심어서 열매
수확까지 적어도 20~30년이 걸리기 때문에 할아버지가 나무를 심고
그 손자가 과실을 취한다고 해서 공손수公孫樹라고도 부른다. 학자들
연구에 따르면 화석으로 발견되는 1억 년 이상의 은행나무가 있는데
현존하는 가장 오래된 생물 종의 하나라고 한다. 은행나무가 이렇게

청와대야 소풍 가자

오랜 기간 종을 유지할 수 있고 수령이 천 년이 넘도록 생존할 수 있는 것은 온도에 대한 적응력과 변화되는 환경 인자에 적응하기 때문이라고 한다.

우리나라의 가로수로 식재된 나무는 왕벚나무와 은행나무가 가장 많다고 한다. 은행나무는 공해에 강하고 병충해가 적고 수형이 안정적이며 단풍도 아름답기 때문이다.

은행의 바깥 껍질에 은행산Ginkgoic acid과 빌로볼Bilobol 성분이 있어 악취가 나고 피부에 닿으면 염증을 일으키기도 한다. 은행나무는 암수가 다른 나무이며 암수를 감별하기가 어려워 가로수로 암나무를 심어 악취 피해가 일어나는 경우가 많이 발생하였다. 2011년 산림과학원에서 수나무에만 있는 SCAR-GBM 유전자를 발견하여 묘목의 암수 감별이 가능해졌다.

생물학적으로 가능성을 생각하기 어려운 구전되는 이야기를 소개하면 강화도 전등사에 가면 오래된 은행나무가 있다. 이 나무는 원래 암나무로 조선 시대에는 불교 탄압의 수단 중에 은행나무가 있는 사찰에는 가혹한 은행알 공출이 있어서 부과된 양을 채우기 위해서는 은행알을 다른 곳에서 사서 보충을 해야 했으므로 젊은 스님들의 고충이 컸다고 한다. 이에 고승 한 분이 이 나무에 간절한 기도를 올렸더니 나무가 수나무로 바뀌고 그 후로는 전등사에서 은행알 공출이 없어졌다는 이야기가 전해 온다.

서울시 혜화동 성균관대학교 옆 문묘 안에 큰 은행나무 네 그루가 있다. 우리나라에 500년 이상 장수하는 은행나무는 대부분 암나무인데 이 네 그루는 모두 수나무다. 이것도 원래는 모두 암나무였는데 은행이 많이 달려서 동네 아이들이 몰려들어 돌팔매로 은행 열매를 따고 은행 열매의 고약한 냄새로 성균관의 면학 분위기를 흐린다고 고사를 지내 수나무로 바꾸어 지금에 이른다는 얘기이다.

우리나라 은행나무는 현재 25그루가 천연기념물로 지정되어 국가의 보호를 받고 있는데 수령이 천 년이 넘는 것도 3그루나 있다. 비운의 마의태자가 심었다고 전해지는 양평 용문사 은행나무가 있고, 충남 금산 추부면에도 천 년이 넘는 은행나무가 있다. 또한, 천연기념물 제175호로 지정된 안동시 길안면 용계리 은행나무는 용계초등학교 운동장에 있었으나 1984년 임하댐의 건설로 수몰 위기에 처하자 그 자리에 15m의 높이로 인공섬을 만들고 수직으로 올려 심은 것으로, 4년에 걸쳐 25억 원을 투입, 이식에 성공하여 세계에서 가장 큰나무 이식 성공 사례로 기네스북에 등재되어 있다.

수령이 오래된 은행나무에는 특이하게 곁가지에서 땅으로 향하는 긴 돌기 모양이 자라는 것이 있는데 일본과 같이 온난 다습한 기후에서 더 많이 생긴다. 이것을 일본 사람들이 유주乳株라고 했고 우리도 그대로 받아서 유주라고 하고 있다. 우리의 민간 신앙에는 노거수도 중요한 신앙의 대상인데 이 은행나무 유주는 산모가 젖이 부족할 때 여기에 치성을 드리기도 했고, 이를 남성을 상징하는 것으로 생각하여 유주에 기도를 올리면 아기를 얻는다는 미신과 심지어 이것을 잘라 고아서 먹으면 남자의 힘이 좋아진다는 헛소문이 있어서 실제로 유주가 잘린 은행나무가 더러 있다고 한다.

은행나무는 은행나무과의 낙엽침엽교목으로 키가 무려 60m, 직경이 4.5m까지 자라고, 원산지는 중국이며 고원 지대를 제외한 온대 지역 어디서나 자라고 있다. 잎은 대부분의 겉씨식물이 침엽인 것과는 달리 은행나무의 잎은 부채꼴이며 중앙에서 2개로 갈라지지만 갈라지지 않는 것과 2개 이상 갈라지는 것 등이 있다. 꽃은 4월에 잎과 함께 피고, 열매는 핵과로 공 모양으로 생기고 10월에 황색으로 익는다. 중과피는 흰색으로 달걀 모양의 원형이며 2~3개의 능이 있다.

55경비 대대. 대통령 문재인 김정숙 기념식수.

은행 열매는 식용 및 약용으로 은행잎은 고혈압, 심장병 등의 약용으로 이용되고, 목재는 무늬가 아름답고 가공성이 뛰어나 바둑판, 조각재 등 고급재로 사용한다.

청와대 주변에는 위민관, 상춘재, 버들마당 등지에 자라고 있으며, 청와대 앞길 분수대에서 춘추관까지 아름드리 은행나무 가로수가 있으며 이 길을 지나는 국민들에게 그늘과 가을에는 노란 은행잎이 가을을 수놓아 볼거리를 제공하고 있다.

2021년 4월 5일 55경비대대에 은행나무 기념식수를 하였다. 심을 당시 키 7.5m, 근원 직경 18cm이며, 현재 나이는 24살이다.

모감주나무 *Koelreuteria paniculata Laxm.*

모감주나무는 그동안 해안가를 중심으로 군락을 지어 서식하는 나무였다. 웬만한 꽃들을 모두 무색하게 만들 정도로 화려한 노란색 때문에 요즘은 가로수로 많이 식재하고 또 도시공원이나 아파트 단지에서 조경용으로 식재되어 우리 주위에서 흔히 볼 수 있는 꽃나무가 되었다.

문재인 대통령이 평양에 갔을 때 2018년 9월 19일 백화원 영빈관 앞 정원에 10년생 모감주나무 기념식수를 하였다.

우리 선조들은 예부터 모감주나무의 꽃이 피면 장마가 시작된다고 생각해서 모감주나무를 장마 알려 주는 나무라고 했으며 또 모감주나무꽃이 질 때쯤에 장마가 끝난다고 했다. 모감주나무가 꽃이 질 때는 나무 아래가 황금비가 내린 듯 바닥이 노란색이기 때문에 모감주나무의 영문명이 골든레인트리Golden rain tree라고 불린다.

모감주나무는 꽃이 지면 꽈리처럼 생긴 열매가 맺히고, 처음에는 녹색이었다가 열매가 익으면서 황색, 갈색으로 바뀐다. 번식은 씨방에 붙은 검은 씨앗이 바람에 날려 멀리까지 분산한다. 바람과 물과 해류를 따라서 멀리 수백 km까지 이동하는데, 이 부문에서는 아마 세계 최고일 것 같다. 모감주나무 열매는 구조상 씨방에 붙은 씨앗은 체공시간을 길게 하기 위해서 회전하면서 떨어지는데 초속 3m의 바람에 150m 정도를 날아간다고 한다.

코르크질로 물에 떨어지면 까만 씨앗을 실은 돛을 단 배 모양이 되는 갈색 씨방은 해류를 따라서 중국에서 우리나라의 서해안까지 흘러와서 군데군데 군락을 이루었고, 우리의 남해안과 동해안을 지나 일본 해변까지 흘러갔다고 보고 있다. 이러한 이유를 들어 모감주나무의 원산지가 중국의 동해안이라고 주장하는 사람도 있지만, 우리의 해안가뿐만 아니라 대구, 충북 영동, 월악산 등 내륙 지방에서도 자생 군락지가 있는 것으로 봐서는 중국에서 해류를 타고 건너온 것도 있지만 원래는 한반도 고유종이라는 설에 무게가 더 실리고 있다.

우리나라의 최고령 모감주나무는 안동시 송천동 국도변에 350년생 보호수가 있으며, 포항시 동해면 발신리 일대 모감주나무 군락과, 충남 태안의 꽃지 해수욕장 건너편에 있는 400여 그루의 모감주나무 숲은 천연기념물로 지정되어 있다.

모감주나무를 비롯한 무환자나무과 나무의 열매껍질에는 사포닌 Saponin이 들어 있어 물에 넣고 비비거나 끓이면 거품이 발생하여 비누 대용으로 사용했으며 또 꽃은 황색 물감으로 사용했기 때문에 염주,

비누, 물감 등이 필요했던 사찰 주위에 심어진 모감주나무가 많다.

모감주나무는 무환자나무과의 낙엽활엽교목으로 키가 15m, 직경 40cm까지 자란다. 우리나라와 일본, 중국에 분포하며 안면도를 중심으로 서해안에 많이 자생하고 있다. 염주나무라고도 하는데 종자로 염주를 만들었기 때문이다. 잎은 어긋나며 1회 우상 복엽이고 작은 잎은 달걀 모양이며 가장자리는 깊이 패어 들어간 모양으로 갈라진다. 꽃은 7월에 피고 원추 꽃차례로 가지 끝에 달리며 황색이지만 밑동은 적색이다. 열매는 꽈리처럼 생겼는데 옅은 녹색이었다가 점차 열매가 익으면서 짙은 황색으로 변한다. 열매가 완전하게 익어 갈 무렵 3개로 갈라져서 지름 5~8mm의 검은 종자가 3~6개 정도 나온다.

2022년 4월 5일 녹지원 동편에 기념식수를 하였다. 키 6.0m, 근원 직경 18cm이며, 현재 나이는 21살이다. 문재인 대통령은 재임 기간 5년 동안 매년 식목일을 전후하여 기념식수를 하였다.

녹지원 대통령 문재인 김정숙 기념식수.

청와대야 소풍 가자

PART 05

희귀한 나무 이야기

청와대에는 746년을 살아온 주목, 257년 된 회화나무를 비롯하여 오래되고 희귀하며 특색 있는 나무들이 많다. 이번 장에서는 청와대와 인연을 맺고 함께해 온 나무들의 이야기이다.

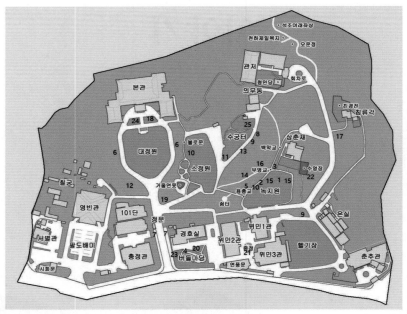

희귀 수목 위치도

청와대야 소풍 가자

☞ **희귀 수목 리스트**

구분	수종	위치	현재크기	본수	현재나이	비고
계	25종			88		
1	반송	녹지원	H17.2m, B60×74×92cm, W17.5~17.8m	1	179	천연기념물
2	회화나무	무명교	H13.4~18.8m B84~106cm W13.1~25m	3	230~257	천연기념물
3	말채나무	상춘재	H15×W13×R100	1	151	천연기념물
4	용버들	버들마당	H19×W12×R140	1	99	천연기념물
5	단풍나무	용충교	H10×W8.0×R31	1	81	
6	반송	대정원	H3.5×W4.0×R43	32	70	
7	반송	정문	H9.5×W6.0×R95	22	97	
8	금송	수궁터	H9.5×W2.5×R20	1	86	
9	모감주나무	수궁터(1) 온실 앞(2)	H10×W9×R34	3	46	
10	단풍철쭉	녹지원(2) 소정원(1)	H4.0×W3.0×R15	3	77	
11	주목	수궁터	H8.0×W4.0×R90	1	746	
12	느티나무	대정원	H15×W15×R85	1	169	
13	소나무	수궁터	H10×W7×R60	1	195	
14	백합나무	용충교	H24×W19×B80	1	77	
15	적송(소나무)	녹지원	H12×W12×R60 / H15×W13×R62	4 / 1	152 / 156	
16	복자기	무명교	H13×W11×R57	1	50	
17	오리나무	침류각	H25×W18×R80	2	136	
18	배롱나무	본관 앞	H5.0×W6.5×R35	1	95	
19	공작단풍	대정원 입구	H5.0×W5.5×R30	1	88	
20	왕벚나무	버들마당	H12×W11×R110	1	91	
21	꽃산딸나무	위민관 중정	H5.5×W4.5×R26	1	46	
22	서울귀룽나무	수영장	H15×W10×R63	1	105	
23	물푸레나무	버들마당	H1..5×W9×R64	1	89	
24	모과나무	본관 앞	H10×W7.0×R55	1	98	
25	다래	수궁터	H2.5×R13	1	37	

1. 청와대의 백미 녹지원 반송

반송 *Pinus densiflora* for. *multicaulis* Uyeki.

반송盤松의 반盤 자는 쟁반, 소반의 盤 자이다. 즉 쟁반에 채소나 음식을 소복이 담은 모양이라고 붙인 이름이다. 소나무가 외줄기로 자라는 것에 비해 반송은 밑에서부터 여러 갈래로 자라거나, 어릴 때 소나무 가운데 새순이 잘리면 옆 가지가 여러 개 자라서 반송의 모양이 되기도 한다.

반송의 씨앗을 심으면 극히 일부만 반송의 특징이 나타나고 대부분은 보통 소나무와 같이 자란다. 아직 반송이 품종으로서 충분히 유전적으로 고정되지 않았다고 볼 수 있다.

반송은 옛날부터 아름다운 모양새로 선비들이 좋아했다. 반송을 소재로 선비들이 시나 그림을 많이 그렸다. 우리나라에는 천연기념물 제291호로 지정된 무주 설천면 반송 외에도 6그루가 있다. 그리고 이 나무도 2022년 천연기념물「청와대 노거수 군」으로 지정되었다.

반송은 소나무과에 속하는 상록침엽교목이다. 소나무의 한 품종으로 원줄기가 없고 여러 개의 줄기가 자라서 우산 모양, 반원형을 보인다. 반송은 수형이 아름다워 가로변, 공원, 정원의 관상수나 조경수로 많이 심고 있다.

자라는 환경은 소나무와 유사하여 북부 고원 지대와 한라산, 지리산, 설악산과 같은 높은 산 정상부를 제외한 전국의 산지에 소나무와 섞여 자란다. 소나무와 같이 배수가 잘되는 사질토에서 잘 자라며 건조한 환경을 잘 견딘다. 소나무는 극양수인데 반해 반송은 충분한 햇빛이 필요하지만 다소 음지에서도 견디는 중내음성 수목이다. 4~5월에 암꽃과 수꽃이 한 그루에 피며 열매는 이듬해 9~10월에 익는다.

녹지원의 반송은 키 17.2m, 흉고직경 60×74×92, 근원 직경 148cm, 수관폭 17.5×17.8m이며, 나이는 179살이다.

녹지원 중앙에 자리한 반송은 청와대를 대표하는 나무로 다소곳이 여성스러운 자태를 뽐내는 것 같기도 하고, 하늘을 향해 용틀임하듯 뻗어 올린 3개의 큰 줄기는 위풍당당 남성미를 뿜어내기도 한다. 사방 팔방 바라보는 각도에 따라, 보는 사람의 감성에 따라 어머니의 품같이 안아 주기도 하고, 하늘을 치솟는 위엄을 느끼기도 한다.

서울은 남도 지방에 비하여 태풍이 자주는 아니지만 1년에 한두 번 비를 동반한 태풍이 지나간다. 이때 청와대 조경 전문직 공무원들은 녹지원 반송 관리에 온 신경을 곤두세운다. 필자가 행정관으로 재임 때인 2010년 가을 태풍 '곤파스'가 관통하면서 서울을 비롯한 중부 지방에 많은 피해를 주었다. 반송의 가지가 부러지고 넘어지는 것을 방지하기 위해 사방에 지주목을 설치하였고 그 이후 가지에 당김줄을 설치하여 관리하고 있다.

청와대의 수목 관리는 조경 전문직 공무원이 20여 명 배치되어 전정, 비배 관리, 병충해 방제 등을 실시하여 수목의 유지 관리에 최선을 다하였다.

와이어로 세 가지를 엮은 모습.

청와대야 소풍 가자

2. 학자수學者樹라 불리는 회화나무

회화나무 *Styphnolobium japonicum* (L.) Schott.

중국에서는 당나라의 수도인 장안에 회화나무로 가로수가 조성되어 있다고 하여 장안의 다른 이름이 회화나무 도시라는 뜻의 회시槐市, 괴시槐市라고 부르기도 했다.

우리나라 가로수는 전통적으로 은행나무, 느티나무, 플라타너스가 많았는데 지금은 회화나무도 많이 심기 시작했다. 회화나무가 가로수로 많이 선택되는 이유는 우선 별로 다듬지 않더라도 수형이 아름답고, 병충해에 강하고, 심각한 공해와 매서운 추위로 유명한 북경에서도 잘 자라는 내공해성, 내한성이 강하고 다른 수종에 비해서 산소 발생량이 많으며 한여름에 거리를 은은한 황백색의 꽃으로 물들이는 아름다움도 있기 때문이다.

옛날에 고위 관직에 있던 분이 낙향하여 만년을 고향에서 보낼 때 고향에 주로 회화나무를 심었으며, 이사 가게 되면 마을 입구에 회화나무를 심어 선비가 사는 곳임을 알리고 학문을 게을리하지 않겠다는 의지를 알렸다고 한다. 이런 연유로 회화나무를 중국과 우리나라에서 학자수學者樹라고도 불렀는데, 회화나무의 영어 이름도 스칼라 트리 Scholar tree로 학자수를 그대로 번역하여 쓴 것 같다.

회화나무를 뜻하는 한자 괴槐 자는 귀신 鬼와 나무 木이 합해진 글자인데 회화나무가 사람이 사는 집에 많이 심은 것은 잡귀를 물리치는 나무로 알려져 있기 때문이다. 그래서 조선 시대 궁궐의 마당이나 출입구 부근에 많이 심었고 서원이나 향교 등 학생들이 공부하는 학당에도 회화나무를 심어 악귀를 물리치는 염원을 빌었다.

회화나무는 콩과의 낙엽활엽교목이다. 키가 25m, 직경 1m까지 자란다. 꽃은 8월에 흰색으로 피고 원추 꽃차례이다. 꽃이 지고 난 다음 열리는 열매의 형태는 꼬투리 모양인데 둥근 씨앗이 줄줄이 연결되어 있는 모양이 독특하다. 잎은 어긋나고 1회 깃꼴겹잎이다. 작은 잎은 7~17개가 달걀 모양 또는 타원형이며 뒷면에는 작은 잎자루와 더불어 누운 털이 있다. 꽃봉오리를 괴화 또는 괴미라고 하며 열매를 괴실이라 하는데 한방에서 약용으로 사용한다. 열매는 협과로 원기둥 또는 염주 모양이다. 괴화는 맥주와 종이를 황색으로 만드는 데 쓴다. 정원수로 심고, 목재는 가구재로 이용한다.

회화나무는 좋은 의미로, 좋은 곳에 심은, 존귀한 나무이기 때문에 조선 시대에는 3정승을 3괴槐, 조정을 괴정槐庭으로 부르기도 했다. 우리나라 5대 노거수를 꼽으면, 은행나무, 느티나무, 팽나무, 버드나무, 회화나무 순이다. 회화나무는 우리나라에 현재 500년~700년 수령의 천연기념물 5그루와 노거수 320여 그루가 있어 국가나 지자체가 보호하고 있다. 당진 송산면에는 700년 된, 부산 괴정동에는 600년 된, 해미 읍성에 있는 600년 된 회화나무가 있으며, 창덕궁에는 300년~400년 된 회화나무가 8그루가 있다. 청와대와 궁정동 무궁화동산 사이 길가에도 500년이 다 되어가는 보호수가 있다.

그리고 용충교에서 무명교 사이의 녹지원 가장자리에서 자라고 있는 회화나무는 키 13.4~18.8m, 수관 폭 13.1~25.3m, 근원 직경 90~102cm, 나이는 약 230년 정도인 나무 세 그루가 있으며, 이 나무 세 그루도 2022년 천연기념물 「청와대 노거수 군」으로 지정되었다.

회화나무
Pagoda Tree

3. 말 채찍을 만드는 말채나무

말채나무 *Cornus walteri* Wangerin

말채나무 가지는 가늘고 길며 잘 휘어지면서 질긴 성질이 있어 옛날
에 말을 탈 때 채찍으로 잘 쓰여서 말채찍 나무라고 했던 것이 말채나
무로 변한 것으로 보고 있다.

말채나무와 모양은 완전히 다르나 같은 이름으로 사용되는 흰말채
나무가 있다. 관상용으로 흔히 심는 흰말채나무는 키가 2~3m 정도 되
는 떨기나무인데, 동그란 열매가 희게 보이기 때문에 흰말채나무라고

청와대야 소풍 가자

이름 붙여진 것 같다. 잎이 떨어진 겨울에 보면 줄기는 붉은색으로 보인다.

『물명고』에 보면 "말채나무의 껍질은 소나무와 같고 목재는 버들과 같다."라고 되어 있다. 그래서 말채나무의 옛 이름은 송양松楊이었다.

말채나무는 층층나무과의 낙엽활엽교목으로 키가 10m까지 자란다. 우리나라와 일본에 분포하고 계곡에서 잘 자란다. 수피는 흑갈색으로 그물같이 갈라진다. 잎은 마주나고 넓은 달걀 모양이거나 타원형이며 가장자리가 밋밋하고 측맥은 4~5쌍이다. 길이 5~8cm, 너비 3~5cm이며 뒷면은 흰빛을 띤다. 잎자루는 길이 1~3cm이다. 꽃은 5~6월에 흰색으로 피고 취산 꽃차례로 달린다. 꽃자루는 길이 1.5~2.5cm이고 꽃잎은 바소꼴이다. 열매는 핵과로서 둥글고 지름 6~7mm로 9~10월에 검게 익는다. 정원수로 심으며 목재는 건축재나 기구재로 쓰인다.

상춘재 서편 녹지대에 있는 키 15m, 둘레 240cm, 나이는 150살 정도인 말채나무도 2022년 천연기념물「청와대 노거수 군」으로 지정되었다.

4. 용버들 이야기

용버들 *Salix matsudana* Koidz. f. *tortuosa* (Vilm.) Rehder

버드나무는 나뭇가지가 부들부들하다고 해서 부들나무라고 했던 것이 구전되면서 부르기 편하게 버드나무라고 변한 것이라고 한다. 버드나무에는 왕버들, 수양버들, 호랑버들, 갯버들, 용버들 등 세계적으로는 300여 종이 있고 우리나라에도 30여 종이 있다.

용버들은 용이 올라가는 것처럼 줄기와 가지가 파마한 것 같이 구불구불한 버드나무다. 용버들은 생긴 모양 때문에 파마버들이라고도 하고, 곱슬머리를 연상시키는 곱슬버들, 고수버들 등 여러 이름으로 부르고 있다.

용버들은 버드나무과에 속하는 낙엽활엽교목이다. 키가 20m, 직경 1m 정도까지 자란다. 중국이 원산지로 우리나라 전역에서 자라고 있다. 잎은 어긋나고 바소꼴이며 길이 6~8cm, 너비 10~15mm이다. 거의 털이 없고 가장자리에 뾰족한 잔거치가 있다. 잎자루는 길이 5~7mm로서 대부분 꼬인다. 암수딴그루이다. 꽃은 4월에 잎과 같이 피는데, 미상꽃차례에 달린다. 열매는 5월에 익는다. 번식은 꺾꽂이로 한다. 풍치림, 가로수 등으로 심고 공예품의 재료나 꽃꽂이의 소재로 사용한다.

경호실 앞 버들마당에 자라고 있는 이 나무도 2022년 천연기념물 「청와대 노거수 군」으로 지정되었다. 2024년 봄에 필자가 관찰한 결과, 나무의 T/R율이 맞지 않아 동남쪽으로 기울어지고 있어 바로 세우기와 지주 설치가 필요해 보였다. 키 18m, 수관 폭 10m, 근원 직경 140cm이며, 나이는 99살이다.

언제 심었는지 정확한 기록은 없다. 버들마당이 경호실 앞 정원이었던 것으로 보아 경호실 건축과 더불어 정원을 조성할 때 심었거나, 그 이전에 있었던 것으로 추정되며, 시기적으로 1960년대 전후가 아닐까 싶다. 필자가 버들마당을 리모델링할 때 일부 지반에서 작은 타일 조각이 있었던 것으로 보아 일제 강점기 때 지은 건축물을 철거하고 그 자리를 성토한 후 심은 것으로 추정한다.

5. 대통령이 살린 단풍나무

단풍나무 *Acer palmatum* Thunb.

단풍丹楓의 사전적인 의미는 가을에 나뭇잎의 빛깔이 변화하는 현상이라고 되어 있는데, 붉을 단丹 자에 단풍나무 풍楓 자로 붉은 단풍나무를 의미한다.

나뭇잎에 단풍이 물드는 것은 가을이 되면 나무는 자라는 것을 멈추고 겨울을 준비하게 되는데 잎에서는 더 이상 영양분을 만들 필요가 없게 되고 나무에서는 더 이상 수분과 영양분이 나무 몸체에서 빠져나가는 것을 막을 필요가 있어 나뭇가지와 나뭇잎 사이에는 코르크와 같은 떨켜가 만들어진다. 이때 잎에 초록색을 유지했던 엽록소가 점점 파괴되면서 빨간색과 노란색 등으로 단풍이 드는데, 붉은빛은 안토시아닌 색소, 노란빛은 크산토필 색소의 화학 작용으로 일어난다. 밤낮의 기온 차가 크면 클수록 화학 작용이 강하므로 늦가을에 단풍이 더 울긋불긋 절정을 이룬다.

단풍나무라고 하면 가을에 단풍이 드는 단풍나무를 닮은 단풍나무속에 속하는 나무를 전부 단풍나무라고 부른다. 즉 단풍나무 군단이라고 보면 된다. 우리나라의 산에는 단풍나무류가 기본적으로 많고 단풍을 만드는 낙엽활엽수가 많기 때문에 금수강산이라고 할 만큼 단풍이 아름다운 나라다. 단풍나무류 중에서도 손바닥같이 잎이 5~7개로 갈라진 단풍나무가 가장 많아서 가을 산을 붉게 물들이고 있다. 그 외에

청와대야 소풍 가자

잎이 9~11개로 갈라진 당단풍나무, 잎이 개구리 발처럼 생긴 고로쇠나무, 잎이 3개씩 붙어 있는 복자기 등이 우리의 산에서 흔히 볼 수 있는 단풍나무이고, 신나무, 홍단풍, 공작단풍, 섬단풍나무도 있다.

또 외래종인 중국단풍, 은단풍, 네군도단풍, 그리고 캐나다 등에서 메이플시럽을 만드는 사탕단풍나무 등도 있다. 근래에 많이 알려진 메이플시럽Maple Syrup은 캐나다를 여행하는 사람들이 꼭 몇 개씩 사 오는 것인데 이것은 고로쇠 수액을 채취하듯이 사탕단풍나무 수액을 채취하여 끓이는 방법으로, 당도를 높여서 꿀처럼 만들어 놓은 것이다. 우리 고로쇠 수액도 끓여서 당도를 높이면 메이플시럽을 만들 수 있다.

단풍나무는 단풍나무과의 낙엽활엽교목으로 키가 10m 정도 자란다. 우리나라에 자생하며 일본 등지에 분포한다. 산지의 계곡에서 자라며 작은 가지는 털이 없으며 붉은빛을 띤 갈색이다. 잎은 마주나고 손바닥 모양으로 5~7개로 깊게 갈라진다. 갈라진 조각은 넓은 바소 모양이고 끝이 뾰족하며 가장자리에 겹거치가 있고 길이가 5~6cm이다. 잎자루는 붉은색을 띠고 길이가 3~5cm이다. 꽃은 양성화로 5월에 검붉은 빛으로 피고 가지 끝에 산방 꽃차례로 달린다. 열매는 시과이고 길이가 1cm이며 털이 없고 9~10월에 익으며 날개는 긴 타원 모양이다.

2015년 8월 산림청 국립수목원은 광복 70년을 맞이하여 단풍나무의 영문명을 Japanese maple에서 Palmate maple로 변경하였다.

용충교 연못의 중도에는 잎이 5~7개로 갈라지는 단풍나무 한 그루가 있다. 키 10m, 근원 직경 31cm이며, 나이는 81살이다.

2010년도 봄, 녹지원 옆의 실개천 정비 계획으로 용충교 연못에 있던 중도를 철거하기로 하고 공사를 추진하였다. 중도를 철거하는 이유는 연못을 확대하고 콘크리트로 된 바닥을 정비하기 위해서였다.

중도의 조경석을 2/3정도 걷어 내고 단풍나무 이식을 준비하던 중에 때마침 녹지원을 거쳐 본관으로 걸어서 출근하시던 이명박 대통령께서 이 모습을 보시고 "단풍나무가 아름답고 중도가 보기 나쁘지 않은데 보존하지 왜 옮겨요?"라고 하시며 이식하지 말라고 하셨다.

대통령의 말 한마디에 나무의 운명이 뒤바뀐 셈이다. 이 단풍나무는 지금도 그 자리에서 관람객을 맞이하고 가을에 붉은 단풍을 뽐내고 있다.

청와대야 소풍 가자

6. 대정원을 둘러싼 반송

반송 *Pinus densiflora for. multicaulis* Uyeki

대정원은 국빈들이 방문할 때 의전행사를 하는 곳이다. 국빈 방문 시 잔디밭에 주단을 깔고 의장용 배너기를 설치하고 의장대의 예총과 사열, 군악대의 연주에 맞추어 국빈을 맞이하는 장소이다.

대정원 잔디밭을 순환하는 동선 외곽으로 32그루의 반송이 있다. 키 3.5m, 수관 폭 4m, 근원 직경 43cm이며, 나이는 70살이다.

소나무는 특성상 봄철 송홧가루가 날린다. 북악산, 인왕산 송홧가루 와 함께 청와대 경내를 노랗게 물들여 관리에 어려움을 겪기도 한다.

7. 정문을 지키는 반송

반송 *Pinus densiflora for. multicaulis* Uyeki

키 9.5m, 수관 폭 6.0m, 근원 직경 95cm이며, 나이는 95살이다.

청와대 정문에는 양쪽으로 각 11주씩, 22그루 반송이 있다.

이 나무는 이승만 대통령 때에 심었다고 한다.

필자가 재임할 때 정문 반송을 진단해 보니 나무를 심은 이후 전정만 하고 수간의 모양을 바르게 잡지 못하여 나무 전체가 동남쪽으로 15° 정도 기울어져 있었다. 다행히 나무가 큰 병충해나 생리적인 피해는 없는 것으로 진단되었다. 2008년도 대통령께서 해외 순방하는 일정에 맞추어 뿌리돌림을 실시하고 바로 세우기 작업을 대대적으로 실시하여 지금의 모습으로 바로 서게 되었다. 이곳은 경복궁 북문인 신무문을 마주하고 있으며 청와대 관람 입구이기도 하다.

8. 수궁터의 금송

금송 *Sciadopitys verticillata* (Thunb.) Siebold & Zucc.

금송金松은 이름에 소나무 송松 자가 들어가 있지만, 소나무와는 관련이 없다. 금송이라는 이름은 잎의 뒷면이 노르스름한 색을 띠고 있어서 붙여진 이름이다. 금송은 화석으로 보면, 1천만 년 전에는 우리나라 남부에도 자생하였지만 그 이후에는 사라진 나무인데 현재는 유일하게 일본의 남부 지역에서만 자라는 수종이다. 금송은 생장이 초기 5년까지는 더디게 자라다가 그 후는 생장 속도가 빨라진다. 또 어릴 때는 음지를 좋아하다가 커가면서 양지를 좋아하는 나무로 바뀐다.

금송이 세계 3대 정원수로 인기를 끌고 있는 것은 우산 모양의 잎이 아름답고, 원추형 수형으로 특별히 전정하지 않더라도 수형이 아름다운 상록수이기 때문이다.

1939년 조선 총독부 자리가 있던 구본관 앞에 금송 3그루를 심었는데 1970년대 초 문화재 정비 공사를 하면서 아산 현충사, 금산 칠백의총, 안동 도산서원에 한 그루씩 옮겨 대통령 기념식수을 하였다. 금송은 한때 일본을 상징하는 나무로 인식되어 3곳의 금송은 모두 담장 밖으로 옮겨졌다고 한다. 유물로 보면, 공주 무령왕릉에서 출토된 목관의 재질이 금송으로 밝혀졌는데, 이는 백제가 일본과 교류하였음을 보여 주고 있다.

금송은 낙우송과에 속하는 상록침엽교목이다. 키는 15~40m, 직

청와대야 소풍 가자

경 1.5m까지 자란다. 잎은 줄 모양, 너비 3mm 정도이며 윤기가 나는 짙은 녹색이고 끝이 파이며 양면 가운데에 얕은 홈이 있다. 마디에 15~40개의 잎이 돌려나서 거꾸로 된 우산 모양이 되며 밑동에는 비늘잎이 난다. 꽃은 암수한그루로 3~4월에 핀다. 열매는 구과로 10월에 익는다. 재목은 물에 견디는 힘이 강하여 건축재·가구재 등으로 쓴다.

청와대 내에는 수궁로 아래쪽 화단에 자라고 있는데 키 9.5m, 수관 폭 2.5m, 근원 직경 20cm이며, 나이는 86살이다. 이 나무는 1980년대 경내 정비 과정에서 심은 것으로 추정되며, 숲속에 심겨 있어 생육 환경 불량으로 수형이 좋지 않다.

주변 수목의 피압으로 생육 상태가 불량함.

9. 황금빛 꽃을 피우는 모감주나무

모감주나무 *Koelreuteria paniculata* Laxm.

모감주나무는 무환자나무과에 속하는 낙엽활엽교목이다.

온실 앞에 1그루, 수궁터 2그루가 심겨 있다. 키 10m, 수관 폭 9m, 근원 직경 34cm이며, 수령은 46살이다. 대통령 기념식수에서 설명하였듯이 염주나무 또는 Golden rain tree, 황금비나무라고도 한다.

어느 해 여름 필자가 경북 안동 천등산天燈山 아래 있는 개목사開目寺라는 사찰을 방문하였는데 사찰 뜰 주변에 정말 황금보다 더 눈부시게 꽃 핀 나무가 있어 가까이 가 보니 모감주나무였다. 아! 모감주나무의 꽃이 이렇게 아름답다는 것을 그때 처음 느꼈다.

온실 앞에 있는 모감주나무.

청와대야 소풍 가자

모감주나무 열매.

10. 지리산에서 자라는 단풍철쭉

단풍철쭉 *Enkianthus perulatus* (Miq.) C.K.Schneid.

단풍철쭉은 그동안 일본 원산으로 알고 정원에 관상용으로 식재하여 왔는데 근래에 지리산 계곡에서 야생의 단풍철쭉 군락이 발견되어 우리나라 자생종임이 밝혀졌다. 씨나 꺾꽂이를 통하여 번식한다. 다른 이름으로 등대꽃나무, 등대꽃이라고 불린다.

단풍철쭉은 진달래과 낙엽활엽관목으로 키가 4m 이상까지 자란다. 줄기에는 많은 가지가 자라 층을 만들며 나무껍질은 황갈색으로 광택이 있다. 잎은 길이 2~4cm, 넓이 1~2cm이며, 긴 달걀 모양으로 끝이 날카롭고 가장자리에 작은 거치가 있고 가지 끝에 둥글게 돌려나거나

단풍 든 모습.

어긋나게 나기도 한다.

잎이 가을이면 선명한 붉은색을 띔으로 단풍철쭉이라 한다. 꽃은 흰색으로 4~5월경 잎과 함께 피거나 먼저 피는데 크기가 0.7cm 정도 크기로 3~10개의 통꽃이 아래로 늘어진다. 열매는 크기가 0.8cm 정도이며 긴 타원형으로 위를 향하여 익는다.

청와대 경내에서는 녹지원에 2그루, 소정원에 1그루가 자라고 있으며 키 4m, 수관 폭 3m, 근원 직경 15cm이며, 나이는 77살이다.

단풍철쭉 꽃.

11. 청와대 지킴이, 최고령 나무 주목朱木

주목 *Taxus cuspidata* Siebold & Zucc.

주목朱木은 주목과에 속하는 상록침엽교목이다.

키 8m, 수관 폭 4m, 근원 직경 90cm이며, 고려 충렬왕 때인 1280년 경에 태어났으니 나이가 746살로 청와대의 터줏대감이다.

수궁터에 심겨 있으며, 안타깝게도 원줄기 대부분은 죽어 버리고 곁 가지가 원줄기 주변을 에워싸고 있으며 일부 줄기로 생명을 유지하고 있다. 태풍 등 강풍에 쓰러지거나 꺾이는 것을 예방하기 위해 지주대 를 설치하여 보호하고 있다. 주목은 살아 천 년 죽어 천 년 간다는 장 수목이다.

청와대야 소풍 가자

12. 우물통 안에 사는 느티나무

느티나무 *Zelkova serrata* (Thunb.) Makino

나지막한 동산을 뒤로 두르고 널찍한 들판과 냇가를 내려다보는 곳에는 어김없이 우리의 시골 마을이 생기고, 그 동네 어귀에는 느티나무 고목 한 그루가 서 있는 모습이 우리의 전형적인 시골의 풍경인데 뜨거운 여름 농사에 지친 농부들에게는 좋은 휴식처 피서의 장소였다.

정자나무라고 별명을 얻을 만큼 여름철 느티나무 아래는 마을 사람들의 소통과 정보 교환의 공간, 마을을 위한 무엇인가를 결정하는 공간, 때로는 교육의 공간으로 마을 사람들의 구심체적 역할을 했다고 할 수 있다.

느티나무 이름은 순우리말로 '늦게 티가 난다.' 하여 늦티나무라고 했는데 시간이 지나면서 발음하기 쉬운 느티나무로 안착이 된 것이라고 한다. 느티나무의 어린나무를 보면 막대기에 잎이 난 것같이 정말 티가 안 난다. 자라면서 적당한 높이에서 많은 가지로 갈라지고 또 거기에서 천 가닥 만 가닥 작은 가지가 아래로 드리우게 되어서 전체 모양이 공처럼 둥글게 아름답게 되는 것이 일반적인 수형이다.

느티나무는 정원수나 가로수로 많이 심어졌고 기념식수로 많이 사용되었기 때문에 무엇인가를 기념할 만한 곳에 가면 느티나무를 흔히 볼 수 있다. 천연기념물의 지정과 관리는 국가유산청이 하고 있지만 보호수는 산림청의 지도와 감독하에 각 지방자치단체가 지정 및 관리하고 있는데, 2022년 말 산림청에 등록된 보호수는 13,868그루이다. 이 중에서 느티나무가 7,249그루로 52.3%로 반이 넘고 여기에 1,000년이 넘는 노거수로 알려진 나무가 60그루인데 25그루가 느티나무다.

우리나라에서는 느티나무를 가리키는 한자 중에서 회화나무 괴槐가 느티나무 괴槐로 혼동이 되었는데, 느티나무에서 유래된 지명으로 충북 괴산槐山이 있고, 느티나무로 만든 귀한 상을 괴목상이라고 하여 느티나무 괴槐 자로 사용한 경우이다.

충북 괴산은 신라 진평왕 28년(606년) 당시 가잠성이었는데 어느 날 백제군이 쳐들어와 성이 함락되자 당시 성주였던 찬덕 장군이 느티나무에 머리를 박고 자결했는데, 신라가 통일 후에 김춘추가 찬덕 장군의 뜻을 기리기 위해서 느티나무를 지칭하는 한자로 괴槐 자를 사용하여 가잠성을 괴산槐山으로 부르게 했다고 한다.

일반적으로 각 지역의 오래된 느티나무는 성황당(서낭당) 나무로 우리의 민간 신앙의 동신목洞神木 역할을 한 것은 공통적인 것 같다. 성황당은 각 마을마다 자기 마을을 지켜 주는 수호신이 있는데, 모셔 놓은 곳 또는 기거하는 곳을 성황당 또는 서낭당이라고 불렀고 이곳은 신의 영역이고 신앙의 장소였다. 가장 보편적인 성황당 형태는 느티나무 노거수가 있고 그 옆에 돌로 쌓은 누석단이 있거나 좀 여유가 있는 동네는 아예 당집을 만들어 놓은 곳도 많이 있다.

느티나무는 느릅나무과의 낙엽활엽교목으로 키가 30m, 직경 3m까지 자란다. 산기슭이나 마을 근처의 토심이 깊고 비옥한 땅에서 잘 자란다. 굵은 가지가 갈라지고 나무껍질은 회백색이고 늙은 나무에서는 비늘처럼 떨어진다. 우리나라와 일본, 몽골, 중국, 유럽 등지에 분포한다. 잎은 어긋나고 긴 타원 모양 또는 달걀 모양이며 길이가 2~12cm, 폭이 1~5cm이고 표면이 매우 거칠거칠하며 끝이 점차 뾰족해진다. 잎 가장자리에 거치가 있고 잎맥은 주맥에서 갈라진 8~18쌍의 측맥이 평행을 이루며 잎자루는 1~3mm로 매우 짧다. 꽃은 암수한그루이고 5월에 취산 꽃차례로 핀다. 열매는 핵과로 일그러진 납작한 공 모양이고 딱딱하며 지름이 4mm이고 뒷면에 모가 난 줄이 있으며 10월에 익는다.

청와대 본관에서 영빈관으로 가는 오른쪽 길목 녹지에 있는 느티나무는 본관을 신축할 당시 원지반에 있던 나무를 살리기 위해 석축을 쌓아 깊이 7m의 우물통을 만들고 성토하여 나무가 살아가는 데 생리적 피해가 없도록 조치한 결과 현재까지 살아 있다.

이 나무는 키 15m, 수관 폭 15m, 근원 직경 85cm이며, 나이는 169살이다.

청와대야 소풍 가자

13. 정이품 소나무를 닮은 소나무

소나무 *Pinus densiflora* Siebold & Zucc.

　수궁터 남쪽 옹벽 아래 녹지에서 수궁터 방향으로 누워 있는 소나무가 있는데 수궁로를 막지 않고 길을 터 주고 있다. 이 나무는 2010년도 이전까지는 장송의 늠름한 모습으로 반듯하게 서 있었는데 그해 태풍 곤파스가 수도권을 강타하면서 하루 밤새 수궁터 쪽으로 넘어졌다. 다행히 도로 석축 난간에 기대어 쓰러진 것을 피해목으로 잘라 버리지 않고, 필자를 비롯한 직원들의 노력으로 일으켜 세우고 지주목을 설치하여 지금까지 잘 살아 있는 모습이다.

　키는 10m, 수관 폭 7m, 흉고 직경 60cm이며, 나이는 195살이다.

14. 큰 키를 자랑하는 백합나무

백합나무 *Liriodendron tulipifera* L.

　우리나라에는 일제 강점기에 신작로라는 이름으로 새로운 도로가
많이 생겨날 때 가로수로 적합한 수종으로 플라타너스, 양버들, 미루

　　　　　　　　　　　　　청와대야 소풍 가자

나무 등이 수입되었는데 이때 같이 들어온 나무에 백합나무도 있었다.

꽃이 튤립꽃을 닮아서 튤립나무Tulip tree라고 했는데 우리말 이름은 백합나무이다. 꽃이 예쁘고 귀한 나무여서 가로수 보다는 공원, 관청, 학교 등에 많이 심어졌다. 최근에 백합나무의 이용 가치에 대해서 새롭게 주목하고 있다.

도입 수종이지만 우리나라 기후와 토양에 적응하는 수종 중의 하나이며 빨리 자라며 목재가 곧고, 빨리 자라는 나무치고는 목질이 단단한 편이다. 또한 공해와 병충해에 강하고 잎과 꽃이 아름답고 가을에 노란 단풍도 운치가 있다.

백합나무는 목련과의 낙엽활엽교목으로 키가 30m, 직경 1m까지 자란다. 북아메리카 원산으로 1925년에 우리나라에 도입되었으며, 꽃은 5~6월에 녹색을 띤 노란색으로 피고 가지 끝에 지름 약 6cm의 튤립 같은 꽃이 1개씩 달리며, 꽃받침 조각은 3개, 꽃잎은 6개이다. 미국에서도 생장이 빨라 중요한 용재수로 쓰인다. 우리나라에서는 바이오매스 순환림으로 많이 조성되었으며 공원의 녹음수, 관상용으로도 심었고, 1985년 처음으로 가로수로 식재되었다.

청와대 경내에는 용충교와 무명교 사이의 녹지대에 군락으로 심겨 있었으나 현재 여섯 그루 정도 남아 있다. 수명을 다하고 태풍 등의 피해로 그루 수가 점점 줄어든 까닭이다. 키 24m, 수관 폭 19m, 흉고 직경 80cm이며, 나이는 77살이다.

15. 녹지원의 적송

소나무 *Pinus densiflora* Siebold & Zucc.

녹지원 반송의 좌측으로 적송 4그루가 다정하게 서 있다.

키는 13m, 수관 폭 12m, 근원 직경 60cm이며, 나이는 152살이다.

청와대야 소풍 가자

오른쪽 뒤편으로 적송 한 그루가 용틀임하듯이 서 있다.

키 15m, 수관 폭 13m, 근원 직경 62cm이며, 나이는 156살이다.

이 적송은 녹지원 반송의 명성에 눌려서 사람들에게는 인기가 적지만 반송의 배경 나무로 자기 자리에서 주변과 어울리며 경관적 기능을 충분히 발휘하고 있다. 청와대에 있어서 그런지 줄기가 황금색으로 뚜렷하게 나타나는 것이 특징이다.

16. 아름다운 단풍을 가진 복자기

복자기 *Acer triflorum* Kom.

녹지원에서 수궁터 쪽으로 올려다보이는 녹지대에 있으며, 가을 단풍이 아름다움의 극치를 이루며 녹지원 가을의 품격을 한층 더 높여주는 나무이다. 키 13m, 수관 폭 11m, 근원 직경 57cm이며, 수령은 50살이다.

17. 안동 하회탈을 만드는 오리나무

오리나무 *Alnus japonica* (Thunb.) Steud.

오리나무는 두메산골 산새도 쉬어 넘어가는 고갯마루, 골짜기 등지에서 우리나라 사람들과 가까이 애환을 같이한 흔한 나무였지만, 지금은 흔하게 볼 수 없는 나무가 되었다. 오리나무가 줄어든 것은 우리의 생활과 너무 가까이 있었기 때문이라고 한다. 즉 오리나무 서식지가 인간의 토지 이용과 정확히 중첩되어 있어서 주거지, 경작지로 자리를 내주었고 또 나무가 속성으로 자라고 목질이 무르며 가까이 있다 보니 땔감이나 우리의 생활용품을 만드는 데 손쉽게 사용될 수 있었기 때문이다.

서울대 산림환경학과 이돈구 교수는 산불로 파괴된 산림을 복원함에 있어 산림의 효용성과 경제성을 높이기 위해 사방 사업과 함께 적극적으로 임도를 만들고 경제성이 있는 나무로 조림해야 하며 조림 수종으로는 소나무와 참나무를 기본으로 하고 오리나무를 배합해야 한다고 주장하기도 했다. 이는 우리 산림에 가장 적합한 수종은 역시 침엽수는 소나무이고 활엽수는 참나무라는 것을 확인하는 것이며, 특별한 저습지나 산지 중간 습지 지역 및 해발 900m 이하에는 오리나무가 적합하다는 것이다.

1527년 최세진의 『훈몽자회』에 오리나무를 올히나무라고 발음하고 오리 압鴨 자를 썼다고 한다, 이후 오리남기, 오리목五里木, 일제 강점기인 1932년에 오리나무로 정착이 되었는데, 이는 십 리의 절반 오 리가 아니고, 애초부터 이 나무가 습지의 오리(鴨)와 관련이 있다고 보고 있다.

오리나무는 저습지, 하천 변, 산간 습지인 골짜기 등에서 집단으로 서식하는데 식물 사회학적으로 오리나무가 자연적으로 자라는 곳은 수분 스트레스가 없는 지역의 지표종으로 보고 있다.

오리나무는 빨리 자라는 속성수다. 심은 지 5년 정도면 10m 이상으로 자라며 탄닌 성분이 있어 오리나무를 삶은 물에 매염제로 석회수를 섞으면 적갈색의 염색 물감을 만들 수 있으며 열매나 잎을 수족관에 넣어 두면 물을 연수로 만들어 주고 항균, 정균 작용이 있으며 특히 곰팡이 방지에 아주 효과적이라고 한다.

오리나무를 술에 담가 두면 알코올을 분해해서 술이 묽어진다고 하며 폭음 후에 오리나무 삶은 물을 마시면 도움이 된다고 한다. 옛날 술

청와대야 소풍 가자

을 아주 좋아하는 나무꾼이 산에 갈 때마다 술을 담은 호리병을 차고 다녔는데, 어느 날 병마개를 잃어버려서 주변에 있는 오리나무 잎을 뭉쳐 막아 두었다. 나중에 그 술병의 술을 마셔 보니까 술이 거의 맹물이 되었다는 것이다. 오리나무 잎이 알코올을 분해했기 때문이라고 한다.

오리나무는 자작나무과의 낙엽활엽교목으로 키가 20m, 직경 80cm까지 자란다. 우리나라와 일본, 만주 등에도 분포하고 사방지나 산기슭, 습지 근처에서 잘 자라는 나무이다. 수피는 갈색 또는 자갈색 잔가지는 매끈하다. 잎은 어긋나며 긴 타원형이고, 끝이 뾰족하게 돌출하

며, 가장자리에 가늘고 불규칙한 거치가 있다. 앞면은 약간 광택이 나고, 꽃은 3~4월에 잎이 나기 전에 피며, 작년 가지 끝에 2~5개 달리며, 열매는 9~10월에 결실하지만 이듬해 봄까지 남는다. 1960~1970년대 민둥산 시절에 사방 조림 수종으로 많이 심었던 나무이다. 목재는 국보 121호인 안동 하회탈과 전통 혼례에서 쓰던 나무 기러기를 만든 재료로 사용하였고, 목기의 용도로 많이 사용된다.

청와대에서는 침류각 입구에서 자라는 오리나무는 키 25m, 수관 폭 18m, 근원 직경 80cm이며, 나이는 136살이다.

18. 여름의 불꽃 배롱나무

배롱나무 *Lagerstroemia indica* L.

배롱나무는 백일홍百日紅이라는 명찰을 달고 있는 것도 있지만 이제는 배롱나무라고 된 이름을 달고 있는 것을 더 많이 볼 수 있다. 백일홍이 민간에 구전되면서 백일홍, 배기롱, 배롱으로 바뀐 것이다.

배롱나무는 7월 중순에 피기 시작하면 10월 말 서리가 올 때까지 피고 지고를 계속하는데 백일 정도를 붉게 핀다고 백일홍이라고 했다.

백일홍은 초草 백일홍이 있어 구별하기 위해서 목木 백일홍을 배롱나무라고 하고, 초草 백일홍을 백일홍이라고 부르고 있다.

중국 남쪽이 원산지인데 언제 우리나라에 어떻게 들어왔는지는 다

청와대야 소풍 가자

른 꽃과 마찬가지로 잘 알 수 없다. 추정으로 부산 양정동에 800년 된 천연기념물 배롱나무가 있고 남쪽의 선운사, 선암사, 백련사 등 사찰에는 수백 년 된 배롱나무가 있는 것으로 봐서 적어도 고려 중엽에는 우리나라에 들어왔다고 보고 있다. 또 강릉 오죽헌에 있는 600년 된 배롱나무는 사임당 백일홍이라고 하는데, 율곡 선생이 어렸을 때도 있었다는 기록이 있으며, 안동 하회마을 옆에 있는 병산서원屛山書院에는 400년 된 배롱나무 여섯 그루가 도열 하듯이 서 있다.

배롱나무는 오래전부터 무엇을 정진해야 하는 사찰이나 서원, 서당의 뜰에 많이 심었다고 한다. 한여름의 더위에 피는 꽃이기 때문에 이 꽃을 바라보면서 학생들이 위로받기도 하고 마음의 평화를 얻기도 했다는 것이다. 또 배롱나무는 모란이나 부용처럼 꽃이 크고 화려하지도 않고, 나무도 낙락장송으로 빼어나지 않으며, 오랫동안 꾸준히 피고, 지는 모양이 안분지족과 겸양지덕을 잘 아는 선비를 닮았다고 해서 배롱나무에서 배움을 얻고자 하기도 했다.

배롱나무의 나무줄기를 보면 거의 표피가 없이 반질반질해 보인다. 표피가 얇아서 추운 지방에서는 겨울에 잘 얼어 죽기도 한다고 하는데 지구 온난화로 노지 생존 가능 지역이 많이 북상해서 근래에는 서울 인근에서도 흔히 볼 수 있는 나무가 되었다.

배롱나무는 일본과 중국에서 재미있는 이름으로 불리고 있다. 일본에서는 줄기가 반질반질해서 원숭이가 올라가다가 미끄러진다는 의미로 사루스베리, 원숭이 미끄럼이라는 이름이 붙었고, 중국에서는 배롱나무를 파양수라고 하는데 해석하면 간지럼을 타는 나무 정도로 할 수 있다. 줄기 껍질 표피가 없는 것이 아무것도 입지 않은 맨몸 같아서 줄기를 손으로 살살 간질이면 나무가 간지럼을 타서 흔들린다는 말이다.

배롱나무는 부처꽃과의 낙엽활엽소교목으로 키가 5m까지 자란다. 나무껍질은 연한 붉은 갈색이며 얇은 조각으로 떨어지면서 흰무늬가 생긴다. 작은 가지는 네모지고 털이 없다. 새 가지는 4개의 능선이 있고 잎이 마주난다. 잎은 타원형이거나 거꿀 달걀 모양이며 길이 2.5~7cm, 너비 2~3cm이다. 겉면에 윤이 나고 뒷면에는 잎맥에 털이 나며 가장자리가 밋밋하다. 꽃은 양성화로서 7~9월에 붉은색으로 피고 가지 끝에 원추 꽃차례로 달린다. 꽃잎은 꽃받침과 더불어 6개로 갈라지고 주름이 많다. 열매는 삭과로서 타원형이며 10월에 익는다. 꽃은 한방에서 생리 과다, 장염, 설사 등에 약재로 쓴다.

청와대 본관 앞의 핵심적 자리인 길지에 심어진 배롱나무는 키 5m, 수관 폭 6.5m, 근원 직경 35cm이며, 나이는 95살이다.

청와대야 소풍 가자

19. 공작새를 닮은 공작단풍

공작단풍 *Acer palmatum var. dissectum*

공작단풍은 잎이 공작새의 날개를 닮았다 하여 붙인 이름인데 잎의 폭이 좁고 잘게 갈라져 있다고 세열단풍이라고도 한다. 보통 단풍나무에 공작단풍 가지를 접붙이기도 한다.

공작단풍은 처음부터 밤색 잎을 내는 홍단풍의 일종이다. 가끔씩 청단풍색의 공작단풍도 만날 수 있다. 요즘은 전국의 공원에서 쉽게 만날 수 있는 나무가 되었다.

공작단풍은 가을에 종자를 채취하여 노천 매장하였다가 이듬해 봄에 뿌려서 번식한다. 잎이 가을에 아름다운 빛깔로 물들어 관상용으로 정원에 많이 심는다.

단풍나무과 낙엽활엽교목으로 키가 10m까지 자라며, 일본에서 개발한 원예종이다. 줄기에는 털이 없고 가늘며 잿빛을 띤 갈색이다. 잎은 마주나고 손바닥 모양으로 7~11갈래로 갈라진다. 갈래 조각은 다시 가늘게 갈라지며 가장자리에 거치가 없다. 꽃은 암수한그루로 5월에 짙은 붉은빛으로 피는데, 가지 끝에 산방 꽃차례로 달린다. 열매는 시과로 길이 약 1cm이며 날개는 긴 타원 모양이다. 털이 없으며 9~10월에 익는다.

청와대 정문을 들어서면서 소정원으로 가는 왼쪽 녹지대에 심겨 있는 공작단풍은 키 5m, 수관 폭 5.5m, 근원 직경 30cm이며, 나이는 88

살이다. 잎이 7~8월까지 녹색, 홍색을 유지하다가 가을에 붉고 아름다운 단풍이 든다.

청와대야 소풍 가자

20. 봄꽃의 거장 왕벚나무

왕벚나무 *Prunus × yedoensis* Matsum.

　벚꽃이 피어나는 모습은 일제히 피어서 발길을 멈추게 할 만큼 화려하기 그지없지만 일제히 떨어지는 모습도 인상적인 꽃이다. 벚꽃은 장미과로 꽃잎이 5개인데, 유독 얇은 꽃잎 한 개 한 개씩 바람에 날리며 떨어지는 모습은 눈이 오는 것 같은 착각마저 들게 한다.

　벚나무의 어원은 국어사전에 벚나무의 옛 이름 봇나모에서 온 것으로 봇나무가 구전되면서 벚나무가 되었다고 한다. 벚나무에서 피는 꽃을 벚꽃이라고 했고, 열매를 벚이라고 했는데 연음과 경음화로 버찌가 되었다고 한다.

　벚나무는 히말라야 지역이 원산지라고 알려졌으며 한국, 일본, 중국, 대만, 네팔, 이란 등 북반구 온대 지역 전역에서 볼 수 있는데 근래에는 꽃의 화려함 때문에 미국의 포토맥 강변, 프랑스의 쏘 공원 등 새로운 벚꽃 명소가 생겨났으며 각국이 가로수, 정원수, 공원수 등으로 점점 늘어나고 있다.

　벚나무는 천 년을 넘기는 은행나무나 느티나무와 달리, 100살을 넘는 것이 많지 않다. 벚나무는 봄에 꽃이 한꺼번에 피기 때문에 개화에 에너지를 너무 많이 소모하여 수명이 짧아진다고 설명하고 있다. 벚나무는 전 세계적으로 260여 종이 있는데, 우리나라에는 벚나무, 왕벚나무, 산벚나무, 올벚나무, 수양벚나무, 개벚나무, 섬벚나무 등 십 여종이 있다. 현재 제주도 서귀포 신례리 왕벚나무 자생지는 제156호, 제주시 봉개동 왕벚나무 자생지는 제159호 천연기념물로 지정하여 보호하고 있다.

벚나무는 목재로도 우수한데 서양에서는 체리우드Cherry wood라고 하면 최고급 가구의 재료로 생각한다. 또 해인사 팔만대장경의 경판을 만든 나무가 조사에 의하면 64%가 산벚나무로 만들었고 나머지는 자작나무 등인데 산벚나무는 몽고군에 항쟁한 고려 시대에는 우리나라 산에 가장 흔한 나무였다고 할 수 있다.

옛날에는 꽃구경하면 매화꽃, 살구꽃, 복숭아꽃, 진달래꽃 등이었으며 특히 진달래꽃이 피면 동네 단위로 화전花煎 놀이가 하나의 공동체의 축제였지만 이제는 벚꽃놀이가 우리나라의 중요한 지역 축제가 되고 있다. 대표적인 곳이 진해 군항제가 있으며, 화개장터에서 쌍계사까지 10리 벚꽃길이 있고, 여의도 윤중로 벚꽃 길, 전주~군산 간 전군가도 벚꽃, 경주 보문단지 벚꽃, 경남 사천, 공주 마곡사, 부산 달맞이고개 등 크고 작은 벚꽃 축제가 지자체별로 많이 생겼다. 여의도 국회의사당을 감아 도는 윤중로의 벚꽃은 1983년에 창경원을 창경궁으로 복원하며 창경원 왕벚나무를 옮겨 심은 것이 많다.

벚나무는 장미과에 속하는 낙엽활엽교목으로 키가 20m까지 자란다. 산지에서 널리 자라며, 나무껍질이 옆으로 벗겨지며 검은 자갈색이고 작은 가지에 털이 없다. 잎은 어긋나고 달걀 모양 또는 달걀 모양의 바소꼴로 끝이 급하게 뾰족하며 길이 6~12cm이다. 잎 가장자리에 침 같은 겹거치가 있다. 잎자루는 길이 2~3cm이며 2~4개의 꿀샘이 있

　　　　　　　　　　　　　　　　청와대야 소풍 가자

다. 꽃은 3~4월에 분홍색 또는 흰색으로 피며 2~5개가 산방상 또는 총상으로 달린다. 꽃자루에 포가 있으며 열매는 둥글고 6~7월에 적색에서 흑색으로 익는다.

왕벚나무 원산지가 한국이냐? 일본이냐? 논쟁이 많았다. 2018년 국립수목원이 게놈 유전체 분석을 통해 서로 다른 별개 종으로 확인하였다. 제주 왕벚나무는 제주에 자생하는 올벚나무를 모계로 하고 산벚나무를 부계로 해서 탄생한 자연 잡종이다.

청와대 왕벚나무 중에 꽃이 가장 아름다운 나무는 12문 입구와 버들마당에 있는 왕벚나무로 품격은 일품이며, 청와대 경내·외에서 봄꽃의 화사함과 고고한 자태를 보여 주고 있다.

21. 위장술의 대가 붉은 꽃 산딸나무

산딸나무 *Cornus kousa* Bürger ex Hance.

연분홍색 꽃이 필 때면 지나는 사람들의 마음을 끌고도 남을 만큼 우아한 자태를 뽐내는 나무이다. 그런데 우리가 꽃이라고 하는 것은 꽃이 아니라 잎이 변형된 것이다. 즉 변태요, 위장술이다. 작은 꽃 때문에 하나의 큰 꽃이 핀 것처럼 포엽이 꽃잎으로 위장하여 벌이나 나비를 유인하여 수정을 돕는다고 한다.

산딸나무는 잎이 나온 다음에 꽃이 피지만, 붉은 꽃 산딸나무는 잎보다 꽃이 먼저 핀다. 미국산딸나무, 서양산딸나무라고도 부른다.

위민관 중정에서 봄을 유혹하는 이 나무는 키 5.5m, 수관 폭 4.5m, 근원 직경 26cm이며, 나이는 46살이다.

청와대야 소풍 가자

22. 북한산을 지켜 온 서울귀룽나무

서울귀룽나무 *Prunus padus var. seoulensis* (H.Lev.) Nakai

귀룽나무는 생약명 구룡목九龍木이 귀룽나무가 되었다고 하는데 나무줄기를 아래에서 올려다보면 용틀임하고 올라가는 모습이 연상된다. 4월 하순에서 5월 초순에 꼬리 모양의 하얀 꽃이 구름같이 흐드러지게 피는데 이 모습이 뭉게구름 같다고 구름나무라고 했던 것이 구전되면서 귀룽나무가 되었다고 주장하는 사람도 있다.

귀룽나무꽃이 무리 지어 피었을 때는 향기도 좋고 꿀도 많이 들어있어 벌들이 많이 모여든다. 꽃이 아름다워 정원수나 가로수로도 일품인데 어린 가지를 꺾으면 좀 역한 냄새가 나는데 이 냄새를 벌레들이

기피하기 때문에 옛날 사람들은 파리나 모기를 쫓기 위해 이 나무를 심었다고 한다.

의학 사전에 보면 지리산 일대의 사람들은 지리산 오약목五藥木으로 오갈피, 음나무, 마가목, 구지뽕나무, 귀룽나무를 꼽는데 귀룽나무도 아주 귀중한 한약재로 취급했다.

강원도 원주 신림에 귀룽나무숲이 포함되어 있는 성황림은 천연기념물 제93호로 지정되어 있다.

귀룽나무는 장미과의 낙엽활엽교목으로 15m까지 자란다. 우리나라와 일본, 중국, 몽골, 유럽 등지에 분포하고 깊은 산골짜기에서 자란다. 잎은 어긋나고 달걀을 거꾸로 세운 모양 또는 타원형으로 끝이 뾰족하며 밑은 둥글고 가장자리에 잔거치가 불규칙하게 있다. 잎 표면에는 털이 없고 뒷면에 털이 있다. 잎자루는 길이 1~1.5cm로 털이 없고 꿀샘이 있다. 5월에 새 가지 끝에서 지름 1~1.5cm의 흰색 꽃이 총상 꽃차례로 핀다. 꽃차례는 길이 10~15cm 정도이며, 꽃잎과 꽃받침은 각각 5개씩이다. 열매는 핵과로 둥글고 6~7월에 검게 익는다. 어린 잎은 나물로, 열매는 날것으로 먹을 수 있다. 재질이 좋아 가구재, 조각재 등으로 쓴다.

수영장과 온실 뒤쪽 산기슭에 있는 서울귀룽나무는 귀룽나무의 변종으로서 흰 꽃과 검은 열매는 귀룽나무와 비슷하나 작은 꽃자루의 길이가 5~20mm인 점이 다르다. 서울에서 처음 발견되어 서울귀룽나무라는 이름이 붙여졌으며 키 15m, 수관 폭 9m, 근원 직경 63cm이며, 나이는 105살이다.

청와대야 소풍 가자

서울귀룽나무 줄기와 꽃 모양.

23. 안약으로 쓰인 물푸레나무

물푸레나무 *Fraxinus rhynchophylla* Hance

물푸레나무는 어린 가지 껍질을 벗겨 물에 담그면 파란 물이 우러난다고 물푸레나무라고 했다. 『동의보감』에는 '물푸레나무 껍질 진피를 우려내어 눈을 씻으면 정기를 보하고 눈을 밝게 한다. 두 눈에 핏발이 서고 부으면서 아픈 것과 바람을 맞으면 계속 눈물이 흐르는 것을 낫게 한다.'라고 되어 있다.

물푸레나무는 단단하고 무거운 특성 때문에 고려 시대와 조선 시대에 형벌을 집행하는 곤장을 만드는 데 사용했다고 한다. 농사에 사용되는 도리깨와 강원도 산간 지방에서 눈 속에 빠지지 않는 덧신인 설피도 물푸레나무로 만들었다고 한다. 근래에는 야구 선수들의 야구 방망이를 주로 만들고 있다.

물푸레나무는 물푸레나무과의 낙엽활엽교목으로 키가 30m, 직경 60cm까지 자란다. 우리나라와 중국 등지 분포하고 산기슭이나 골짜기 물가에서 잘 자란다. 수피는 회색을 띤 갈색이며 잿빛을 띤 흰색의 불규칙한 무늬가 있다. 잎은 마주나고 기수1회우상복엽으로 작은 잎은 5~7개이며 길이 6~15cm의 넓은 바소 모양이고 가장자리에 물결 모양의 거치가 있다. 잎의 앞면에는 털이 없고 뒷면은 잎맥 위에 털이 있다. 암수딴그루로 꽃은 5월에 흰색으로 피고 어린 가지의 잎겨드랑이에 원추 꽃차례를 이루며 달린다. 열매는 시과이고 길이가 2~4cm이며

9월에 익는다. 열매의 날개는 바소 모양 또는 긴 바소 모양이다. 목재
는 가구재, 기구재로 이용하고 나무껍질은 한방에서 건위제, 소염제,
수렴제로 사용한다.

청와대 물푸레나무는 버들마당 모퉁이의 약간 습한 곳에 자라고 있
으며 키 17.5m, 수관 폭 11m, 근원 직경 65cm이며, 나이는 89살이다.

큰 물푸레나무 줄기에 낀 이끼.

24. 과일 망신 모과나무

모과나무 Pseudocydonia sinensis *(Thouin) C.K.Schneid.*

모과를 처음 본 사람은 네 번 놀란다고 한다. 우선 못생긴 외모에 놀라고, 은은한 향기에 놀라고, 향기는 좋은데 맛이 없음에 놀라고, 맛없는 모과가 약재로 많이 쓰인다는데 놀란다고 한다.

청와대야 소풍 가자

모과라는 이름은 잘 익은 모과 열매의 크기와 모양 색깔까지 참외瓜를 닮았다고 나무에 달린 참외란 뜻으로 목과木瓜라고 했던 것이 구전되면서 발음하기 편하게 모과라고 변한 것이라고 한다.

모과와 관련된 역사를 보면 중국『시경』의 위풍 편에 '나에게 모과를 보내 주었으니 패옥으로 보답하려고 한다.'라고 한 것으로 봐서는 이미 2~3천 년 전 춘추 전국 시대에 연인이나 친구 사이에 사랑과 존경의 증표로 모과를 주고받을 정도로 귀하게 취급되는 과일이었음을 알 수 있다. 우리나라 기록으로는 고려의 문신 이규보의 시문집『동국이상국집』에 모과가 실려 있어 고려 중엽 이전에 들어온 것으로 보고 있다.

우리 속담에 '어물전 망신은 꼴뚜기가 시키고, 과일전 망신은 모과가 시킨다.'라고 했지만, 모과는 정말 용도가 많다. 중국 속담에도 '살구는 한 가지 유익이라면, 배는 두 가지, 모과는 백 가지 유익이 있다.'라고 하고 있다. 모과는 향기뿐만 아니라 여러 가지 약효가 있으며, 차나 술로 담그기가 아주 좋은 과일로도 알려져 있다.

『동의보감』에서는 '모과는 구토와 설사를 다스리고, 소화를 도와준다.'라고 하며 중국의『본초강목』에서는 '가래를 삭여 주며, 주독을 풀어 준다.'라고 되어 있다. 또 목재로는 흔하지는 않으나 고급 목재, 귀한 목재로 취급되었는데 흥부가에 나오는 화초장이 모과나무로 만든 장롱이라고 한다.

선현들의 말씀에 '탱자는 매끈해도 거지의 손에서 놀고, 모과는 울퉁불퉁해도 선비의 방에서 겨울을 난다.'라고 했듯이 우리의 선현들은 책을 읽는 공간에 심신을 편안하게 해 줄 수 있는 그렇게 강하지 않고 은은하고 그윽한 향기의 모과를 두고 독서하는 여유를 즐겼다고 한다.

모과나무는 장미과의 낙엽활엽교목으로 키가 10m까지 자란다. 중국 원산이며 관상수, 과수, 분재용으로 심는다. 나무껍질이 조각으로 벗겨져서 흰무늬 형태로 된다. 어린 가지에 털이 있으며 두해살이 가지는 자갈색의 윤기가 있다. 잎은 어긋나고 타원상 달걀 모양 또는 긴 타원형이다. 꽃은 연한 홍색으로 5월에 피고 지름 2.5~3cm 정도이다. 열매는 이과로 타원형 또는 달걀을 거꾸로 세운 모양이고, 길이 10~20cm, 지름 8~15cm이며 과육이 단단하다. 9월에 황색으로 익으면 향기가 좋고 신맛이 강하다.

본관 세종실 앞쪽 녹지에 정형적인 자태로 변치 않는 모습을 유지하는 것은 매년 전정하여 관리해 주기 때문이다. 키 10m, 수관 폭 7m, 근원 직경 55cm, 나이는 98살이다.

청와대야 소풍 가자

25. 청산에 살어리랏다, 다래

다래 *Actinidia arguta* (Siebold & Zucc.) Planch. ex Miq.

살어리랏다. 살어리랏다. 청산에 살어리랏다.

머루랑 다래랑 먹고 청산에 살어리랏다.

고려 가요 청산별곡靑山別曲에서도 볼 수 있듯이 다래는 오래전부터 우리의 산에서 흔히 만날 수 있는 야생 과일이었으며 즐겨 먹던 산과山 果로 문학 작품에서는 주로 머루와 짝이 되어 나온다.

다래는 군락성이 강하기 때문에 한 그루를 발견하면 여러 그루가 있을 가능성이 큰데 암수딴그루로 되어 있어 수 그루를 만나면 다래를 따 먹을 수 없다.

다래는 오랜 기간 야생의 산과山果 위치에 있었지만, 약용 등으로 수요가 많이 늘어나서 강원도 원주의 치악산 일원, 영월, 경북 상주, 충남 청양 등에서 다래의 수확을 목적으로 과일로 재배하고 있는 곳이 증가하고 있다.

다래의 이름은 '달다'에서 유래한다고 보고 있는데 다래라는 이름이 문헌으로 나오는 것은 조선 후기 실학자 이익의 『성호사설』에 '중국의 미후도獼猴桃를 조선에서는 달애怛艾라고 한다.'라는 내용이 나오는데 슬플 달怛에 쑥 애艾 자로 슬픈 쑥이라는 의미가 된다. 순우리말 이름 다래를 음만 차자借字한 것으로 한자의 뜻과는 관련이 없다.

다래나무 줄기는 가볍지만 단단하고 잘 썩지 않아서 생활 도구를 만들며 옛날에는 계곡 사이 구름다리를 만드는 재료로 사용되었다고 하며, 또 다래나무는 단단 하지만 속이 비어 가볍기 때문에 다래나무 지팡이를 짚고 다니면 요통이 없어진다는 속설이 생기기도 했고, 속이 빈 것을 이용하여 공기를 압축하여 딱총을 만들기도 했다.

다래의 다른 나라의 이름을 보면 중국에서는 원숭이 복숭아란 뜻으로 미후도라고 하며, 일본에서는 원숭이 배란 뜻으로 사루나시さるなし;猿梨라고 하고 있다. 달콤한 다래는 원숭이의 몫이라는 의미인 것 같다. 영어로는 시베리안 구스베리Siberian gooseberry라고 해서 거위와 연결을 짓고 있다.

키위는 양다래라고 하는데 19세기 아편전쟁 이후 중국이 서양에 잠

식당하며 서양인들이 많이 중국에 들어와 살기 시작했다. 그들의 정원에 덩굴 그늘로 원생종 섬다래를 많이 심었는데, 이들이 자기들 고향으로 돌아가면서 이 나무를 가지고 갔고 이들 중에 뉴질랜드 원예가들이 키위Kiwi로 개량하여 고급 과일로 만들면서 뉴질랜드를 키위 주 수출국으로 만들었다.

다래나무는 다래나무과의 낙엽활엽덩굴나무로 줄기가 10m 이상 자란다. 우리나라와 일본, 중국, 사할린 등지에 분포하고, 깊은 산의 숲 속에서 자란다. 줄기는 흰색 빛이 감도는 갈색이고, 어린 가지에 잔털이 있으며 피목이 뚜렷하다. 잎은 어긋나고 길이가 6~12cm, 폭이 3.5~7cm이며 넓은 달걀 모양이거나 넓은 타원 모양이고 끝이 급하게 뾰족하고 밑 부분이 둥글고 가장자리에는 가는 거치가 있다. 잎자루는 길이가 3~8cm이고 누운 털이 있다. 꽃은 암수딴그루이고 5월에 흰색

으로 피며 잎겨드랑이에 취산 꽃차례를 이루며 3~10개가 달린다. 열매는 장과이고 길이 2~3cm의 달걀 모양의 원형이며 10월에 황록색으로 익는다.

다래나무는 어린잎은 나물로 하고 열매는 날것으로 먹거나 과즙, 과실주, 잼 등을 만들어 먹는다. 한방에서 열매를 미후도라는 약재로 쓰는데 가슴이 답답하고 열이 많은 증상을 치료하고 소갈증을 제거하며 급성간염에도 효과가 있다.

수궁터에 있는 다래나무는 국립산림과학원에서 임가 보급용으로 개량한 품종으로 키 2.5m 줄기 길이 10m, 근원 직경 13cm, 나이는 37살이다.

청와대야 소풍 가자

PART 06

삼형제의 다리

1. 선녀탕이 있는 백악교白岳橋

백악교白岳橋는 청와대 계류에서 제일 상류에 있는 교량이다. 교량 이름은 북악산의 옛 지명인 백악산에서 유래하여 붙여진 이름이다.

백악교에는 위, 아래 두 개의 연못이 있는데 위쪽의 연못은 명경지수처럼 맑으며 돌계단을 타고 떨어지는 폭포수 경관과 물소리는 심신을 맑게 해 설악산이나 주왕산의 선녀탕과 비교해도 손색이 없다. 그래서인지 몰라도 달빛과 별빛 속에서 선녀들이 노닐다 간다는 곳이라고 한다.

백악교 아래쪽 연못을 다리에서 내려다보면 오색의 단풍과 푸른 하늘이 연못에 비치고 비단잉어가 노닐고 있어 천상의 세계처럼 느껴진다. 때가 되면 원앙, 흰뺨검둥오리 등의 철새들이 날아들기도 한다.

백악교는 관저에서 상춘재로 드나드는 나들목 역할을 하며 상춘재 뒷길을 이용하여 침류각 방향의 숲길로도 갈 수 있다. 그리고 길옆에

백악교 여름 경관.

초정이 있어 오가는 사람들의 마음을 잡아 두기도 하였다.

백악교는 단순교 형식의 석교이다. 엄지기둥, 난간, 도면 등이 있는 전통교 형식을 따랐다. 1982년 9월 1일 준공되었으며, 길이 4.65m, 폭 2.25m이다.

백악교에서 상춘재를 바라보는 가을 경관.

2. 이름 없는 용사인가! 무명교無名橋

무명교無名橋는 말 그대로 이름이 없다. 그러나 봄, 가을이면 주변 녹지의 꽃, 단풍이 너무 아름답다. 숲 사이로 상춘재도 보인다. 녹지원 뒤쪽의 이름 없는 다리이지만 경내 중간에 있는 교량으로 직원들이 자주 애용하는 곳이다. 3개 교량 중에 가장 밋밋해 보이지만 서민적 정취를 담고 있어 정감이 더 가는 다리이다.

　무명교는 본관에서 소정원을 지나 용충교로 오다가 왼쪽으로 들어서면 백합나무 숲과 야생화 화원을 지나 녹지원과 상춘재로 들어오는 나들목에 있다. 사진 뒤쪽으로 상춘재와 녹지원을 배경으로 한 숲과 단풍은 매우 아름답고 생태적인 공간이어서 조류, 곤충류 등의 서식공간으로도 중요한 역할을 한다.

　무명교는 단순교 형식의 콘크리트교이다. 엄지기둥, 난간, 도면 등을 석재로 마감하였다. 정확한 기록은 없으나 1981년~1982년도 사이에 건설된 것으로 추정된다. 길이 5.5m, 폭 2.83m이다.

무명교 여름 경관.

　　　　　　　　　　　　　　　청와대야 소풍 가자

무명교 가을 경관.

3. 금천교를 본떠 만든 용충교龍忠橋

　창덕궁 내부를 흐르는 금천禁川을 건너는 돌다리가 금천교이다. 창덕
궁이 창건되고 6년이 지난 뒤인 1411년, 태종 11년에 건설되었으며, 그 후
전란과 화재에도 불구하고 건설 당시의 모습을 그대로 유지하고 있다.
현존하는 궁궐 돌다리 가운데 가장 오래된 점에서 역사적 가치가 있다.
　용충교龍忠橋는 금천교의 교량 형식, 엄지기둥, 난간 모양, 문양 등을
본떠서 홍예교 모양으로 건설하여 안정된 미관과 전통성을 유지하고
있어 청와대 교량 중에는 가장 화려하다. 용충교는 홍예교 형식을 취
하였으나 기본적인 소재는 콘크리트이다. 엄지기둥, 난간, 도면 등을
석재로 마감하였다. 교량의 길이 5.5m, 폭 2.45m이며, 1981년 4월 11
일 준공하였다.

이 다리는 청와대에서 가장 많이 이용되는 교량으로 본관과 소정원, 녹지원과 위민관을 연결하는 나들목 역할을 한다. 교량 아래에는 용이 승천할 수 있는 연못에 비단잉어, 버들치, 피라미 등 물고기가 살고 있다. 필자가 재직 당시 백악교와 용충교 사이의 시냇물 정비 사업으로 어류의 서식 환경이 많이 개선되었다,

용충교 여름 경관.

단풍으로 갈아입은 용충교 가을 경관.

　　　　　　　　　　　　　　　　　　　청와대야 소풍 가자

마음을 담아간
야생화

봄에 피는 꽃

1. 금낭화 *Lamprocapnos spectabilis* (L.) T.Fukuhara (L.) Lem.

금낭화錦囊花는 꽃 모양이 복주머니 비슷하기 때문에 금주머니라는 의미로 금낭화로 불렀다. 또 꽃이 아름다워서 등모란, 덩굴모란이라는 이름도 있으며 옛 여인들이 치마 속에 가지고 다니던 주머니와 비슷하다고 며느리주머니라고 불리기도 한다. 영어명은 Bleeding heart라고 하는데, 꽃 모양이 피를 흘리는 듯한 하트 모양과 비슷한 데서 유래했다.

원래 설악산에서 지리산까지 산 중턱에서 피는 야생화였는데, 꽃이 아름다워 집안의 화단이나 공원에서 화초로 키우는 것을 많이 볼 수 있다. 근래에는 원예종으로 개발된 흰 꽃 금낭화도 있다.

금낭화는 현호색과의 여러해살이풀이다. 꽃은 4~5월 담홍색으로 피는데, 총상 꽃차례로 줄기 끝에 주렁주렁 달린다. 꽃잎은 4개가 모여서 편평한 하트형이 되고 바깥 꽃잎 2개는 밑부분이 꿀주머니로 된다. 잎은 어긋나고 잎자루가 길며 3개씩 2회 깃꼴로 갈라진다. 갈라진 조각은 달걀을 거꾸로 세운 모양의 쐐기꼴로 끝이 뾰족하고 가장자리는 결

각이 있다. 어린잎은 나물로 먹을 수 있다. 우리나라에는 전 지역 배수가 잘되는 계곡이나 산지의 돌무더기에서 잘 자라며 관상용으로 심고, 중국에도 분포한다.

청와대에서는 백악교, 침류각, 관저 내정, 관저 숲길 등지에 자라고 꽃말은 '당신을 따르겠습니다.'이다.

2. 깽깽이풀 *Jeffersonia dubia* (Maxim.) Benth. & Hook.f. ex Baker & Moore

깽깽이풀이란 이름이 특이하고 재미있는 이름이라서 한번 들으면 잊어버리지 않는데, 이 이름의 유래는 정태현 박사가 쓴『조선식물향명집』이다.『조선식물향명집』에서 처음으로 깽깽이풀이란 순우리말 이름과 조황련이란 한자 이름이 나온다. 잎이 연꽃을 연상시키고, 뿌리가 노란색이며, 조선에서 난다고 조황련이라고 했다고 한다. 한방에서는 조황련이라 하며 소화 불량, 구내염 치료제로 이용한다.

깽깽이풀의 깽깽이는 조선 시대 우리 전통 악기 해금을 뜻한다. 민간에서는 해금을 깽깽이라 불렀다. 깽깽이풀꽃의 당차 보이는 꽃대와 활짝 핀 꽃이 해금의 활대와 울림통을 닮았다고 붙인 이름이라고 보고 있다.

깽깽이풀은 매자나무과의 여러해살이풀이다. 4~5월에 밑동에서 잎보다 먼저 꽃대가 나오고 그 끝에 연보라에서 보랏빛 꽃이 1송이씩 핀다. 꽃잎은 6~8개이고 달걀을 거꾸로 세운 모양이며, 열매는 8월에 익는다. 잎은 둥근 홑잎이고 연꽃잎을 축소하여 놓은 모양으로 여러 개가 밑동에서 모여 나며 잎자루의 길이는 20cm 정도다. 잎의 끝은 오목하게 들어가고 가장자리가 물결 모양이다. 비옥한 토양 배수가 잘되는 골짜기에서 잘 자란다. 분포지는 한국, 중국이다. 청와대에서는 관저 내정, 관저 회차로, 인수로 변에 자란다.

사진 (전) 산림청 이상을 님.

3. 꽃잔디 *Phlox subulata* L.

멀리서 보면 잔디 같지만 예쁜 꽃이 피기 때문에 꽃잔디라고 부르고 있다. 자세히 보면 꽃의 색이나 모양이 패랭이꽃과 비슷하고 지면으로 퍼지는 모양새이므로 지면패랭이꽃이라고도 한다. 주로 관상용으로 재배한다. 우리나라에서 꽃잔디가 아름다운 곳으로 경남 산청 대명사와 전남 강진 남미륵사의 꽃잔디밭이 있다.

꽃잔디는 꽃고비과의 여러해살이풀이다. 4~6월에 백색, 자주색, 분홍색, 붉은색 등 다양한 색깔의 꽃이 핀다. 키는 10cm 정도이고 많은 가지로 갈라져 잔디같이 땅을 완전히 덮으며, 가지 끝에 1개의 꽃이 달린다. 꽃받침은 5개로 갈라지며 끝이 뾰족하고 잔털이 있다. 잎은 잎자루가 없고 마주나기 하며, 대개 피침형이며, 끝이 뾰족하다. 북미 원산의 외래 식물이다.

청와대에서는 소정원, 관저 내정, 기마로, 유실수 단지 등지에 자라고 있다.

4. 꿀풀 *Prunella vulgaris* L. subsp. *asiatica* (Nakai) H.Hara

우리나라 전 지역 산기슭의 볕이 잘 드는 풀밭에서 잘 자라고, 일본, 중국, 대만, 사할린, 시베리아 남동부 등 한대에서 온대에 걸쳐 분포한다. 꿀풀과 식물은 모두 특유의 향을 가지고 있어서 식물계의 화학 공장이라고 이야기한다. 들깨, 차조기, 익모초뿐만 아니라 로즈메리, 바질, 타임, 라벤더, 박하 등도 모두 꿀풀과이다.

꿀풀의 이름은 꽃을 따서 끝을 빨면 달콤한 꿀맛을 느낄 수 있는데, 꽃에 꿀이 많은 풀이라는 의미다. 꿀풀 꽃이 지면 갈색으로 변하여 마른 것처럼 보인다. 그래서 한방에서는 하고초라고 부르며 한약재로도 사용한다.

청와대야 소풍 가자

꿀풀은 꿀풀과의 여러해살이풀이다. 5~6월에 줄기 끝에 길이 3~8cm
의 원기둥 모양의 자줏빛 꽃이 수상 꽃차례로 핀다. 꽃받침은 뾰족하게
5갈래로 갈라지고 길이가 7~8mm이며 겉에 잔털이 있다. 잎은 마주나
고 잎자루가 있으며 긴 달걀 모양의 바소꼴로 길이가 2~5cm이고 가장
자리는 밋밋하거나 거치가 있다. 줄기는 네모지고 뭉쳐나며 곧게 선다.

청와대에서는 위민관 주변, 춘추관, 소정원, 인수로 변에서 자라고
있다.

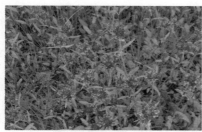

5. 꿩의바람꽃 *Anemone raddeana* Regel

미나리아재비과에는 바람꽃이라고 불리는 꽃이 많이 있다. 바람꽃,
홀아비바람꽃, 꿩의바람꽃, 너도바람꽃, 변산바람꽃, 만주바람꽃, 나
도바람꽃 등이 있다. 꿩의바람꽃의 이름은 이 꽃이 필 때 산에서는 꿩
이 많이 우는 때라고 꿩의 바람꽃이라고 붙였다고 한다.

바람꽃을 비롯하여 이른 봄에 꽃을 피우는 복수초, 노루귀 등도 같은
미나리아재비과 식물인데 독성을 가지고 있으므로 모두 주의해야 한
다. 초봄에 다른 풀꽃보다 꽃을 일찍 피우므로 겨울에 굶주렸던 동물

들에게 먹히지 않으려고 독을 가지고 있다.

꿩의바람꽃은 4~5월 흰색에 연한 자주색이 비치는 꽃이 꽃줄기 위에 한 송이가 달리는 여러해살이풀이다. 꽃에는 꽃잎이 없고 꽃받침이 8~13조각으로 꽃처럼 보인다. 잎은 3개의 잎자루에 세 장의 잎이 달린다. 우리나라 숲속에서 자라며, 중국, 러시아 등지에 분포한다.

청와대에서는 소정원, 관저 내정, 인수로 변에 자라고 있다. 꽃말은 '사랑의 번민, 덧없는 사랑'이다.

사진 (전) 산림청 이상을 님.

6. 노랑매미꽃(피나물) *Hylomecon vernalis* Maxim.

야생화이지만 꽃이 아름다워 원예 및 조경용 화초로도 우수한 가치가 있다. 지하경이 있는 여러해살이풀인데 줄기를 자르면 붉은색의 액이 나온다. 사람의 몸에 난 상처에서 피가 나는 것 같다고 피나물이라고 부르기도 한다. 일반적으로 매미꽃과 유사하기 때문에 노랑매미꽃이라고 부른다.

피나물과 같이 우리 야생초, 야생화 이름에 '나물'이 들어가면 나물로 먹을 수 있는 풀이라고 알고 있는데, 노랑매미꽃(피나물)은 어린순을 나물로 먹을 수 있지만, 충분히 데치고 우려내 독성을 제거하고 먹어야 하며, 좀 자라면 독성이 강하므로 먹지 말아야 한다.

노랑매미꽃은 양귀비과이며 꽃은 노란색으로 4~5월에 피고, 열매는 7월에 익는다. 독성이 있어 약용으로 이용한다.

잎은 깃꼴겹잎이고 작은 잎은 넓은 달걀 모양이며, 가장자리에 불규칙하고 깊게 파인 거치가 있다. 뿌리에서 나온 잎은 잎자루가 길고 줄기에서는 어긋나며 5개의 작은 잎으로 되어 있다. 우리나라는 경기 이북 지역에 자라고, 중국 만주, 헤이룽강, 우수리강 등에 분포한다.

청와대에서는 관저 내정, 인수로 변, 녹지원 주변, 용충교 주변 숲길에 자라고 있다.

사진 (전) 산림청 이상을 님.

7. 노랑어리연 *Nymphoides peltata* (S.G.Gmel.) Kuntze

노랑어리연은 어리연과 같은데, 꽃의 색깔이 노란색이어서 노랑어리연이라고 한다. 어리연의 '어리'의 뜻은 동식물의 명사 앞에 붙어서 어린, 덜 갖추어진, 모자라다는 뜻의 접두사이다.

노랑어리연은 뿌리를 물속에 박고 사는데 수심이 깊어지더라도 연꽃이나 가시연꽃과는 다르게, 신속하게 길어지는 특기가 있다. 노랑어리연은 연못이나 둠벙의 가장자리에 크게 발달하는데, 수질 개선에 큰 역할을 하고 있다.

노랑어리연은 용담과의 여러해살이풀이다. 5~8월에 노란 꽃이 피는데, 마주난 잎겨드랑이에서 2~3개의 꽃대가 나와 물 위에 2~3송이씩 달린다. 잎은 마주나며 긴 잎자루가 있고 물 위에 뜨며, 앞면은 녹색이고 뒷면은 자줏빛을 띤 갈색이며 약간 두껍다. 가장자리에 물결 모양의 거치가 있다. 물풀로 늪이나 연못에서 자란다. 우리나라와 일본, 중국, 몽골, 시베리아, 유럽 등지에 분포한다.

청와대에서는 소정원, 본관 중정에 자라고 있다.

사진 (전) 산림청 이상을 님.

8. 노루귀 *Hepatica asiatica* Nakai

입춘이 지나고 늦겨울이라고도, 이른 봄이라고도 할 수 있는 2월 중순의 바람결에 조용히 찾아오는 야생화가 3종이 있다. 사진작가들이 가장 반기는 노루귀, 바람꽃, 복수초다. 이 중에 노루귀는 돋아나는 어린잎의 모양이 노루의 귀처럼 보인다고 붙여진 이름이다.

낮의 길이가 길어지고, 기온이 올라가면 봄꽃을 피우게 되는데, 다른 봄꽃이 피기 전에 조용히 찾아왔다가 남풍이 점차 더 따뜻한 공기를 몰고 오면 흔적도 없이 사라지는 대표적인 야생화가 노루귀다. 이른 봄에 꽃을 피우는 야생화는 다른 나뭇잎이 햇볕을 가리기 전에 빨

사진 (전) 산림청 이상을 님.

리 꽃을 피우고, 열매를 맺기 위한 나름의 생존 전략이다.

노루귀는 미나리아재비과의 여러해살이풀이다. 3~4월 흰색 또는 연한 붉은색 꽃이 피는데 잎보다 먼저 긴 꽃대 위에 1개씩 달린다. 꽃잎은 없고 꽃잎 모양의 꽃받침이 6~8개 있다. 잎은 뿌리에서 뭉쳐나고 긴 잎자루가 있으며 3개로 갈라진다. 갈라진 잎은 달걀 모양이고 끝이 뭉뚝하며 뒷면에 솜털이 많이 있다. 어린잎은 나물로 먹으며 관상용으로 심는다. 우리나라 전국 각처 산지나 들판의 경사진 양지에서 자라며, 일본, 중국 등지에 분포한다.

청와대에서는 침류각, 백악교, 상춘재 뒷길, 성곽로 변에 자라고 있다. 꽃말은 '인내'이다.

9. 대사초 *Carex siderosticta* Hance

우리 민속 문화에서 사초莎草라고 하면, 조상의 산소에 떼를 잘 입히고 잘 다듬는 일을 사초라고 했는데, 사초의 모양이 사초를 하는 잔디와 비슷하게 생겨서 붙여진 이름이라고 본다.

대사초는 사초과의 여러해살이풀이다. 4~5월에 작은 이삭은 5~8개이며 작은 이삭의 윗부분에는 수꽃이 갈색으로, 밑부분에는 암꽃 1~2개가 녹색으로 달린다. 잎은 뭉쳐나며(총생) 길이 10~32cm, 너비 15~30mm로 긴 타원형 또는 긴 바소꼴이며 끝이 점점 뾰족해지고 뒷면에는 가는 털이 나 있다. 우리나라와 중국, 일본, 러시아 등지에 분포하고, 청와대에서는 녹지원 주변 숲길, 인수로 변, 상춘재 뒷길에 자라고 있다. 꽃말은 '그대 있어 외롭지 않네.'이다.

10. 돌나물 *Sedum sarmentosum* Bunge

돌나물은 냉이, 달래와 함께 대표적인 봄나물이다. 돌나물은 잎, 줄기 등에 물이나 영양분을 저장하여 두꺼운 층을 형성하는 다육 식물이다. 돌나물은 수분이 풍부하고 아삭한 식감을 가지고 있어 생으로 먹는 것이 일반적인데, 비타민C, 인, 칼슘 등이 풍부해서 춘곤증 해결에 도움이 된다. 돌나물은 돌밭이나 바위틈에서 잘 살며, 잘 번지며, 지방에 따라서 돈나물, 돗나물로도 불리기도 한다. 다른 한자 이름으로는 돌무더기 바위틈에서도 잘 자란다고 석상채, 폐허가 된 사찰의 부처 석상을 갑옷처럼 덮는다고 불갑초라고도 한다. 돌나물은 한반도를 중심으로 한 대륙형 요소를 가진 식물로, 일본에서는 원래 자생하지 않고, 재배하는 과정에서 탈출하여 야생화한 것이라고 본다. 돌나물은 제주도나 남부 해안에서는 상록으로 겨울을 나기도 하는데, 그 밖의 지방에서는 가을에 말라 버리고, 뿌리로 겨울을 나고 초봄에 싹이 새로이 나며, 이른 봄인 3~4월이 제철이다. 5~6월에 노란색의 별 모양으로 기린초꽃과 유사한 꽃이 피는데, 상큼한 향이 있다. 돌나물은 꽃은 피지만, 종자는 잘 생기지 않으며, 번식은 주로 포기 나누기나 삽목으로 한다.

　돌나물은 돌나물과의 여러해살이풀이다. 꽃은 6~7월 줄기 끝에 취산 꽃차례로 노랗게 핀다. 5개의 꽃잎은 바소꼴로 끝이 뾰족하다. 줄기는 옆으로 뻗으며 각 마디에서 뿌리가 나온다. 잎은 보통 3개씩 돌려나고 잎자루가 없으며 긴 타원형 또는 바소꼴이다. 잎 양 끝이 뾰족하고 가장자리는 밋밋하고, 어린줄기와 잎은 식용으로 무침이나 김치를 담근다. 우리나라 전 지역에 잘 자라며 일본, 중국에도 분포한다.

　청와대에서는 관저 내정, 침류각, 백악교, 상춘재 뒷길, 의무동 주변, 성곽로 변, 녹지원 주변 등 많은 곳에서 자라고 있다. 꽃말은 '근면'이다.

11. 돌단풍 *Mukdenia rossii* (Oliv.) Koidz.

돌단풍이란 이름은 봄에는 꽃으로도 아름답지만, 가을이면 빨갛게 아름다운 단풍이 들며, 또 잎 모양도 단풍잎 모양과 비슷하고, 바위나 돌 틈에서 많이 자라기 때문에 돌단풍이라고 부르게 되었다.

어린잎은 식용으로 하며, 야생화이지만 꽃이 아름다워 조경 가치가 높다. 화단과 정원, 공원에서 요즘 자주 만날 수 있다.

돌단풍은 범의귀과의 여러해살이풀이다. 꽃은 4~5월에 취산 꽃차례로 흰색 또는 엷은 홍색으로 핀다. 꽃잎은 5~6개이며 달걀 모양 바소꼴로 끝이 날카롭고 꽃받침 조각보다 짧으며, 꽃이 필 때 꽃받침과 함께 뒤로 젖혀진다. 뿌리는 굵고 옆으로 뻗으며 꽃줄기는 곧게 선다. 잎은 뭉쳐나고 잎자루가 길며 손바닥 모양이고 5~7개로 깊게 갈라진다. 잎은 윤이 나고 거치가 있다. 물가의 바위틈에서 잘 자라며, 종자 또는 분주로 번식한다. 우리나라 전 지역에서 자라고 중국에도 분포한다.

청와대에서는 녹지원과 주변 숲길, 용충교 연못 주변, 소정원, 위민관 중정, 버들마당, 침류각, 백악교, 상춘재 뒷길 등지에 자라고 있다. 꽃말은 '생명력, 희망'이다.

12. 동의나물 *Caltha palustris* L.

동의나물은 잎 모양과 꽃이 우리가 봄에 대표적으로 먹는 나물인 곰취와 비슷하지만, 독초이기 때문에 곰취와 혼동하지 않도록 주의해야 한다. 동의나물은 알칼로이드성 맹독을 가진 독초이기 때문에 주의해야 한다.

동의나물의 이름은 산속에서 물을 먹을 때 동의나물의 큰 입을 바가지 모양으로 말아서 물을 먹었는데, 물동이 나물이라고 했던 것이 동의나물로 되었다고 한다. 동의나물의 독성을 제거하고 약용으로 사용하는데, 진통, 최토(토하게 하는 약제), 거풍 등의 효능을 가지고 있다.

동의나물은 미나리아재비과의 여러해살이풀이다. 꽃은 4~5월에 노란색으로 꽃줄기 끝에 1~2개씩 달리고 꽃잎이 없으며, 꽃받침 조각이다. 꽃 색이 노란색이라서 입금화라고도 한다. 잎은 뭉쳐나고(총생), 하트 모양의 원형 또는 타원형이며 가장자리에 둔한 거치가 있거나 밋밋하다. 우리나라 전 지역 습지에서 자란다.

사진 (전) 산림청 이상을 님.

청와대에서는 녹지원과 주변 숲길, 침류각 주변에 자라고 있다. 꽃말은 '다가올 행복'이다.

13. 둥굴레 *Polygonatum odoratum* (Mill.) Druce var. *pluriflorum* (Miq.) Ohwi

둥굴레의 이름은 둥근 뿌리에 굴렁쇠 모양의 마디가 있다고 해서 둥굴레라고 했다고 한다. 영어권에서는 둥굴레를 솔로몬의 도장Solomon's seal 이라고 하는데, 이는 뿌리 모양이 솔로몬 왕의 인장과 비슷하게 생겼다고 붙인 이름이라고 한다.

둥굴레의 뿌리줄기를 말려서 차를 끓이면 숭늉처럼 구수한 맛이 나기 때문에 사람들이 차로 많이 이용하며, 어린순은 데쳐서 먹거나 쌈으로도 먹는다. 한방에서는 잎이 대나무와 유사하다고 옥죽이라고도 하며, 자양, 강장, 해열, 당뇨병, 심장 질환에 약재로 사용한다. 또 둥굴레의 꽃과 열매는 은방울꽃과 비슷하고 예뻐서 관상용으로 많이 심고 있다.

둥굴레.

둥굴레는 백합과이며 꽃은 5~6월에 피고 열매는 가을에 익는 다년생 풀로 종자 또는 분주로 번식한다. 잎은 어긋나며, 잎의 모양은 긴 타원형이다. 꽃 색은 녹색을 띤 흰색이다. 우리나라 전 지역 부식질이 많고 햇빛이 잘 드는 산과 들에서 잘 자라며, 일본, 중국에도 분포한다.

청와대에서는 녹지원과 주변 숲길, 침류각 주변, 관저 내정, 인수로 변, 수궁로 변 등 여러 곳에서 자라고 있다.

무늬 둥굴레.

14. 마가렛트 *Argyranthemum frutescens* (L.) Sch.Bip.

마가렛트, 마가렛트는 영어 이름으로 라틴어의 진주에서 유래되었다고 한다. 아마 꽃이 진주처럼 아름답다는 뜻인 것 같다. 꽃 모양이 들국화의 일종인 구절초와 많이 닮았는데, 구절초보다 키가 나지막하고 마가렛트는 봄부터 여름까지 피는데, 구절초는 가을에 핀다. 또 서양의 화초 샤스타데이지와 비슷하게 생겼다. 요즘은 원예용으로 개발된 마가렛트는 기존의 흰색에서 노란색, 분홍색, 보라색 등 색상도 다양하고 모양도 다양하다.

마가렛트는 국화과로, 꽃은 4~6월에 피고, 아프리카 대륙 카나리아 섬이 원산지이다. 잎은 잘게 갈라지며 쑥갓과 비슷하나 섬유질이 많이 있어 먹을 수 없다. 꽃은 흰색 두상화이다. 우리나라는 조경용으로 많이 심고 있다. 아프리카에서는 상록의 여러해살이 화초인데, 잎이 쑥갓과 비슷하다고 나무쑥갓이라고도 불린다.

청와대에서는 위민관 중정, 버들마당, 인수로 변, 소정원 등지에 자라고 있다. 꽃말은 '사랑을 점친다, 예언, 비밀'이다.

15. 마삭줄 *Trachelospermum asiaticum* (Siebold & Zucc.) Nakai

마삭줄이란 이름은 삼으로 꼰 밧줄 같은 굵은 덩굴줄기를 부르는 이름이다. 케이블카를 삭도索道라고 부르는 것과 비슷하다. 우리나라에선 제주도와 남부 해안과 도서의 동백나무가 자생할 수 있는 기후 지역에서 자생하고 있다. 마삭줄 꽃은 모양도 프로펠러 모양으로 특이하고, 은은한 향기도 있어, 실내에서도 화초로 키우고 있다.

마삭줄은 협죽도과의 덩굴 식물이다. 꽃은 5~6월 노란색 꽃이 취산꽃차례로 핀다. 줄기에서 뿌리가 내려 다른 물체에 붙어 올라가고 적갈색이 돈다. 잎은 마주나고 달걀 모양이며 표면은 짙은 녹색이고 윤기가 있으며, 가장자리는 밋밋하다. 푸른 잎과 가을에 진홍색 선명한 단풍을 볼 수 있어 관상용으로 키우기도 한다. 한방에서 잎·줄기는 해열, 강장, 진통제로 처방한다. 우리나라 남부 지방과 일본 등지에 분포한다.

청와대에서는 관저 뒤, 본관 뒤, 녹지원 주변 숲길 등 여러 곳에서 자라고 있다.

청와대야 소풍 가자

16. 매발톱 *Aquilegia buergeriana* Siebold & Zucc. var. oxysepala (Trautv. & C.A.Mey.) Kitam.

매발톱의 이름은 긴 꽃 뿔이 위로 뻗은 모양이 매의 발톱을 닮았다고 붙여진 이름이다. 매발톱도 미나리아재비과로, 미나리아재비, 복수초, 투구꽃, 바람꽃, 할미꽃, 동의나물과 같이 정도의 차이는 있으나 모두 독을 가지고 있다. 매발톱도 독성이 강하여 먹을 수 없다.

매발톱은 여러해살이풀이다. 꽃은 5~6월에 자줏빛을 띤 갈색이고 가지 끝에서 아래로 향하여 달리며, 육종으로 꽃의 색깔이 다양한 원예종이 많다. 꽃잎은 5장이고 누른빛을 띠며 꽃잎 밑동에 자줏빛을 띤 꿀주머니가 있다. 번식은 종자 또는 분주로 한다. 뿌리에 달린 잎은 잎자루가 길며 2회 3출 복엽으로 줄기에 달린 잎은 위로 올라갈수록 잎자루가 짧아진다. 우리나라 전 지역 햇빛이 잘 드는 산골짜기에서 잘

자라며 중국, 시베리아 동부까지 분포한다.

청와대에서는 관저 내정, 인수로 변, 상춘재, 녹지원 주변, 소정원, 위민관 화단, 버들마당 등 여러 곳에서 자라고 있다.

17. 모란(목단) *Paeonia* × *suffruticosa* Andrews

신라 선덕여왕의 어린 시절에 당태종 이세민이 모란꽃 그림과 모란 씨 3되를 친선의 징표로 보내왔는데, 이를 본 영민한 선덕여왕이 '이 꽃은 아름다운데 나비가 없는 것으로 보아 필시 향기가 없다.'라고 했다. 이후 실제로 모란 씨를 심어서 꽃을 피워 봤는데 진짜로 향기가 없었다고 한다. 그 후 고려, 조선 화가들은 모란을 그릴 때 전통적으로 나비를 같이 그리지 않았다고 한다. 그런데, 화투를 보면 6월 모란(목단) 그림에 나비가 그려져 있는데, 화투는 일본에서 만들었고 향기와 관계없이 나비를 그린 것이다.

중국에서는 예로부터 모란을 꽃의 왕이라고 했고 매란국죽 사군자에 모란을 더하여 오군자로 하기도 했다.

모란과 모양도 비슷하고 그만큼 화려한 꽃이 작약이다. 모란보다 좀 늦게 피고, 꽃잎도 모란꽃보다는 적으며, 모란은 키 작은 나무이고 작약은 여러해살이풀이다.

모란은 미나리아재비과이며, 꽃은 5월에 피고 열매는 9월에 익는다. 잎은 달걀 모양 2~5개로 갈라지며 뒷면에 잔털이 있다. 꽃 색은 홍자색이 대표적이며 흰색도 있다. 모란은 꽃이 화려하여 위엄과 품위를 갖추고 있는 부귀화라고도 한다. 우리나라 전 지역에서 재배하고 있다.

청와대에서는 관저 내정, 침류각, 녹지원 주변, 소정원, 위민관 화단, 버들마당 등지에서 자라고 있다. 꽃말은 '부귀, 왕자의 품격'이다.

18. 무스카리 *Muscari armeniacum* Leichtlin ex Baker

무스카리(Muscari)는 지중해 지방이 원산지로 꽃의 향기가 좋은 알 뿌리 화초인데 '사향'을 뜻하는 그리스어 'Moschos'에서 유래되었다고 한다. 무스카리는 청보라색과 흰색이 있는데, 주로 청보라색의 무스카리를 볼 수 있다. 번식도 잘되고, 비교적 키우기 쉬운 화초다.

무스카리는 백합과이며 4~5월 꽃이 피는 다년생 식물이다. 잎은 7~10장이 뭉쳐나고(총생), 선형으로 자라며 안쪽으로 골이 져 있다.

번식은 구근으로 하며, 사질토, 햇볕이 잘 들고 배수가 잘되는 곳에서 잘 자라며, 화분에도 많이 심는다. 지중해, 서남아시아 지역에 주로 분포하며, 우리나라는 조경용으로 들여왔다. 히아신스의 근연종이다.

청와대에서는 인수로 변, 침류각, 녹지원 주변, 소정원, 위민관 화단, 버들마당 등지에서 자라고 있다.

사진 (전) 산림청 이상을 님.

19. 맥문동 *Liriope muscari* (Decne.) L.H.Bailey

맥문동麥門冬이란 이름은, 맥문동이 '보리와 같이 겨울에도 푸르고, 수염뿌리가 있어, 보리의 가문이다.'라는 의미의 '맥문'과 겨울에도 푸른색으로 살아 있다고 해서 겨울 '동冬' 자를 더 붙였다고 한다. 겨울에도 푸르다고 해서 겨우살이풀이라고도 한다.

맥문동은 중국에서 이미 3,000년 전에 약용으로 활용했다고 보고 있으며, 우리나라의 기록으로는 고려 고종 때 간행된『향약구급방』에 식용하는 야생초로 처음 기록으로 나온다.『동의보감』에서는, 맥문동을 오래 복용하면 몸이 가벼워지고 천수를 누릴 수 있다고 말하며, 특히 당뇨에 효능이 좋고, 폐를 튼튼하게 해 주고, 원기를 돋우며 기침과 천식에도 효과가 있다고 하고 있다. 우리나라에서 맥문동의 주산지는 충남 청양, 부여, 경남 밀양 등이다.

맥문동은 백합과의 여러해살이풀이다. 5~8월에 자줏빛 꽃이 수상꽃차례로 마디마다 3~5개씩 달린다. 꽃이삭은 길이 8~12cm이다. 그늘진 곳에서도 잘 자라는데 뿌리줄기에서 잎이 모여 나와서 포기를 형성하고, 줄기는 곧게 선다. 요즘 조경수로 많이 심은 소나무 아래나 다른 나무의 그늘에 지표 식물로 맥문동이 많이 식재되어 있다. 특히, 소나무 등 침엽수류 아래에는 심한 타감 작용으로 잔디, 이끼, 크로버 등 지피 식물이 잘 자라지 못하는데, 이 맥문동은 잘 자라는 기특한 식물이다. 게다가, 여름이면 보라색 군락의 예쁜 꽃이 피고, 가을이면 윤이 나는 까만 열매를 맺으며, 겨울에도 잎이 마르지 않고, 난초와 비슷한 고고한 자태도 가지고 있어, 최근에 정원용으로 많이 식재되고 있다.

맥문동은 중국이 원산지라고 하나, 시경 등 기록으로 주장하는 것이고, 한국, 중국, 일본, 대만 등 동아시아 산기슭이나 숲속 그늘에서 자라는 고유종으로 야생 약재로 오래전부터 사용되었다고 보는 것이 일반적이다.

맥문동은 지금은 야생 약초의 역할보다는 당당한 정원의 화초로 자리를 잡았다. 맥문동의 번식은 왕성하게 뻗어 나가는 뿌리를 나누거나, 가을에 채취한 까만 씨앗을 봄에 뿌리면 된다.

청와대에서는 인수로 변, 침류각, 녹지원 주변, 소정원, 위민관 화단, 버들마당, 성곽로 등 경내 그늘진 곳 피복용으로 많이 심겨져 있다.

20. 바위취 *Saxifraga stolonifera* Curtis

바위틈에서 자라서 바위취라고 하는데, 부드러운 잎을 따서 쌈으로 먹기도 해서 취나물의 한 종류로 '취'가 붙어, 바위취가 되었다. 바위취는 우리나라 중부 이남에서 조경용으로 많이 심는 다년생 상록 초본이다. 주로 지피 식물 및 분화용으로 사용된다. 잎 표면에 얼룩무늬가 있어 호이초라고도 부른다. 잎을 약재로 쓰는데, 잎의 즙을 내어 먹는다. 거풍, 해독, 풍진, 습진 등에 약효가 있다고 한다.

바위취는 범의귀과이며, 5~6월에 흰색의 꽃이 피고 열매는 가을에 익는다. 잎은 하트 모양이고 뿌리 근처에서 밀생한다. 약간 습하고 반그늘에서 잘 자라며 내한성이 강하다. 우리나라와 일본에 분포한다.

청와대에서는 용충교와 백악교 연못 주변과, 수영장 주변에 자라고 있다. 꽃말은 '절실한 애정'이다.

21. 복수초 *Adonis amurensis* Regel & Radde

복수초가 꽃이 필 때, 복수초꽃 온도가 주변의 온도보다 5도 정도가 높다고 하는데, 히말라야의 노드바처럼 열을 낸다고 보고 있지만, 주위의 눈을 녹이는 높은 온도의 메커니즘은 명확히 알 수 없다. 복수초는 햇볕 아래서는 활짝 피어 아름답지만, 밤이나 아침, 흐린 날, 비 오는 날에는 꽃을 오므려 볼 수가 없는, 수련꽃과 같은 감광성 식물이다.

복수초는 제주도나 남해안에서는 1월 중순에서 2월 초순에 눈 속에서도 꽃을 피우며, 노령산맥과 태백산맥을 따라 북상하면서 꽃이 피는데, 2월 말에서 3월 초순에는 설악산의 얼음이나 눈 속에서 꽃이 핀다.

복수초는 한반도에서 봄에 가장 빨리 꽃이 피는 야생화라고 볼 수 있는데, 복수초와 같은 시기에 피는 야생 봄꽃에는 노루귀와 바람꽃도 있다. 이른 봄에 꽃을 피우는 야생화는 다른 나뭇잎이 햇볕을 가리기 전에 빨리 꽃을 피우고, 열매를 맺기 위한 그 꽃들 나름의 생존 전략이다.

복수초의 유래는 복과 장수를 상징하는 꽃이라고 복수초福壽草라고 이름을 붙였다. 복수초라는 이름은 1937년 정태현 박사가 쓴『조선식물향명집』에 근거한다. 복수초의 다른 이름으로는, 눈을 뚫고 피는 연꽃과 같다고 해서 설련화라고 했으며, 이른 봄, 산지에서 얼음 사이를 뚫고 꽃이 핀다고 하여 얼음새꽃이라고 부르며, 북한에서는 복풀이라고 부른다.

일본에서는 새해가 되면, 인사를 갈 때, 건강하게 오래 살고 복을 받으라는 의미에서, 복수초 화분을 선물하는 풍습이 아직도 남아 있다고 한다. 복수초도 뿌리와 줄기에 맹독인 아도니톡신Adonitoxin을 가지고 있는 식물이다. 이는 겨우내 푸른 풀에 굶주린 숲속의 초식동물에게 먹히지 않고, 살아남기 위한 자기방어 기능이다. 때문에, 이른 봄에 눈속에서 핀 복수초가 신기해서 꺾어 입에 물면 중독이 되고, 심하면 심장 마비로 목숨을 잃는 경우가 있으니 조심해야 한다.

복수초는 미나리아재비과의 여러해살이풀이다. 2~4월 눈 속에서 노란 꽃이 피며, 열매는 여름에 익는 다년생 식물이다. 복수초의 생육 환경은, 좀 고도가 있고, 숲속이지만 햇빛이 잘 드는 양지, 습기가 약간 있는 곳에서 잘 자란다. 복수초의 분포 지역은 한국, 일본, 중국, 동부 시베리아에 분포한다. 우리나라에서는 해발 고도 800m 이상 산지의 낙엽 활엽수림 숲에서 흔히 볼 수 있고, 태백산맥 지역의 경우 해발

청와대야 소풍 가자

1,000m 이상에서 군락을 이루는 것을 볼 수 있어 복수초는 저온과 고산에서의 적응력이 뛰어난 식물임을 알 수 있다.

청와대에서는 관저 내정, 위민관 화단에 많이 자란다. 꽃말은 '영원한 행복'이다.

22. 봄맞이 *Androsace umbellata* (Lour.) Merr

봄맞이는 가냘픈 풀로 정확히 '봄을 알리는 꽃'이다. 전국적으로 분포하는 대륙성 종이기 때문에 남부 지방에서 북으로 이동하면서 거의 정해진 일자에 꽃이 피므로 봄맞이꽃이라는 이름을 얻었다. 봄맞이꽃은 일찍이 봄을 알리기 때문에 꽃샘추위를 만날 수 있지만 그 추위도 잘 이겨낸다. 봄맞이꽃은 작으나 매화꽃 모양을 닮았다고 한자명으로 점지매라고도 한다.

봄맞이꽃은 앵초과이며, 4~5월에 흰색 꽃이 하늘을 향해 핀다. 잎은 근생엽이고, 계란형이며 가장자리는 거치와 더불어 거친 털이 있다. 번식은 분주로 한다. 우리나라 들판 습윤한 초지나 따뜻한 햇살이 비치는 논두렁, 밭두렁에서 흔히 볼 수 있으며, 일본에도 분포한다.

청와대에서는 침류각, 녹지원 주변, 소정원, 위민관 화단, 버들마당, 성곽로 주변에 많이 자란다. 꽃말은 '희망'이다.

청와대야 소풍 가자

23. 붉은인동 *Lonicera × heckrottii* Rehder

인동忍冬이란 이름은 겨울을 인내한다. 견딘다는 의미다. 기존 우리의 인동초, 인동덩굴의 꽃이 흰색, 노란색인데, 비해 꽃이 붉은색이라서 붉은인동이라고 한다. 붉은인동은 미국의 동남부가 원산지로 알려져 있고, 우리나라에는 비교적 근래에 꽃이 아름다워 관상용으로 들여왔다.

인동초, 인동덩굴은 이름이 주는 의미가 풀로 인식되기 쉬우나 나무다. 인동초, 붉은 인동초의 뿌리 쪽을 보면 나무라는 것을 쉽게 알 수 있다. 붉은인동도 인동초와 같이 꽃이 필 때는 향기가 있고, 꽃의 아래쪽 깊숙이 꿀이 들어 있어서 나비와 벌들이 좋아한다.

붉은인동은 인동과의 반상록 덩굴성 식물이다. 5~6월에 붉은색 꽃이 잎겨드랑이에서 핀다. 추위에 강하고 건조한 곳에서도 잘 자라 토양의 피복 목적으로 많이 심는다. 반상록 활엽의 덩굴성 수목으로 줄기가 다른 물체를 감으면서 길이 5m까지 뻗는다. 줄기에 거친 털이 빽빽이 나 있다. 잎은 마주나며 긴 타원형이고 가장자리가 밋밋하다. 늦

게 난 잎은 상록인 상태로 겨울을 난다. 한방에서는 잎과 줄기를 인동이라 하여 이뇨제나 해독제로 사용한다.

청와대에는 관저 내정, 침류각, 본관 뒷산, 소정원 등에 자라고 있다.

24. 붓꽃 *Iris sanguinea* Donn ex Hornem.

붓꽃이란 이름은 꽃봉오리가 먹을 묻힌 붓 모양이라서 붙인 이름이다. 비슷한 붓 모양을 한 꽃창포가 있는데, 붓꽃은 꽃창포보다 좀 작고, 붓꽃의 잎이 난초 모양이라면, 꽃창포는 창포 모양이고, 꽃창포가 창포와 같이 물가가 자람터라면, 붓꽃은 자람터가 들판에서부터 산지까지 다양하다.

영어로는 둘 다 아이리스라고 하는데, 아이리스Iris란 그리스 신화에 나오는 무지개의 여신이다. 붓꽃을 Blood Iris라고 하고, 꽃창포를 Japanese Iris라고 한다. 붓꽃의 종류로는 제비붓꽃, 각시붓꽃, 금붓꽃, 타래붓꽃 등 다양하다.

붓꽃은 붓꽃과의 여러해살이풀이다. 5~6월에 자줏빛 꽃이 꽃줄기 끝에 2~3개씩 달린다. 원예종으로 흰색, 노란색, 자색 등 색깔이 다양하다. 뿌리줄기가 옆으로 자라면서 새싹이 나와 뭉쳐나며, 잎은 폭이 5~10mm이다. 산기슭 건조한 곳에서 자라며, 우리나라와 중국, 일본, 시베리아 동부 지역에 분포한다.

청와대에서는 소정원 거울 연못, 용충교 연못, 백악교 연못, 관저회차로 연못 주변에 자라고 있다. 꽃말은 '기별, 존경, 신비한 사람'이다.

붓꽃.

각시붓꽃.

25. 산마늘 *Allium microdictyon* Prokh.

산나물 중에서 유일하게 마늘 향이 난다고 산마늘이라고 한다. 주산지인 울릉도에서는 '명이나물'이라고 하는데, 울릉도의 춘궁기에 목숨을 이어 준다고 명이나물이라고 불렸다고 한다.

산마늘을 울릉도산과 강원도 등 다른 지역 것을 구분하는 방법은 울릉도산은 잎이 넓고 둥근 반면, 강원도산은 잎이 길고 좁은 것이 차이가 있다. 산마늘은 육류 특히 돼지고기와 잘 맞는데, 산마늘의 제철이 짧아서 주로 장아찌를 담가 먹는다.

울릉도 산마늘이 유명해지고 수요가 늘어나자 1994년 울릉도 해발 800m 이상 지역에서 자생하는 산마늘을 반출해서 강원도 등지에서 재배하고 있다. 근래에는 경상도 전라도까지 재배 지역이 확대되고 있는데, 산청, 함양, 인제, 평창 등지에서 많이 재배하고 있다.

산마늘은 마늘의 알리신 성분이 있어 항균, 항암 작용을 하며, 세포 노화를 예방하고, 감기에 대한 저항력을 높이며, 콜레스트롤 수치를 낮춘다고 한다.

청와대야 소풍 가자

산마늘은 백합과의 여러해살이풀이며, 5~6월에 연한 자줏빛 꽃이 피고 열매는 9월에 익는다. 종자 또는 분근으로 번식한다. 잎자루 밑은 잎집으로 서로 둘러싸고 있다. 어린잎은 식용으로 할 수 있다. 배수가 잘되는 부식질이 많은 점질 양토에서 잘 자란다.

청와대에서는 소정원, 관저 내정, 침류각, 관저 회차로, 위민관 정원에 자라고 있다.

26. 섬초롱꽃 *Campanula takesimana* Nakai

우리나라 고유종으로 울릉도에 자생한다. 울릉도 섬에서 자생하는 초롱꽃이라고 섬초롱꽃이라고 한다. 초롱이란 옛날에 밤에 들고 다니던 등불인데, 꽃의 모양이 이 초롱을 닮아 초롱꽃이라 이름 지어졌다.

섬초롱꽃을 영어로 Korean Bellflower라고 하는데, 한국의 종꽃이라는 의미다. 한국의 고유종임을 인정하는 이름이다. 일반적으로 초롱꽃에 비하여 꽃에 자주색 반점이 많이 있는데, 자주색 꽃이 피는 자주 섬초롱꽃과 흰 꽃이 피는 흰섬초롱꽃 두 가지가 있다. 꽃이 특이한 종 모양으로 아름답고 재배도 쉬워서 화단 및 공원용 소재로 많이 사용되고 있다. 울릉도에 개체 수는 충분하지만, 보호종으로 보호하고 있다.

섬초롱꽃은 초롱꽃과 여러해살이풀이며, 5~6월에 엷은 자주색 또는 흰색 초롱과 같은 꽃이 피고, 열매는 7~8월에 익는다. 뿌리 근처에서는 근생엽이고, 줄기에서 나는 잎은 어긋나며(호생) 척박한 곳에서도 잘 자란다. 번식은 종자로 하며, 번식력이 강하다.

청와대에서는 관저 내정, 위민관 화단, 침류각 주변에 자라고 있다.

27. 수선화 Narcissus tazetta L. subsp. chinensis (M.Roem.) Masam. & Yanagita

수선화의 영어명은 '나르시스Narcissus'인데, 이는 그리스 신화에 나오는 목동의 이름으로, 매우 잘 생겨서 요정들로부터 구애를 받지만, 그는 아무도 사랑하지 않았다. 그러던 어느 날 양 떼를 몰고 호숫가에 갔다가, 물속에 비친 자기모습에 반해서 깊은 사랑에 빠지게 되고, 결국

청와대야 소풍 가자

그것이 자기의 모습인지도 모르고 물속으로 따라 들어가 숨을 거두게 된다. 그 후에 그 호숫가에 청초한 꽃이 피어나는데, 이 꽃이 잘생긴 목동이라고 해서 나르시스라고 불렀으며, 꽃이 고개를 숙이는 모습이 수면에 자기의 얼굴을 비추는 목동 나르시스라고 한다.

여기에서 유래하여 자기애, 자아도취의 정신분석학적 용어가 나르시시즘Narcissism이 되었다.

중국을 중심으로 한 동양에서는 유럽의 나르시스를 수선화水仙花라고 불렀는데, 중국에서는 하늘에 있는 신선을 천선, 땅에 있는 신선을 지선, 물에 있는 신선을 수선이라 하고, 수선화를 물에 있는 신선과 같은 꽃이라고 높이 평가한다. 다른 이름으로, 눈 속에서 피는 꽃이라고 설중화라고도 불렀고, 옛 선인들은 옥으로 빚은 잔 받침에 황금 술잔을 올려놓은 듯하다고 해서 금잔옥대金盞玉臺라고 불렀다.

우리나라의 수선화 축제는 역시 제일 유명한 곳이 제주 한림공원 수선화 축제로 매년 1월에 시작하고, 거제도의 공곶이 수선화 축제는 매년 3월에, 태안의 수선화 축제는 매년 4월에 있다.

한방에서 수선화의 꽃과 뿌리는 약용으로 사용한다고 했다. 수선화는 생즙을 내어 부스럼을 치료하고, 꽃으로 향유를 만들어 풍을 제거하며, 발열, 백일해, 천식, 구토에 사용했다.

수선화는 수선화과 여러해살이풀이며, 1~3월에 꽃이 피고, 꽃 색깔은 노란색, 흰색 등 여러 가지로 핀다. 잎은 뭉쳐나기(총생)를 하며 긴 선형이고 끝이 둔하며 백록색을 띠고 두껍다. 비늘줄기로 번식하며 10월에 심으면 이듬해 봄에 꽃이 핀다. 지중해 연안이 원산지이고, 우리나라와 중국, 일본, 지중해 등지에 분포한다. 사질 토양에서 잘 자란다.

청와대에서는 관저 회차로, 소정원, 버들마당, 온실 등지에서 자라고 있다. 꽃말은 '신비, 자존심, 고결'이다.

28. 수호초 *Pachysandra terminalis* Siebold & Zucc.

수호초는 한자음 그대로 빼어날 수秀, 좋을 호好를 사용하여 빼어나게 좋은 풀이라고 보면 된다. 사계절 푸른 잎으로 바닥을 덮고 봄에는 꽃을 피우기 때문에 화단이나 공원에서 지표 식물로 사용하기 좋은 풀이다.

수호초는 여성들에게 약재로 좋은 효능을 보인다. 여성들의 생리통, 생리 불순, 질염, 대하 등에 약재로 사용한다고 한다.

수호초는 회양목과의 상록 여러해살이풀이다. 4~5월에 흰색 꽃이 수상 꽃차례로 달린다. 나무 그늘에서 잘 자라며, 원줄기가 옆으로 뻗

으면서 끝이 곧게 서고 녹색이다. 잎은 어긋나지만 윗부분에 모여 달
리고 달걀을 거꾸로 세운 듯한 모양이며 윗부분에 거치가 있다. 원산
지는 일본이며 한국, 사할린섬, 중국에도 분포한다. 수호초는 낮은 지
대의 나무 그늘에서 잘 자란다.

청와대에서는 관저 내정, 관저 회차로, 소정원, 수궁터, 본관 중정,
녹지원 주변 숲길, 버들마당 등 그늘 지역 피복용으로 많이 심었다.

수호초.   무늬수호초.

29. 소엽맥문동(애란) *Ophiopogon japonicus* (Thunb.) Ker Gawl.

소엽맥문동도 맥문동의 한 종류인데, 보통의 맥문동에 비해 잎이 작
고 가늘게 생겼기 때문에 소엽맥문동이라고 한다. 맥문동은 겨울에도
파랗게 살아남는 보리 가문이라고 맥문이라고 했고, 겨울을 한 번 더
강조하면서 동을 붙였다고 한다.

맥문동의 덩이뿌리를 약재로 사용한다. 소엽맥문동은 내음성이 강
해서 그늘진 곳의 지피 녹화용으로 많이 사용한다. 특히 타감 물질이
강한 소나무나 단풍나무 밑에도 맥문동, 소엽맥문동은 자란다.

소엽맥문동은 난초와 같이 잎도 아름답고, 꽃, 열매도 관상 가치가 높아 애란이라고 부르는데, 화분에 심어 분재로 사용해도 좋고, 실내 조경용 재료로 사용할 수도 있다.

　소엽맥문동은 백합과의 여러해살이풀이다. 5월에 연한 자주색 또는 흰색의 꽃 10개 내외가 총상으로 달린다. 뿌리줄기가 옆으로 뻗으면서 자라고 뿌리 끝이 땅콩같이 굵어지는 것도 있다. 잎은 밑에서 뭉쳐나고 선형이며, 가장자리는 얇은 종이처럼 반투명한 막질이다. 산지의 응달에서 자라며, 우리나라와 일본, 중국, 대만 등지에 분포한다.

　청와대에서는 관저 내정, 소정원, 춘추관, 백악교, 본관 중정 등에 자라고 있다.

30. 앵초 *Primula sieboldii* E.Morren

앵초는 앵두나무꽃을 닮은 풀이라고 해서 앵초라고 부른다. 앵초는 원래가 냇가나 습지 주변에 자라는 야생화였는데, 관상 가치가 높아 화초가 되었고, 원예품종들이 많이 개발되었다. 비슷한 식물로 큰앵초, 설앵초 등이 있으며, 외국에서 들어온 앵초과의 프리뮬라Primula도 다양하게 볼 수 있다. 앵초의 뿌리에는 10% 내외의 사포닌이 들어 있어, 뿌리를 감기, 기관지염, 백일해의 거담제로 사용이 되어 왔고, 신경통 류머티즘, 요산성 관절염에도 사용한다. 어린싹은 나물로 먹기도 한다.

앵초는 앵초과의 여러해살이풀이며, 4~5월에 홍자색 꽃이 피고 열매는 여름에 익는다. 종자 또는 분주로 번식하고, 잎은 뿌리에서 뭉쳐나고 모양은 달걀 모양 또는 심장 모양이며 가장자리에는 둔한 겹거치가 있다. 우리나라 산과 들의 물가나 풀밭에서 잘 자라며, 일본, 중국, 시베리아 동부에 분포한다.

청와대에서는 소정원, 춘추관 옥상정원, 백악교, 온실 주변, 인수로변 등에 자라고 있다. 꽃말은 '어린 시절의 슬픔'이다.

31. 양지꽃 *Potentilla fragarioides* L. var. major Maxim.

봄은 양지꽃으로 시작한다는 말이 있다. 양지꽃은 이름대로 양지바른 산비탈에 흔하게 자란다. 때문에, 양지바른 따뜻한 무덤가에 많이 보이는 이유이다. 1921년 일본인 모리의 기록에는 짚신나물이라고 기록되어 있다.

양지꽃은 뱀딸기와 많이 닮았다. 뱀딸기는 뱀처럼 죽죽 뻗어가는 줄기가 있는 반면에 양지꽃은 그렇지 못하고, 뱀딸기는 초봄에 잠깐 꽃을 피우지만, 양지꽃은 봄에서 여름까지 계속 꽃이 핀다.

양지꽃은 장미과 여러해살이풀이며, 4~6월에 노란색 꽃이 피고 열매는 여름에 익는다. 잎은 뿌리에서 뭉쳐나고 끝에 달린 3개의 작은 잎은 크기가 비슷하고, 포복경으로 번식한다. 한방에서는 식물체 전체를 약재로 쓰는데, 잎과 줄기는 소화력을 높이고, 뿌리는 지혈제로 쓰인다. 산기슭 햇빛이 잘 드는 습한 곳에서 잘 자라며, 우리나라, 일본, 중국, 시베리아 동부에 분포한다.

청와대에서는 소정원, 관저 회차로, 백악교, 녹지원 주변에 자라고 있다. 꽃말은 '사랑스러움'이다.

32. 얼레지 *Erythronium japonicum* Decne.

얼레지는 보통은 야산에서는 볼 수 없으며, 비교적 깊은 산에 가야 볼 수 있는 꽃이다. 얼레지는 꽃이 피면서 꽃잎이 뒤로 젖혀지는데 뒤쪽에서 맞닿을 정도로 확 젖혀지는 것을 보면 '파격적인 개방'이라는 표현이 이해가 간다.

얼레지라고 불리게 된 데에는 여러 가지 설이 있는데 잎 표면이 얼룩덜룩한 자주색 무늬가 있어 얼레지가 되었다는 설이 유력해 보인다. 얼레지란 이름은 1937년 정태현 박사가 편찬한 『조선식물향명집』에 처음 등장하며, 그 후 1980년에 이창복 교수가 『대한식물도감』에서 얼레지라고 표기를 했고, 국립수목원 「국가표준식물목록」에서 추천 이름으로 등록이 되면서 불리게 되었다.

　백합과, 수선화과 식물은 땅속 비늘줄기를 가지고 있는데 이를 일반적으로 무릇이라고 불렀다.

　우리나라의 얼레지 속에는 얼레지와 흰얼레지 2종이 자생한다. 얼레지의 생약명은 산자고 또는 차전엽이라고 하는데 봄에 뿌리줄기를 캐서 물에 씻어 햇볕에 말려서 약재로 사용했다. 민간에선 강심제, 해

　　　　　　　　　　　　　　　청와대야 소풍 가자

열제, 해독제, 이뇨제, 소염제 등으로 사용이 되었다고 한다. 어린 얼레지 잎은 나물로도 해서 먹었다. 얼레지는 다른 풀에 비해서 봄에 일찍 잎이 나오는데, 이때 초식동물들에게는 풀이 부족한 시기라서 얼레지 잎은 좋은 먹잇감이 된다. 때문에 얼레지는 좀 어둡고 얼룩덜룩한 무늬의 잎으로 낙엽 속에 자신을 감추는 것이다. 시간이 지나서 주변의 녹색식물이 나타나고, 짙어질 무렵에는 얼레지 잎의 얼룩이 사라지고 녹색만 남는다.

얼레지는 백합과의 여러해살이풀이며, 3~4월에 홍자색의 꽃이 피고 열매는 여름에 익는다. 2개의 잎이 나와서 수평으로 퍼진다. 꽃대는 잎 사이에서 나와 끝에 한 개의 꽃이 밑을 향하여 달린다. 꽃잎은 6개이며 뒤로 말린다. 우리나라는 높은 지대 비옥한 땅에서 잘 자라며, 일본에도 분포한다.

청와대에서는 소정원, 관저 회차로, 위민관 중정, 백악교 주변에 자라고 있다. 꽃말은 '질투'이다.

33. 윤판나물 *Disporum uniflorum* Baker

윤판나물의 이름에 대해서는 몇 가지 설이 있다. 임금이 겸손한 윤판서 집에 방문했다가 고개 숙여 피어 있는 야생화를 보고 윤 판서를 닮았다고 해서 윤판이 되었다고 하고, 또 지리산 인근에서는 귀틀집을 윤판집이라고 하는데, 꽃받침이 윤판집 지붕과 닮았다고 한다. 마지막으로 꽃과 잎에서 윤기가 난다고 윤판이라고 했다고 하며, 어린싹을 먹을 수 있다고 나물이라고 불렀다고 한다.

어린순은 둥굴레나 애기나리와 모양이 비슷한데, 성장하면서 구별이 쉬워진다.

　　윤판나물은 백합과의 여러해살이풀이며, 4~6월에 황금색 꽃이 피고 열매는 여름에 익는다. 잎은 어긋나기(호생) 하며, 잎 모양은 타원형이고 가장자리는 밋밋하다. 번식은 종자나 분주로 한다. 우리나라는 배수가 잘되는 반그늘 숲속에서 잘 자라며, 중국, 일본 사할린섬에 분포한다.

　　청와대에서는 소정원, 용충교에서 본관 진입로 변, 관저 내정에 자라고 있다.

　　　　　　　　　　　청와대야 소풍 가자

34. 으아리 *Clematis mandshurica* Rupr. DC. var. mandshurica (Rupr.) Ohwi.

으아리는 미나리아재비과로 독을 가지고 있어 야생동물이나 가축이 뜯어먹지 않는다. 으아리는 맛이 맵고 아리기 때문에 아린 독이 있다고 으아리라고 했다는 사람도 있다.

약재로 한자명은 위령선이라고 하는데, 신령도 두려워할 만큼 독이 있다는 의미라고 하며, 일본에서는 고려선인초라고 해서 우리 땅에서 나는 신비로운 약초라는 의미로 사용했다.

으아리는 덩굴성 여러해살이풀이다. 6~8월에 흰색 꽃이 줄기 끝이나 잎겨드랑이에 취산 꽃차례로 핀다. 잎은 마주 달리고 잎자루는 덩굴손처럼 구부러지며, 바소꼴이다. 꽃받침은 4~5개이고, 꽃잎처럼 생기며, 달걀을 거꾸로 세워 놓은 모양의 긴 타원형이다. 어린잎은 식용으로 할 수 있고, 뿌리는 이뇨, 진통, 통풍, 신경통에 처방한다. 산기슭에서 자라며, 우리나라와 중국에도 분포한다.

청와대에는 소정원, 백악교 주변에 자라고 있다.

으아리.

큰꽃으아리.

35. 은방울꽃 *Convallaria keiskei* Miq.

은방울꽃은 꽃 모양이 아래로 종(방울) 모양으로 줄지어 달려 있는 모습이 대단히 신기하고 아름답게 보인다. 꽃이 진 후에 열매도 빨간 색으로 아름답게 열린다. 원래가 숲속에서 무리 지어 자라는 야생화였는데, 지금은 화초로 키우거나, 공원이나 화단에서 많이 볼 수 있다.

은방울꽃은 산마늘(명이나물)이나 둥굴레와 아주 비슷하게 생겨서 가끔 혼돈하여 먹는데 은방울꽃의 식물 전체에 독성이 있어 구토와 설사를 일으키며 심하면 심장 마비가 올 수 있으니, 주의해야 한다.

은방울꽃은 정원과 화단의 관상용은 물론, 꽃꽂이 절화로도 사용이 되고, 꽃 향이 좋아 향수의 원료로도 사용한다. 또, 독성이 강한 만큼 한방에서는 극소량을 강심제 등으로 사용한다. 뇌졸중, 통풍, 류머티즘 치료 약으로도 사용한다.

청와대야 소풍 가자

은방울꽃은 백합과의 여러해살이풀이며, 4~5월에 흰색의 은방울 같은 꽃이 핀다. 열매는 7월에 붉게 익는다. 잎은 뿌리 근처에서 직접 올라오는 단엽 뭉쳐나기(총생)를 하고 번식은 종자나 분주로 한다. 숲속 배수가 잘되는 반그늘에서 잘 자라며, 우리나라, 중국, 동시베리아, 일본 등지에 분포한다.

청와대에서는 소정원, 녹지원, 위민관 중정, 오운각 주변에 자라고 있다. 꽃말은 '순결'이다.

36. 인동덩굴 *Lonicera japonica* Thunb.

인동덩굴이라고 하기도 하고, 인동초라고 하기도 한다. 인동忍冬의 식물 분류상 정식 명칭은 인동덩굴로 인동과 인동속 반상록의 덩굴성 나무이다.

꽃은 5~6월에 피고 연한 붉은색을 띤 흰색이지만 나중에 노란색으로 변하며, 2개씩 잎겨드랑이에 달리고 향기가 난다. 줄기는 시계 방향으로 돌며 뻗어 다른 물체를 감으면서 5m까지 올라간다. 겨울에도 잎이 떨어지지 않기 때문에 인동이라고 한다. 우리나라 산과 들의 양지바른 곳에서 자란다.

인동덩굴은 이름이 주는 의미만큼이나 생명력이 강해서 한번 뿌리를 내리고 나면, 여간해서는 죽지 않고, 뿌리나 씨앗으로 서식지를 확장하고 주위 식물을 감고 올라가 햇빛을 차단하는 등 생태 교란도 하고 있어, 뉴질랜드 등에서는 생태 교란 식물로 등재가 되어 있다.

인동덩굴은 한국, 일본, 중국의 고유 식물로 보고 있다. 지금은 전 세계적으로 널리 분포하고 있다. 인동덩굴은 산의 가장자리와 길가, 또는 개울가에 볕이 잘 드는 곳이면 어디에서든 흔히 볼 수 있는데, 다른 풀이 무성할 때는 인동덩굴은 잘 보이지 않는다. 여름에 꽃이 피고, 또 가을이 깊어지면 푸른 잎으로 존재감을 나타낸다. 겨울이 비교적 따뜻한 남부 지역에서는 인동덩굴은 겨울에도 상록으로 푸르고, 중부 지방 위쪽으로는 잎이 일부가 떨어지는 반상록이 된다.

인동덩굴의 꽃은 달콤한 향기를 발산하며, 많은 꿀을 가지고 있어서 좋은 밀원 식물이다. 또, 인동덩굴은 꽃이 필 때는 흰색(銀花)으로 피어서 시간이 지나면서 노란색(金花)으로 변하게 되는데, 이는 마치 같은 덩굴에서 흰색 꽃과 노란색 꽃이 같이 피어 있는 것같이 보인다. 그래서 인동꽃을 다른 이름으로는 금은화金銀花라고도 부르고 있다.

인동덩굴은 약용 식물로도 많이 사용되었는데, 『동의보감』에서는 해

청와대야 소풍 가자

열, 해독, 항균, 항염에 효능이 있으며, 또 이뇨 작용에도 좋은 효과가 있다고 한다. 또, 『조선왕조실록』에는 정조 10년 세자의 몸에 열꽃이 피어 앓아누웠는데 인동초 탕을 올렸더니 열이 식고, 피부의 반점도 사라졌다는 기록이 있으며, 순조 14년 임금의 다리에 붓기가 있어서 인동차를 드시게 해서 낫게 했다는 기록이 있다. 인동덩굴은 재질이 질기므로 서민들의 망태기 등 생활 도구의 재료로도 많이 사용되었다.

청와대에서는 소정원, 녹지원 바위정원에 자라고 있다.

37. 작약 *Paeonia lactiflora* Pall.

작약芍藥은 봄과 초여름 사이를 구분 짓는 대표적인 꽃이다. 작약은 함지박처럼 크고 풍성한 꽃을 피운다고 해서 함박꽃이라는 이름으로 불리기도 한다. 작약과 아주 유사한 꽃이 모란(목단)이다. 모란이 꽃이 더 크고, 좀 더 이른 시기에 피는데 꽃의 생김새로는 구분하기 쉽지 않다. 모란은 나무이고, 작약은 풀이다. 모란은 나무에서 새순이 나오고, 작약은 땅속뿌리에서 새순이 나온다. 중국에서는 모란을 꽃의 왕이라고 화왕, 작약을 꽃의 재상이라고 화상이라 했다.

작약은 내한성이 강한 여러해살이 식물로 주로 포기 나누기로 번식하며, 작약이 관상용으로 또, 향료용으로 많이 개발되었다. 작약은 향기가 무척 강하다. 주로 장미꽃처럼 달콤한 향기가 난다고 하는데, 실제 향을 맡아 보면 향이 너무 진해서 오히려 독한 느낌이 든다. 작약을 약재로 사용하는 경우 식재 후 3~4년을 키운 것이 약효가 좋다.

고려 충렬왕 22년 5월 '수녕궁에 작약꽃이 만발했다.'는 기록이 있으며, 조선 태종 12년 4월 상왕이 김여지를 불러 '명일 광연루(창덕궁)에 가서 작약이 만개한 것을 보고 싶다.'고 했다는 기록이 남아 있다고 한다.

예부터 작약 뿌리는 약용으로 널리 사용되었는데, 생초학에서는 당귀, 천궁, 황기, 지황, 작약을 국내 5대 기본 한약재로 보고 있다. 허준의 『동의보감』에서는 '작약이 여성의 월경과 산후조리에 좋다.'라고 설명하고 있다. 또, 우리가 지금도 마시고 있는 쌍화탕의 주재료로 사용되는 약재가 작약(백작약)인데, 쌍화탕 특유의 향과 맛이 작약의 향과 맛이다.

작약은 미나리아재비과인데 좋은 약재이지만 잎, 줄기, 꽃등은 독이 있어 그냥 먹어서는 안 된다. 작약은 여러해살이풀로 배수가 잘되는 양지쪽에서 잘 자라며, 5~6월에 홍색, 흰색의 꽃이 피고 열매는 가을에 익는다. 잎은 어긋나고 3갈래로 갈라지며, 잎 표면은 광택이 있다. 원산지는 중국이며, 한국, 일본, 몽골, 동시베리아 등지에 분포한다.

청와대에서는 관저 내정, 소정원, 상춘재, 유실수원에 자라고 있다. 꽃말은 '수줍음'이다.

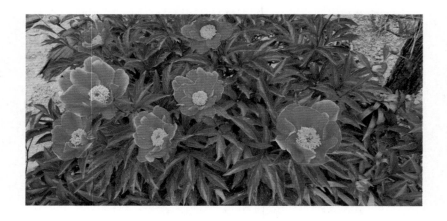

청와대야 소풍 가자

38. 제비꽃 *Viola mandshurica* W.Becker

제비꽃이라는 이름의 유래는, 새봄에 강남 갔던 제비가 돌아오는 때쯤에 핀다고 해서 제비꽃이라고 했다는 설명이 일반적이다.

제비꽃이라는 한글명은 1937년 정태현 박사가 쓴『조선식물향명집』에 처음 나오는데, 그전에는 오랑캐꽃이 보편적인 이름이었다고 한다. 『한국식물생태보감』에는 앙증맞은 제비꽃이 오랑캐꽃이라는 이름을 갖게 된 것에는, 이 무렵에 식량이 떨어진 북쪽의 오랑캐들이 국경을 넘어와서 식량을 약탈해 가는 시기에 피는 꽃이라고 오랑캐꽃이라고 했으며, 제비꽃의 뒤로 길게 나온 부리의 모습이 오랑캐의 머리채나 오랑캐의 투구를 닮았다고 붙인 이름이라고 한다.

전 세계적으로 400여 종이 있고, 우리나라에서도 조사하는 사람에 따라서 30~70종이 있다고 하는데, 식물학자들에 의하면 제비꽃은 교잡률이 높아 지금도 계속하여 잡종들이 생겨나기 때문에 조사 할 때마다 새로운 종이 추가된다.

제비꽃의 색깔은 노란색, 흰색도 있으나 일반적으로 보라색 또는 짙은 자색이다. 제비꽃은 한방에서는 근채 또는 지정이라고 하는데, 제비꽃의 뿌리를 포함한 전체를 말려서 소염, 해열, 해독의 약재로 사용했다고 하며, 어린잎과 꽃은 먹기도 했는데, 유희가 쓴 『물명고』에 '근채를 먹으면 달고 부드럽다.'라고 식용 가능하다고 한다.

초봄에 화단에서 제일 먼저 볼 수 있는 꽃이 팬지Pansy이다. 팬지는 제비꽃을 조상으로 19세기 유럽에서 개량되었고, 일본에서 재개량이 되어 근래에 우리나라에 들어왔다.

제비꽃은 제비꽃과의 여러해살이풀이며, 3~4월에 자주색 또는 흰색의 꽃이 피고 열매는 여름에 익는다. 뿌리에서 긴 자루가 있는 잎이 나와 옆으로 비스듬히 퍼진다. 토질은 가리지 않고 척박한 곳에서도 잘 자라며 양지바른 곳을 좋아한다. 우리나라와 중국, 일본, 동시베리아 등지에 분포한다.

청와대에서는 유실수원, 녹지원 계류 주변, 상춘재 언덕, 백악교 주변에 자라고 있다.

제비꽃.

흰 제비꽃.

청와대야 소풍 가자

39. 조개나물 *Ajuga multiflora* Bunge

조개나물은 꽃잎의 모양이 마치 조개가 혀를 내밀고 있는 것처럼 생겼다고 조개나물이라고 했다고 한다. 조개나물은 먹을 수 있는 것에 붙이는 '나물'이 왜 붙었는지는 알 수 없으나 독성분이 있어서 먹을 수 없다.

조개나물은 꿀풀과의 여러해살이풀이며, 5~6월에 자주색 꽃이 피고 열매는 8월에 익는다. 잎은 마주나며 잎자루가 없고, 가장자리에 물결 모양 거치가 있다. 번식은 분주로 한다.

우리나라는 제주도를 제외한 전 지역에서 살고, 부식질이 많고 배수가 잘되는 양지바른 무덤 근처에서 많이 볼 수 있고, 낮은 산이나 들에서 자라며, 중국 등지에 분포한다.

번식성이 좋고, 꽃이 아름다우며, 여름철 더위에도 잘 견디기 때문에 노지 녹화용 지표 식물로 좋은 특성 가지고 있다. 비슷하게 생긴 꿀풀과 함께 이뇨제로 사용된다. 또, 조개나물의 지상부를 잘라서 염료용으로 이용했으며 매염제에 대한 반응이 좋아서 다양한 색을 얻을 수 있는데, 적은 양으로도 염색이 잘되는 좋은 염료이다.

청와대에서는 소정원, 수궁터, 버들마당에 자라고 있다. 꽃말은 '순결, 존엄'이다.

40. 족도리풀 *Asarum sieboldii* Miq.

우리나라의 예쁜 꽃이나 아름다운 새에게는 보통 슬픈 전설이 하나씩 있다. 족도리풀에도 슬픈 전설이 있다. 경기도 포천에 예쁜 소녀가 있었는데, 얼굴이 예쁘다고 궁녀로 뽑혀가 시집도 못 가고 궁에서 생활하다가 다시 중국으로 가게 되었고, 중국에서 힘든 생활을 하다 죽고 말았다. 그 사이 고향의 어머니도 딸을 그리워하다가 죽게 되었다. 그 모녀가 죽은 후에 고향집 뒷마당에 시집갈 때 쓰는 족도리 닮은 꽃이 피었고 이 풀꽃이 예쁜 소녀의 한이 맺힌 꽃이라고 족도리풀이라고 불렀다.

하트 모양의 넓은 잎과 홍자색의 족도리 모양의 꽃이 다소곳이 아래로 피는 모양이 관상 가치가 높은 야생화다. 전초에 독이 있어서 먹으면 안 된다.

족도리풀은 쥐방울덩굴과의 여러해살이풀이며, 4~5월에 자주색 꽃이 뿌리 가까이에서 피는데, 뿌리는 세신이라는 한약재로 쓰인다. 잎은 뭉쳐나기(총생)를 하며, 단엽으로 하트 모양과 비슷하다. 번식은 분주로 한다. 부식질이 많고 배수가 잘되는 그늘진 곳에서 자라며, 우리나라는 전 지역에 분포하고, 광릉 숲에 군락지가 있다.

청와대에서는 소정원, 관저 내정에 자라고 있다. 꽃말은 '모녀의 정'이다.

41. 종지나물 *Viola sororia* Willd.

광복 직후 미국에서 건너온 귀화 식물로 미국제비꽃이라고도 부른다. 가끔 산에서 만날 수 있는데, 꽃은 영락없는 제비꽃 모양이다. 꽃이 제비꽃보다 좀 크고, 색상도 제비꽃보다는 연한 보라색이다. 잎을 보면 우리 제비꽃과는 확연히 다른 하트 모양으로 좀 크다. 미국제비꽃이라고 불리던 이 꽃이 종지나물이라고 불리게 된 이유는 잎이 종지모양이라고 붙여진 이름이다. 나물이라고 이름 붙은 만큼 전초가 식용이 가능하다.

종지나물은 제비꽃과의 여러해살이풀이다. 4~5월에 꽃이 피는데 바탕색은 흰색이며 중앙은 옅은 청보라색이다. 번식은 종자 또는 분주로 한다. 잎은 밑동으로부터 나오며 잎자루가 잎의 길이보다 길다. 잎은 하트 모양이며 끝이 뾰족하고 가장자리에는 자잘한 거치가 있다.

청와대에서는 용충교, 인수로 주변, 유실수원에 자라고 있다. 꽃말은 '성실, 겸손'이다.

청와대야 소풍 가자

42. 줄사철나무 *Euonymus fortunei* (Turcz.) Hand.-Mazz. var. *radicans* (Miq.) Rehder

사철나무의 한자 이름은 동청冬靑으로 사철 푸른 나무라는 의미다. 사철나무의 종류에는 사철나무, 줄사철나무, 좀사철나무 등이 있고, 원예종으로 개발된 흰점사철, 황금사철, 금테사철, 은테사철 등이 있고, 지금도 신품종이 개발되고 있다.

겨울철에 땅 위의 모든 풀이 말라붙고, 소나무를 비롯한 몇몇 침엽수를 제외한 모든 나무의 푸르름이 사라진 뒤에도 잎이 넓은 활엽수이면서도 푸르름을 간직하는 나무가 사철나무다.

사철나무로 천연기념물 제538호로 지정된 독도의 동도 천장굴 위쪽 절벽에 살고 있는 100살이 넘는 사철나무가 있는데, 독도에 살고 있는 나무 중에는 최고령 나무라고 한다.

사철나무는 겨울에도 푸르고, 윤기 나는 잎과, 겨울에도 아름다운 꽃을 보는 듯한 빨간 열매가 있어서 정원수로도 또 생울타리용으로도 쥐똥나무, 측백나무 등과 같이 많이 사용된다. 조선 시대 전통 양반 가옥에서도 외간 남자와 바로 얼굴을 대할 수 없도록 만든 문병門屛용으로 사철나무를 애용했다.

전북 진안 마이산에 있는 은수사 경내에 천연기념물 제380호로 지정된 줄사철나무 군락지는 마이산 절벽에 붙어서 자라는데 줄기에서 잔뿌리가 내려 바위를 기어오르며 자라고 있다.

줄사철나무는 노박덩굴과의 상록 활엽 덩굴성 목본 식물이다. 잎을 보기 위한 식물이며, 5~6월에 잎겨드랑이에서 여러 개의 녹색의 꽃이 취산 꽃차례로 달린다. 덩굴성으로 자라는 줄기는 길이 10m 이상으로 공기뿌리가 나와 다른 물체에 달라붙는다. 잎은 마주나기를 하고 달걀 모양이며, 잎의 두께는 두꺼운 편이고, 가장자리에 둔한 거치가 있다. 온대 지방의 표고 100~900m에 자생하며 내한성과 내음성, 내공해성 이 강하다. 우리나라 원산으로 일본, 중국 등지에 분포한다.

청와대에서는 관저 내정, 위민관 중정, 의무동 주변, 녹지원 바위정 원에 자라고 있다.

줄사철.

금테줄사철.

은테줄사철.

청와대야 소풍 가자

43. 처녀치마 *Helonias koreana* (Fuse, N.S.Lee & M.N.Tamura) N.Tanaka

처녀치마란 잎이 땅바닥에 사방으로 둥글게 퍼져 있는 모습이 옛날 처녀들이 즐겨 입던 치마와 비슷하다 하여 붙여진 이름이다. 우리나라 산기슭이나 산마루 양지쪽에 자라며 일본 등지에 분포한다. 처녀치마는 산지에서 자생하는 야생화이지만, 야생화라고 하기에는 너무 화려하고, 만나기도 쉽지 않고, 꽃 피는 시기를 맞추어서 만나기는 더욱 어렵다.

야생화를 전문으로 연구하는 일부 학자들은 처녀치마란 이름이 일본에서 남자들이 입는 일본식 치마 하카마와 비슷하지만 한국은 남자가 치마를 입지 않으니, 처녀치마라고 번역한 것이라고 한다. 하지만 보라색 꽃이 모여서 아래로 늘어지며 핀 모양이 처녀치마의 모양과 매우 흡사해서 붙여진 이름이라고 하는 것이 맞겠다.

꽃이 특이하고 아름답기 때문에, 공원과 화단에 화초로 키우려고 시도하고 있는데, 태생 자체가 고산 식물이고 부엽이 두껍게 쌓여 비옥하고 습윤하고 반 그늘진 낙엽수림의 아래에 주로 자라는 특성 때문에 쉽지 않다. 화분에 심어서 초물 분재로도 손색이 없다. 큰 나무 밑에 지피 식물로 심어도 좋은 식물이다.

처녀치마는 백합과의 상록성 여러해살이풀이며 4~5월에 연한 자주색 꽃이 피며, 꽃줄기는 잎 중앙에서 나오고 길이 10~15cm이지만 꽃이 진 후에는 60cm 내외로 자라고 3~10개의 꽃이 총상 꽃차례로 달린다. 잎은 무더기로 나와서 꽃방석같이 퍼지고 거꾸로 선 바소꼴이며 녹색으로 윤기가 있다.

청와대에서는 관저 내정, 소정원, 침류각 주변, 춘추관 화단, 녹지원 주변에 자라고 있다.

44. 튤립 *Tulipa gesneriana* L.

튤립Tulip하면 제일 먼저 네덜란드가 떠오르는데, 네덜란드의 국화國花가 튤립이긴 하지만, 튤립의 원산지는 튀르키예Türkiye이며, 튀르키예의 국화도 튤립이다. 튀르키예에서 튤립은 원래 랄레Lale라고 불리다가 튤립이 마치 이슬람의 터번Turban을 쓴 모양 같다고 해서, 라틴어로 튤리파Tulipa라고 불리어졌고, 영어로 튤립Tulip으로 쓰여 지게 되었다고 한다.

튤립이 17세기에 튀르키예에서 당시 세계 최대의 경제 대국으로 알려졌던 네덜란드에 소개가 되면서 엄청난 인기를 끌었고, 억 소리가 날 정도로 가격이 폭등한다. 이렇게 되자 돈에 눈먼 사람들이 너나 나나 모두 튤립 사업에 투자한다. 그 결과 1636년 당시 가장 비쌌던 황제라는 품종의 튤립 한 알에 지금 우리 돈으로 3천만 원에 이르면서, 다음 해에 공황이 발생하게 된다. 천정부지였던 튤립 가격의 폭락으로 네덜란드 경제에 대혼란을 가져오는데, 경제에서는 이를 튤립 공황이라고 표현하며, 역사상 최초의 경제 공황으로 기록하고 있다.

튤립은 수선화, 크로커스, 무스카리 등과 같이 가을에 심어서, 겨울에 일정 기간 저온에 감응해야만 이듬해 4월~5월 꽃이 핀다. 꽃이 지고 6월이 되면, 잎이 누런색으로 바뀌는데, 이때 구근을 수확하여, 건조한 음지에서 보관하다가, 10~11월 서리가 오기 전에 구근을 심는다. 우리나라에 튤립은 1912년 일본을 통해서 들어왔는데, 근래에 와서 튤립 축제 등 대단위 조경용 수요가 늘어나면서 연간 3,000만 구 정도가 소비되고 있다.

튤립은 한방에서는 울금향이라고 부른다. 종기와 화농에 구근을 찧어 환부에 붙이면 효과적이라고 한다.

한국에 자생하는 백합과 튤립의 종류로 유일하게 산자고가 있다. 한국 토종 튤립이라고도 하고 까치무릇, 지방에 따라서는 물구라고도 한다. 국내에서도 지자체별로 튤립 축제가 여러 곳에서 개최되고 있는데, 국내 최대 규모는 전남 신안군 임자도 대광 해수욕장 위쪽에 조성된 튤립 공원으로 3만 5천 평의 땅에 5백만 송이가 된다고 한다. 그 외에도 제주 한림공원, 용인 에버랜드, 태안 안면도, 경북 칠곡 등이 튤립 축제로 유명하다.

튤립은 백합과의 구근 식물이며, 꽃은 4~5월에 한 포기에 한 개의 꽃대가 위로 향해 빨간색, 노란색 등 여러 빛깔로 피고, 넓은 종 모양이

다. 잎은 밑에서부터 서로 어긋나고 밑부분은 원줄기를 감싼다. 비늘
줄기는 달걀 모양이고 가을에 심는다. 잎의 길이는 20~30cm, 타원 모
양 바소꼴이고 가장자리는 물결 모양이며 안쪽으로 약간 말린다. 관상
용 귀화 식물로 조경용으로 많이 심고 있다.

청와대에서는 관저 내정, 소정원, 상춘재, 녹지원에 자라고 있다.

사진 (전) 산림청 이상을 님.

45. 크로커스 *Crocus vernus* 'Remembrance' L.

그리스 신화에 크로커스 이야기가 나온다. 헤르메스의 절친이었던
크로커스는 헤르메스가 던진 원반에 맞아 죽는다. 헤르메스는 죽은 절
친을 꽃으로 변신을 시키는데, 그 꽃을 크로커스라고 했다고 한다.

크로커스와 샤프란은 구별이 쉽지 않은데, 주로 봄에 피는 종류를 크
로커스라고 하고, 가을에 피는 종류를 샤프란이라고 부른다. 크로커스
는 노지에서 월동이 되는 알뿌리 화초다. 햇빛을 좋아해서 햇빛을 많

이 받을수록 건강하게 자란다. 크로커스의 꽃은 맑은 낮에 개화하고, 비 오는 날이나 밤에는 꽃이 닫히는 걸 볼 수 있다.

크로커스는 붓꽃과 샤프란속 여러해살이 알뿌리 화초이다. 꽃은 품종에 따라 노란색, 흰색, 보라색 등의 색을 띤다. 잎은 긴 선형이고 끝이 둔하며 백록색을 띠고 두껍다. 번식은 알뿌리로 10월 하순에 심으면 이듬해 봄에 꽃이 핀다. 원산지는 유럽 남부 지중해 연안, 중앙아시아이다. 세계의 많은 지역에서 재배하는 원예 식물이다.

청와대에서는 관저 내정, 소정원, 상춘재, 녹지원에 자라고 있다. 꽃말은 '즐거움, 지나간 행복'이다.

46. 할미꽃 *Pulsatilla koreana* (Y.Yabe ex Nakai) Nakai ex T.Mori

할미꽃은 2차 초원, 즉 자연적인 1차 초원이 아니고, 사람에 의하거나 산사태 등 자연 현상으로 만들어진 풀밭에서 생존하는 토종 식물이다. 때문에, 산소의 봉분을 만드는 우리나라의 장묘 문화는 사람에 의해서 만들어진 2차 초원으로, 거기에다 주기적인 벌초로 그늘을 만들

수 있는 다른 식물 종을 제거해 주므로, 할미꽃이 살아가기에는 아주 좋은 조건이 된다.

할미꽃은 꼬부랑 할머니와 같이 꼬부랑 허리를 가졌다고 할미꽃이라고 했다고 하기도 하고, 또 할미꽃 씨앗 덩어리가 할머니의 하얀 머리카락 같아 보여서 할미꽃이라고 했다고 하는데, 할미꽃의 한약명과 조선 후기까지도 선비들이 사용한 한자명이 백두옹인 것으로 봐서는, 할머니의 하얀 머리카락에서 할미꽃이 된 것이라고 보는 것에 무게감이 있다.

할미꽃은 원산지는 한국으로 인정되고 있으며, 중국이나 일본에도 있기는 하나 많지는 않다. 우리나라와 중국의 만주 지역, 우수리강 유

씨가 영글어 곧추선 꽃대

동강할미꽃

청와대야 소풍 가자

역에 많이 분포한다. 세계적으로 30종이 있고, 한국에는 할미꽃, 제주도에 있는 가는잎할미꽃, 북한에 있는 분홍할미꽃, 산할미꽃, 강원도 동강 유역에서 1997년 발견된 동강할미꽃 등 5종이 분포하고 있다.

1145년 김부식이 쓴 『삼국사기』에 설총이 신라 신문왕에게 '장미꽃 같은 간신배를 경계하고, 백두옹(할미꽃) 같은 한결같은 마음을 가진 신하를 중용하시라.'는 말을 했다고 한다. 화왕계에 할미꽃이 백두옹이란 이름으로 처음 기록에 나온다. 조선 후기로 오면서 한약명 백두옹에 잇닿아 있는 우리글 할미꽃으로 점점 굳어졌고, 1937년 정태현 박사가 중심이 되어 편찬한 『조선식물향명집』에서 확실하게 할미꽃으로 확정이 되었다.

『동의보감』에서 '할미꽃은 학질, 지사, 해열, 해독, 지혈, 신경통에 사용하는데, 독성이 강하므로 함부로 사용해서는 안 된다.'라고 하고 있다. 할미꽃 꽃잎의 분위기는 화사함과는 거리가 있고 소박하고, 수줍음이 생각난다. 그러나 고개를 숙이고 있어서 잘 보이지 않지만, 꽃잎 안에는 빛나는 황금색의 탐스러운 수술과 암술을 감추고 있다.

할미꽃은 미나리아재비과의 여러해살이풀이며, 4~5월 양지바른 곳에서 자주색 꽃을 피운다. 잎은 근생엽으로 뭉쳐나고(총생), 줄기에 붙은 잎은 여러 갈래로 나누어진다. 할미꽃은 고개를 숙이고 있다가 씨가 영글면 고개를 곧추세우는데 이는 자손을 널리 퍼트리기 위함이다.

할미꽃은 토양은 가리지 않고 건조에도 강하다.

청와대에서는 관저 내정, 관저 회차로, 버들마당, 녹지원에 자라고 있다. 꽃말은 '충성, 슬픈 추억'이다.

여름에 피는 꽃

47. 곰취 *Ligularia fischeri* (Ledeb.) Turcz.

곰취라는 이름은 '깊은 산속 곰이 먹는다.' 하여 불리는 이름이다. 참취, 미역취, 개미취 등 취나물의 한 종류인데, 취나물 중에서 가장 큰 잎을 가지고 있고, 다른 취나물과 다르게 쌉싸름한 맛과 상큼한 향이 있어 사람들에게 사랑받고 있다. 특히 옛날 춘궁기에 구황 식물로 큰 역할을 한 나물이다.

주의해야 할 점은 독초인 동의나물과 헷갈리기 쉽다는 것이다. 노란 꽃이 피고, 하트 모양의 잎이 곰취와 동의나물이 비슷하다. 곰취는 꽃이 여러 개 피는데, 동의나물은 꽃이 하나만 핀다. 곰취의 뿌리는 약재로 폐질환의 각혈, 진해 및 거담제로 사용했다.

곰취는 국화과의 여러해살이풀로 꽃은 7~9월에 노랗게 총상 꽃차례로 핀다. 번식은 포기 나누기 또는 씨앗으로 하며, 어린잎을 나물로 먹는데, 독특한 향미가 있어 산나물로도 많이 재배한다. 잎은 큰 심장 모

양으로 가장자리에 거치가 있으며 잎자루가 길다. 고산 지대 습지에서 잘 자라며, 비옥하고 그늘진 곳을 좋아한다. 우리나라와 중국, 일본에도 분포한다.

청와대에서는 유실수원, 의무동 주변에 자라고 있다.

48. 구름국화 *Erigeron alpicola* (Makino) Makino

국화과 종류는 보통 가을에 많이 꽃이 피는데, 여름에 피는 국화 종류로 금불초, 수레국화, 삼겹잎국화, 금계국, 구름국화 등이 있다. 구름국화는 백두산의 수목 한계선인 해발 2,000m 이상인 지역에서 숲이 아닌 초원에 주로 자라며, 초원 중에서도 습지에서 많이 자생하는 것으로 알려져 있다. 얼핏 보면 구절초나 벌개미취를 닮았는데 구름국화가 훨씬 가늘다. 구름국화가 처음 발견되어 학계에 보고된 지역이 백두산 장백폭포 아래의 계곡이라고 한다. 지금은 국내의 식물원, 공원 등에서도 만날 수 있다.

구름국화는 국화과의 여러해살이풀이며, 7~8월 자주색 꽃이 원줄기 끝에 1개의 꽃이 달리고 꽃줄기에 털이 있다. 뿌리에서 난 잎은 주걱 모양이고 끝이 둔하며, 꽃줄기에 달린 잎은 위로 올라갈수록 작아지며 주걱 모양 또는 긴 타원 모양의 바소꼴이다. 높은 산에서 자라며 북한에서는 천연기념물로 지정하였으며 함경남·북도에 분포한다. 종자번식을 하며 우리나라에선 관상용으로 심는다.

청와대에서는 소정원, 관저 내정에 자라고 있다. 꽃말은 '청춘, 정조'
이다.

49. 금계국 *Coreopsis basalis* (Otto & A.Dietr.) S.F.Blake.

꽃의 모양과 하늘하늘한 꽃대가 바람에 날리는 모습이 코스모스를
많이 닮았다. 코스모스가 가을의 시작을 알려 주는 꽃이라고 한다면,
여름의 시작을 알려 주는 꽃이 금계국이라고 할 수 있다. 때문에, 금계
국을 여름 코스모스라고도 한다.

가을 코스모스가 분홍색, 빨간색, 자주색, 하얀색 등 다양한 것에 비
하면, 금계국은 진 노란색 단색인 점이 다르다. 금계국은 도로변이나
기찻길, 길모퉁이의 언덕이나 절개지 등에 많이 식재하는데 꽃이 피면
화려함에 눈길을 끈다.

금계국도 코스모스와 같은 국화과로 북미가 원산지인데, 1960년대
에 도로변과 공원 조성을 위해서 도입한 화훼 식물이다. 금계국 속에
는 다년생인 큰금계국, 두해살이 또는 한해살이의 금계국, 엷은 노란
색 꽃잎의 솔잎금계국, 꽃잎에 검붉은 반점이 있고 꽃잎이 가녀린 기
생초가 있는데 우리는 보통 통칭하여 금계국이라고 한다.

금계국은 중국에서 이름을 붙인 것으로 꽃잎 모양과 색깔이 관상용
조류인 금계의 벼슬을 닮은 국화라는 뜻으로 금계국金鷄菊이라고 했는
데, 우리나라와 일본도 같이 금계국을 자국어로 음독하고 있다.

1988년 서울 올림픽을 계기로 꽃길 조성 및 공원 조성 사업에 적은 비
용과 관리하기 쉽다고 너도나도 전국 도로변을 중심으로 큰 금계국을

유행처럼 심어 오늘날 코스모스보다 흔하게 볼 수 있기에 이르렀다.

금계국은 6~7월에 노란색 꽃이 피고 밑부분의 잎은 잎자루가 있고 윗부분의 잎은 잎자루가 없다. 마주나기를 하며 잎 모양은 긴 선상형으로 1회 우상 복엽이다. 배수가 잘되는 모래 참흙에서 잘 자란다.

청와대에서는 버들마당, 인수로 주변, 관저 회차로, 의무동 주변에 많이 심었다.

50. 금꿩의다리 *Thalictrum rochebruneanum* Franch. & Sav.

꿩의다리라는 이름은 꽃대가 꿩의 다리처럼 날씬하고 키가 크다고 붙여진 이름이라고 보고 있다. 꿩의다리는 우리나라 전역에서 관찰되는데, 산업화의 영향을 받지 않은 청정한 곳에서 만날 수 있다.

꿩의다리에 금꿩의다리와 은꿩의다리, 큰꿩의다리 등 10여 종이 있는데, 금꿩의다리는 꽃술이 노랗게 생겨 마치 금색 꿩의 다리를 닮았다고 붙여진 이름이다.

금꿩의다리는 미나리아재비과의 여러해살이풀이며, 7~8월 담자색 꽃이 원추 꽃차례로 줄기 끝이나 잎겨드랑이에서 핀다. 잎은 어긋나고 짧은 잎자루가 있으며 3~4회 세 장의 작은 잎이 나오며 턱잎은 밋밋하다. 작은 잎은 달걀을 거꾸로 세운 모양이고 끝에 3개의 거치가 있다. 턱잎은 달걀 모양으로 얇은 종이처럼 반투명한 막질이고 줄기를 감싸며 뒷면에는 흰색 가루가 묻어 있는 것 같다.

우리나라는 강원도, 경기도, 평안북도에서 자라고 일본에도 분포한다. 약간 깊은 산속의 습기가 충분하고 햇볕이 잘 쬐는 곳에서 주로 자란다.

청와대에서는 용충교 주변, 수궁로 변, 소정원, 위민관 주변에 많이 있다. 꽃말은 '섬세한 아름다움'이다.

51. 금불초 *Inula japonica* Thunb.

금불초金佛草란 이름은 황금 부처꽃이란 의미인데, 금불화라고도 한다. 황금을 연상시키는 노란 꽃이 모두 위를 향하고 있는데, 금빛 둥근 모습이 부처님 얼굴 같아서 금불초로 불렀고, 불단 주위를 장식하는 용도로 많이 썼다고 한다.

우리나라에서는 국화과의 야생화를 지칭하는 들국화에 속하는 꽃으로 여름에 핀다고 하국이라고도 한다. 조선 시대 『향약집성방』이나 『동의보감』에서는 하국이라고 사용하고 있어 하국이 금불초보다는 먼저 사용이 되었다. 금불초의 전초를 말려서 약제로 사용하는데, 위를 튼튼하게 하고 가래를 삭이며, 토하는 것을 진정시키고, 소변을 잘 보게 한다고 되어 있다.

금불초는 국화과의 여러해살이풀이며, 7~9월에 노란색 꽃이 원줄기와 가지 끝에 달린다. 어린순은 식용으로 할 수 있고, 꽃을 말려 차로

청와대야 소풍 가자

마시면 거담, 진해, 건위 등의 효능이 있
다. 잎은 어긋나고 잎자루는 없으며, 바소
꼴로 잔거치가 있고, 밑부분이 좁아져서
줄기를 싸며 양면에 털이 있다. 번식은 종
자 또는 분주로 한다. 건조지에서도 잘 자
라지만 습한 곳을 더 좋아한다. 우리나라
와 일본, 중국, 만주 등지에 분포한다.

청와대에서는 춘추관, 인수로 변에 자란다. 꽃말은 '상큼'이다.

52. 기린초 *Phedimus aizoon* (L.) 't Hart var.floribundus H.Ohba (Fisch. & C.A.Mey.) 't Hart

기린초는 바위틈이나 급경사지 절벽 등
척박하고, 물기가 없는 곳에서도 잘 적응
하며 살아가는 다육 식물이다. 기린초라
는 이름의 유래를 우리의 자료에서는 찾
을 수 없고, 일본명 기린소우麒麟草에서 한
글로 음독한 것이라고 보고 있다. 참고로
한자명은 기린초를 비체라고 하는데, 값비싼 나물이라는 뜻이다. 수많
은 꽃이 피고 열매도 맺히지만, 번식은 주로 땅속줄기로 번식한다.

기린초는 돌나물과의 여러해살이풀이며, 6~7월에 노란 꽃이 꽃대
꼭대기에 많이 핀다. 어린순은 식용으로 할 수 있고, 잎은 어긋나고
거꾸로 선 달걀 모양이며 거치가 있다. 잎자루는 거의 없고, 다육질이

다. 우리나라는 경기도, 함경남도 일대와 일본, 사할린, 중국 등지에
분포한다.

청와대에서는 소정원, 인수로, 수궁로, 상춘재 등 여러 곳에서 자라
고 있다. 꽃말은 '소녀의 사랑, 기다림'이다.

53. 까치수염 *Lysimachia barystachys* Bunge

까치수염은 양지바르고 습기가 있는 땅
에서 잘 자란다. 꽃차례는 종일 해를 많이
받을 수 있도록 한 방향으로 배열되어 있
고, 아래로부터 위로 순차적으로 피기 때
문에 사실상 여름 내내 꽃이 피는 형태이
다. 꽃에서는 독특한 향이 있는데, 다양한

곤충들이 이 향을 맡고 찾아온다. 중국에서는 신령한 향이 나는 풀이라

는 의미로 영향초라고 부른다.

까치수염은 앵초과의 여러해살이풀이며, 6~8월에 흰색 꽃이 줄기 끝에서 산형 꽃차례로 피는데 동물 꼬리 모양으로 피고, 열매는 9월에 붉은 갈색으로 익는다. 줄기는 붉은빛이 감도는 원기둥 형이고 가지를 친다. 잎은 어긋나고 줄 모양 긴 타원형이며, 거치가 없고 차츰 좁아져 밑쪽이 잎자루처럼 되나 잎자루는 없다.

관상용으로 많이 심는다. 우리나라 전역에 분포하고, 낮은 지대의 약간 습한 풀밭에서 잘 자란다.

청와대에서는 관저 내정, 위민관, 헬기장, 춘추관 등에 자라고 있다. 꽃말은 '잠든 별, 동심'이다.

54. 꼬리풀 *Pseudolysimachion linariifolium* (Pall. ex Link) Holub

꼬리풀의 이름은 꽃차례가 여우나 강아지 등 동물의 꼬리를 닮았다고 붙여진 이름이다. 꼬리풀에는 여러 종류가 있다. 산꼬리풀, 긴산꼬리풀, 부산꼬리풀, 큰산꼬리풀, 흰꼬리풀, 넓은꼬리풀, 지리산꼬리풀, 버들잎꼬리풀 등이 있다. 또, 원예종으로 개발된 베로니카(꽃꼬리풀)가 있다. 꼬리풀은 부처꽃과 비슷하게 보인다. 꼬리풀의 어린잎은 나물로 먹는다.

꼬리풀은 현삼과의 여러해살이풀이며, 7~8월에 푸른빛이 도는 자주색 꽃이 줄기 끝에 총상 꽃차례로 피는데 다닥다닥 붙어서 피고, 열매는 9~10월에 익는다. 줄기는 곧게 서고 가지가 갈라진다. 잎은 마주나기도 하고 어긋나기도 하며 줄 모양 바소꼴로 끝이 뾰족하고 거치가 있다. 잎 뒷면 맥 위에 털이 있고 잎자루는 없다. 관상용으로 많이 심는다. 민간에서는 꼬리풀 전초를 중풍, 방광염 등의 치료제로 쓰이며, 산과 들의 풀밭에서 잘 자란다. 번식은 종자 또는 분주로 하며, 우리나라 전역에 분포한다.

청와대에서는 관저 내정, 소정원에 자라고 있다. 꽃말은 '달성'이다.

청와대야 소풍 가자

55. 꽃창포 *Iris ensata* Thunb.

꽃창포란 이름은 꽃이 피는 창포라는 의미다. 창포와 서식지가 같은 습지이고, 분포 지역도 비슷하지만, 창포가 천남성과인데 꽃창포는 붓꽃과로 집안이 다르며 꽃과 모양새도 다르고 창포는 아로마 향이 있는데 꽃창포는 없다. 오히려 꽃창포와 붓꽃이 같은 붓꽃과로 모양과 크기와 꽃모양이 비슷하다. 서식지가 꽃창포는 창포와 같이 습지를 선호하는 것에 비해서 붓꽃은 높은 지역은 싫어하지만, 꼭 습지가 아니어도 자란다.

참고로, 화투에 보면 5월 난초가 있다. 실제의 그림은 난초가 아닌 꽃창포다.

꽃창포는 먼저 말한 것 같이 붓꽃과의 여러해살이풀이며 6~7월에 진한 자주색과 노란색 꽃이 꽃줄기 끝에 핀다. 들의 습지에서 잘 자라며, 줄기는 곧게 서고 여러 개가 모여난다. 뿌리줄기는 짧고 갈색 섬유에 싸인다. 잎은 어긋나며 가운데 맥이 발달하였다. 번식은 종자 또는 분주로 하며, 관상용으로 많이 심는다. 우리나라 전 지역에 분포한다.

청와대에서는 소정원, 친환경 단지에 자라고 있다. 꽃말은 '깨끗한 마음'이다.

사진 (전) 산림청 이상을 님.

노랑꽃창포.

56. 꽈리 *Alkekengi officinarum* Moench L.

꽈리의 주황색 열매껍질을 주물러 부드럽게 한 후에 바늘로 구멍을 내서 안의 씨앗을 조심스럽게 빼내고 후~ 불면 꽈악꽈악 하는 소리가 나는데, 이 소리 때문에 꽈리라는 이름을 가진 것으로 본다. 잘 익은 꽈리는 황적색으로 아주 탐스럽고 예쁜데, 단맛과 신맛이 있어서 아이들이 잘 먹는다.

『동의보감』에 의하면 '성질은 평이하고 차며, 맛은 시며 독이 없다. 꽈리의 뿌리를 즙을 짜서 먹으면 황달을 다스리며 맛이 쓰다.'라고 되어 있다.

꽈리는 가지과의 여러해살이풀이며, 꽃은 7~8월에 연한 노란색으로 피는데, 잎겨드랑이에서 나온 꽃자루 끝에 한 송이씩 달린다. 마을 부근의 길가나 빈터에서 자라며 심기도 한다. 번식은 종자 또는 땅속줄기가 길게 뻗어 번식하며, 잎은 어긋나지만 한 마디에서 2개씩 나고 잎자루가 있으며, 잎몸은 타원형으로 끝이 뾰족하고, 가장자리는 깊게 파인 거치가 있다. 우리나라와 일본, 중국에 분포한다.

청와대에서는 소정원, 친환경 단지에 자라고 있다. 꽃말은 '약함, 수줍음'이다.

사진 (전) 산림청 이상을 님.

57. 꿩의다리 *Thalictrum aquilegiifolium* L. var. sibiricum Regel & Tiling

꿩의다리라는 이름은 꽃대가 꿩의다리와 같이 가늘고 늘씬하고 키가 크다고 붙여진 이름이라고 보고 있다. 꿩의다리는 우리나라 전역에서 관찰되는데, 산업화의 영향을 받
지 않은 청정한 곳에서 만날 수 있
다. 꿩의다리라는 이름이 들어가
는 것도 금꿩의다리, 은꿩의다리,
큰꿩의다리 등 10여 종이 있다.

여기에 더하여 꿩이 들어가는 우
리의 식물에는 꿩의다리, 꿩의비
름, 꿩의밥, 꿩의바람꽃, 덜꿩나무
등 많이 있는데, 꿩이 들어가는 식
물의 자라는 장소가 사람 삶의 자
리에서 좀 떨어진 외진 곳에서 산
다는 의미가 있다.

꿩의다리는 미나리아재비과의 여러해살이풀이며, 7~8월에 흰색 또
는 보라색 꽃이 줄기 끝에 핀다. 어린잎과 줄기는 나물로 먹을 수 있
다. 작은 잎은 달걀을 거꾸로 세운 모양이고 끝이 얇게 3~4개로 갈라
지며 끝이 둥글다. 번식은 종자로 하며, 우리나라는 산기슭의 풀밭에
서 잘 자라며, 아시아 및 유럽의 온대에서 아한대 지역에 분포한다. 청
와대에는 관저 내정, 소정원에 자라고 있다. 꽃말은 '순간의 행복'이다.

58. 넓은잎기린초 *Phedimus ellacombeanus* (Praeger) 't Hart

기린초의 종류에는 기린초, 가는기린초, 애기기린초, 태백기린초, 섬
기린초, 큰기린초, 넓은잎기린초 등 많이 있다. 기린초 중에서 잎이 넓

은 기린초를 구별하여 넓은잎기린
초라고 한다.

수많은 꽃이 피고 열매도 맺히
지만, 번식은 주로 땅속줄기로 번
식한다.

넓은잎기린초는 돌나물과의 여
러해살이풀이다. 5~8월에 노란색 꽃이 피고, 꽃대가 3~4개로 갈라져
많은 수의 꽃이 달리고, 꽃잎은 피침형이며 길이 6~7mm로 끝이 뾰족
하다. 줄기는 뭉쳐나고, 잎은 타원형으로 어긋나기도 하고(호생), 마주
나기도 하고(대생), 돌려나기도(윤생) 하며, 잎끝이 둥글거나 둔하며
가장자리에 거치가 있다. 우리나라는 산지에서 자라며, 일본, 중국 등
지에 분포한다.

청와대에서는 수궁로, 인수로, 수영장, 소정원, 관저 내정, 용충교 주
변에 자라고 있다.

59. 노루오줌 Astilbe chinensis (Maxim.) Franch. & Sav.

노루라는 동물은 우리와 오랜 세월 함께했던 야생 동물로 노루귀라
는 초봄의 앙증맞은 야생화가 있고, 노루궁뎅이라는 버섯도 있다. 노
루오줌이란 이름은 뿌리에서 노루오줌 냄새가 난다고 해서 붙여진 이
름이다. 꽃에서도 좀 누린내가 난다.

노루오줌은 자생하는 야생화로 관상 가치가 높아서 외국에서 원예
품종으로 다양한 색깔과 모양으로 개량하여 아스틸Astlbe라는 이름으

로 재배되고 있다.

　노루오줌은 범의귀과의 여러해살이풀이다. 꽃은 5~7월에 분홍색 꽃이 핀다. 줄기는 곧게 서고 갈색의 긴 털이 난다. 잎은 어긋나고 잎자루가 길며 2~3회 3장의 작은 잎이 나온다. 작은 잎은 달걀 모양 긴 타원형이고, 끝은 뾰족하며 밑은 뭉뚝하거나 하트 모양이고, 가장자리에

청와대야 소풍 가자

거치가 있다. 전국의 산지에서 흔하게 볼 수 있다. 꽃대는 먼지떨이개와 비슷하게 길이 25~30cm 정도이며 연한 분홍색으로 핀다. 어린순은 산나물로 먹는다.

청와대에서는 수궁터, 인수로 변, 소정원, 관저 내정, 녹지원 시냇가, 용충교 주변에 자라고 있다.

60. 다람쥐꼬리 *Huperzia miyoshiana* (Makino) Ching

줄기와 잎의 모양이 다람쥐 꼬리를 닮아 붙여진 이름이다. 비슷한 야생화로는 좀다람쥐꼬리, 백두다람쥐꼬리, 왕다람쥐꼬리, 긴다람쥐꼬리 등이 있다.

다람쥐꼬리는 석송과의 상록성 여러해살이풀이다. 줄기는 키가 5~15cm이고 옆으로 자라면서 군데군데 뿌리를 내리고, 윗부분은 비스듬

사진 (전) 산림청 이상을 님.

히 서거나 곧게 서고 2개씩 몇 번 갈라진다. 잎은 줄기에 빽빽이 붙어서 나고, 바늘 모양이다. 녹색이며 딱딱하고, 약간 두껍고 끝이 뾰족하다. 번식은 포자로 하거나 줄기 끝부분에 생기는 부정아가 땅에 떨어지면 싹이 돋아 새로운 개체가 된다.

한방에서는 소접근초라는 약재로 쓰는데, 근육 손상, 지혈제로 사용한다. 우리나라는 제주, 경북, 강원도 지방 높은 산의 나무 그늘에서 자라며, 일본, 중국, 사할린, 알래스카 등지에 분포한다.

청와대에서는 녹지원 바위정원에 자라고 있다.

61. 달맞이꽃 *Oenothera biennis* L.

보통의 식물은 꽃이 피고, 암술에 수술의 꽃가루가 묻어서 열매를 맺는데, 바람을 수단으로 수분을 하는 풍매화를 제외하면, 많은 꽃과 나무는 벌이나 나비 등 곤충이 꽃가루를 옮겨서 수분을 하는 충매화이다.

어스름 저녁밥 짓는 연기가 피어오를 때쯤 피는 박꽃, 분꽃, 달맞이꽃 등 소수의 꽃은 오히려 벌과 나비가 없는 밤에 피어 짧은 한여름 밤을 지새우고 아침을 맞이하고, 다시 뜨거운 해가 떠오르면 꽃은 시들어 버린다. 달맞이꽃은 밤에 활동하는 박각시나방 등 작은 나방류가 꽃을 방문하여 꿀을 따면서 수분의 매개 역할을 한다.

달맞이꽃은 밤에 뜨는 달을 맞이하기 위해서 피는 꽃이라고 해서 달

청와대야 소풍 가자

맞이꽃이라고 불렀다. 그리고 달맞이꽃이 우리나라에 들어오면서 해
방되어 초기에는 해방초라고 불렀다.

달맞이꽃은 가을에 싹이 나서 냉이같이 죽은 듯이 겨울을 지내고 봄
이 되면 기세 좋게 자라나서 주위의 다른 풀보다 훌쩍 큰 키로 여름밤
에 지천으로 꽃을 피운다. 아래에서부터 삭과가 올라가면서 달려서 여
무는 모습이 참깨와 비슷해서 깨꽃이라고 하며, 한방에서는 달맞이꽃
이라는 의미로 월견초라고 한다.

달맞이꽃은 바늘꽃과의 2년생 풀로 6~8월에 노란색으로 꽃이 잎겨
드랑이에 1개씩 달리며 굵고 곧은 뿌리에서 여러 개의 줄기가 나와 곧
게 서며 전체에 짧은 털이 난다. 잎은 어긋나고, 바소꼴이며 끝이 뾰족
하고 가장자리에 얕은 거치가 있다. 칠레가 원산지인 귀화 식물이며
전국 각지에 퍼져 물가나 길가 빈터에서 잘 자란다.

청와대에서는 소정원, 관저 내정에 자라고 있다. 꽃말은 '기다림'이다.

62. 땅채송화 *Sedum oryzifolium* Makino

땅에 피는 채송화라는 뜻으로 붙여진 이름이다. 그러나 우리가 화초로 화단에서 키우는 채송화와는 다르다. 화초 채송화는 쇠비름과에 속하는 한해살이 다육 식물이고, 땅채송화는 돌나물과의 여러해살이풀이다. 땅채송화는 시기와 관계없이 줄기를 잘라 삽목하면 뿌리가 잘 생긴다.

땅채송화는 6~7월에 노란색 꽃이 피고, 꽃이삭은 흔히 3개로 갈라져 많은 수의 꽃이 달리고, 꽃잎은 5개이고 넓은 바소꼴로 끝이 날카로우며 뾰족하다. 줄기는 옆으로 뻗어 많은 가지를 내며 원줄기 윗부분과 가지가 모여 곧게 선다. 잎은 어긋나고 원뿔형의 달걀을 거꾸로 세운 모양으로 끝이 뭉뚝하며, 잎자루는 없다. 어린순은 먹기도 하며, 관상용, 약용으로 심고, 우리나라는 중부 이남 지역 바닷가 바위 겉에 붙어 자라며, 일본 등지에 분포한다.

청와대에서는 소정원, 온실 주변에 자라고 있다. 꽃말은 '소녀의 사랑'이다.

63. 도라지 *Platycodon grandiflorus* (Jacq.) A.DC.

도라지는 한반도를 비롯해 일본, 중국, 동부 시베리아 지역에 분포하는데, 한반도가 분포의 중심이라고 보고 있다. 우리나라에서는 자연 상태의 도라지는 보라색 꽃이 많고 흰색은 드물지만, 재배 도라지는 흰색이 대부분이다.

도라지와 더덕은 우리나라 사람들이 으뜸으로 생각하는 산채 요리 재료이며 전통 약재로 이용하는 민족의 중요한 식물 자원으로 취급이 되고 있다. 재배하는 도라지는 2~3년생 뿌리를 사용하며, 6년생 이상을 약재로 취급하는데 특히 초봄의 도라지가 약효가 좋고, 맛과 향이 좋다고 한다. 이때가 도라지의 쓴맛이 가장 강한 때이다.

도라지의 이름의 유래는 돌밭에서 나는 것이라고 해서 경상도에서는 지금도 '돌개'라고 하고 있다.

혹자는 10년 넘은 도라지가 인삼보다 낫다고 한다. 인삼의 유효 성분인 사포닌이 도라지 뿌리에도 많이 들어 있는데, 도라지가 오래되면 이 사포닌의 함량이 더 높아지기 때문이다. 세종 때 편찬된 의학서인 『향약집성방』에 도라지가 처음으로 나오는데 '맛이 맵고, 온화하며, 독이 약간 있다. 햇볕에 말린 것은 인후통을 다스린다.'라고 기록되어 있으며, 『동의보감』에서는 '성질이 약간 차고, 맛은 맵고 쓰며, 약간 독이

있다. 목, 허파, 코, 가슴의 병을 다스리고, 벌레의 독을 내린다.'라고 기록되어 있다. 한방에서 길경(도라지)은 소염 진통, 진해 거담제로, 폐나 기관지에 좋다고 하는데 목의 염증을 진정시키는 용각산도 주성분이 도라지이다.

도라지는 초롱꽃과의 여러해살이풀이다. 여름에 흰색과 보라색으로 꽃이 핀다. 잎은 어긋나고 긴 달걀 모양 바소꼴이며 가장자리에 거치가 있고 잎자루는 없다.

청와대에서는 관저 주변, 소정원, 침류각 주변, 의무동 주변에 자라고 있다. 꽃말은 '영원한 사랑'이다.

64. 동자꽃 *Lychnis cognata* Maxim.

동자꽃은 동자승의 슬픈 전설이 있는 이름이다. 한 스님이 깊은 산속 암자에서 겨울을 준비하기 위해 마을로 내려갔다가 눈이 많이 와서 돌아가지 못하자 스님을 기다리던 동자가 배고

사진 (전) 산림청 이상을 님.

픔과 추위에 떨다 얼어 죽은 후 무덤에서 예쁜 꽃이 피어났는데 이 꽃을 동자꽃이라고 했다고 한다.

꽃잎은 5장으로 되어 있는데 한 개가 두 갈래로 얕게 갈라져 있어 얼핏 보면 꽃잎이 10개로 보인다. 동자꽃의 종류로는 제비동자꽃, 애기동자꽃, 수레동자꽃, 가는동자꽃, 흰동자꽃, 털동자꽃 등이 있다. 동자꽃은 높고 깊은 산에서 만나는 야생화이지만 관상 가치가 높아 관상용

으로 화단과 정원에 많이 심고 있으며 다른 종들과 교배를 통해 새로운 원예종을 계속 개발하고 있다.

동자꽃은 석죽과의 여러해살이풀이며 6~7월에 주홍색으로 백색 또는 적백색의 무늬가 있고 줄기 끝과 잎겨드랑이에서 낸 짧은 꽃대 끝에 1송이씩 취산 꽃차례로 핀다. 잎은 마주나고 긴 타원형 또는 달걀 모양 타원형으로 끝이 날카로우며 잎자루가 없고 가장자리에 거치가 없다. 앞뒷면과 가장자리에 털이 있는 황록색이다. 우리나라는 제주도를 제외한 경상도, 충청도, 강원도, 경기도 및 북한에도 분포한다.

청와대에서는 소정원에 자라고 있다.

65. 두메부추 *Allium dumebuchum* H.J.Choi

부추와 관련된 속담에 '부부 금실 좋으면 집 무너져도 부추 심는다.'라고 한다. 남편의 정력에 좋다고 마당 구석구석 기둥이 썩는지도 모르고 부추를 심었다는 전래 이야기에서 나온 속담이다. 이 전설의 영향일지 모르겠지만, 유독 부추의 다른 이름도 남자 정력과 관련이 있는 것이 많다. 부부간의 정精을 오래 유지 시킨다고 해서 오랠 구久와 버틸 지持를 더하여 정구지精久持라고도 했는데, 경상도에서는 지금도 부추를 정구지라고 부르고 있다. 불교에서는 부추를 포함한 다섯 가지 매운 음식을 오신채라 해서 금지하고 있다. 이 오신채를 날로 먹으면 마음에 화를 일으키고, 익혀서 먹으면 마음에 음심을 일으켜 수행에 방해가 된다고 금지하고 있다.

봄 부추는 인삼 녹용과도 바꾸지 않는다는 말이 있듯이, 봄에 초벌로 수확하는 부추는 가장 좋은 천연 자양 강장제로 알려져 있어, 부추를 봄철이 제철인 음식으로 분류한다.

우리나라에 자생하는 부추의 종류로는 한반도의 북부와 중부의 산지에서 자라며 솔잎 같이 가는 줄기에 연녹색 꽃이 피는 실부추가 있고 부추보다 잎이 넓어 살찌고 보라색 꽃이 피는 두메부추, 제주도와 남해안 높은 산지에서 좀 날카로운 모습으로 야생하며 적자색 꽃이 피는 한라부추 등이 있는데 현재 재배 부추보다 모두 매운맛이 강하다.

부추는 가장 따뜻한 성질을 가진 채소 중 하나이기 때문에, 찬 성질의 밀가루, 돼지고기, 오이 등과 음식 궁합이 맞아, 부추전, 만두소, 오이소박이 등의 중요 재료가 된다. 『동의보감』에는 간의 채소라 했는데 '부추는 허리와 무릎의 기운을 따뜻하게 하며, 양기를 강화시켜 준다.' 라고 하고 있다.

두메부추는 백합과의 여러해살이풀이다. 8~9월에 엷은 홍자색으로 꽃이 피는데, 꽃자루의 끝에 많은 꽃이 뭉쳐 핀다. 비늘줄기는 달걀 모양 타원형이며, 외피에 양파 껍질처럼 얇은 막질이 있고, 잎은 뿌리에서 많이 뭉쳐나기를 한다. 번식은 종자 또는 분근으로 한다. 울릉도, 백두산 등지에 분포한다.

청와대에서는 소정원, 친환경 단지, 인수로 변에 자라고 있다.

사진 (전) 산림청 이상을 님.

66. 리시마키아 *Lysimachia nummularia* L.

리시마키아Lysimachia는 원산지인 유럽에서는 작은 늪지대 등에서 서식하고 있지만 미국 등 다른 지역으로 도입된 후 화단 또는 수생 식물로 키우는 경우가 많아졌다. 리시마키아의 이름은 고대 그리스 시대 마케도니아 왕국의 장수로 왕이 된 리시마코스 왕의 이름에서 유래되었다고 한다.

리시마키아는 앵초과의 상록성 여
러해살이풀인데 세계적으로 180여 종
이 있으며, 줄기에서 뿌리가 잘 만들
어져서 번식력이 아주 좋은 식물이다.
그늘에서는 연한 연두색 황금빛 노란
색, 양지에서는 황금색에 이르기까지
다양한 색깔이 나타나며 개량 품종이 다양하다.

번식력이 강하기 때문에 잘 관리하지 않으면 화단 내 다른 식물을
덮어 버리므로 주의해야 한다. 5~8월에 노란색 꽃이 잎겨드랑이에서
나온 꽃대에 한 송이씩 핀다. 꽃잎은 5개로 갈라지고 가장자리는 물결
모양으로 구부러져 있다. 잎은 마주나기하고 달걀 모양의 원형이며 끝
이 뾰족한 것도 있고 둔한 것도 있으며, 가장자리는 밋밋하고 잎자루

청와대야 소풍 가자

는 짧다. 잎이 노란색인 품종도 있어 옐로우체인이라고도 한다.

청와대에서는 버들마당에 자라고 있다.

67. 리아트리스 *Liatris spicata* (L.) Willd. Thunb.

리아트리스는 모양새와는 다르게 국화과인데 여름철 화단에서는 확 드러나 보인다. 길게 올라온 꽃대는 폭죽놀이를 연상시킨다. 그래서 영어로 빛나는 별Blazing star라는 이름을 가지고 있다.

리아트리스Liatris의 이름은 그리스어의 털Leios와 의사Iatros를 어원으로 하는데, 아메리칸 인디언에 의해 약초로 사용되었던 것에서 유래한다고 한다.

이 꽃의 별명이 기린국화인데, 꽃대가 기린의 목처럼 긴 것에서 유래한다. 7~9월에 분홍빛이 도는 자줏빛 꽃이 수상 꽃차례 또는 총상 꽃차례로 꽃이 많이 달린다. 북아메리카가 원산지이며 30여 종이 있다. 잎

은 솔잎 모양의 가는 잎이 나선형으로 둘러싼다. 잎 가장자리는 밋밋하며 밑에서는 밀생하지만 위로 올라갈수록 성글어진다. 청와대에서는 위민관 주변, 소정원, 관저 내정, 녹지원 계류 주변에 자라고 있다.

68. 망종화(금사매) *Hypericum patulum* Thunb.

사진 (전) 산림청 이상을 님.

망종에 꽃이 핀다고 망종화라고 했다고 한다. 또 노란색의 매화를 닮았다고 금사매라고도 한다. 영어명 하이페리쿰Hypericum은 그리스 신화에 나오는 태양신인 히페리온Hyperion에서 유래한다고 한다.

이 망종화 허브차를 만들어 마시면 생리통을 완화시키고, 꽃을 넣어 추출한 오일은 구취 방지용 양치제로 유용하며 신경통 완화에 효과도 있고, 위염이나 위궤양 치료로 쓴다.

망종화는 물레나물과의 소관목으로 6~7월에 노란색 꽃이 핀다. 번식은 꺾꽂이 또는 포기 나누기로 하고, 줄기는 길이 1m 정도로 자라는데, 무리 지어 자라서 덩굴처럼 보인다. 잎은 마주나고 긴 타원형이며, 잎의 끝은 둥글고 가장자리가 매끈하다. 중국 원산으로 우리나라에서는 조경용으로 많이 심는다.

청와대에서는 소정원, 용충교 주변, 관저 내정에 자라고 있다.

69. 마타리 *Patrinia serratulifolia* Link Fisch. ex Trevir.

마타리는 우리나라의 여름에서 초가을까지 산하를 아름답게 물들이는 대표적인 자생종이다.

마타리는 마타리과의 여러해살이풀이다. 꽃은 여름부터 가을까지 노란색으로 핀다. 뿌리줄기가 옆으로 뻗고 원줄기는 곧추 자란다. 윗부분에 있는 가지가 갈라지고 털이 없으며, 아랫부분에 있는 가지는 털이 있고, 새싹이 갈라져서 번식한다. 잎은 마주나며 깃꼴로 깊게 갈라지고 양면에 복모가 있다. 우리나라 산이나 들에서 잘 자라며, 일본, 대만, 중국 및 시베리아 동부까지 분포한다.

청와대에서는 소정원, 헬기장, 녹지원 계류 주변, 상춘재, 용충교 주변 숲길에 자라고 있다.

70. 메꽃 *Calystegia pubescens* Lindl.

사람들이 야외에서 나팔꽃과 가장 혼동하는 꽃이 메꽃이다. 메꽃은 한반도를 중심으로 동북아시아 지역에서만 분포하는 야생화로 메꽃은 거의 연분홍색 단색으로 되어 있으며, 나팔꽃이 1년생인 것에 비하면, 메꽃은 다년생이다.

메꽃은 옛날 구황 식물로 지하경을 먹을거리로 이용했다. 경상도에서는 밥을 메라고 하는데, 메는 우리 옛말로 밥, 음식과 같은 연원을 가진 것이라고 보고 있다. 드물게 보는 고구마꽃도 메꽃이나 나팔꽃과 모양이 아주 흡사하며, 색상은 메꽃과 비슷한 연분홍색이다.

메꽃은 메꽃과의 여러해살이 덩굴 식물이다. 6~8월에 연분홍색 꽃이 잎겨드랑이에서 긴 꽃줄기가 나오고 끝에 한 개씩 하늘을 향해 나팔 모양으로 달린다. 하얀 뿌리줄기가 왕성하게 자라고 뿌리줄기에서 움을 내어 덩굴성 줄기가 나온다. 잎은 어긋나고 타원형의 바소꼴이며

청와대야 소풍 가자

양쪽 밑에 귀 같은 돌기가 있고, 잎자루는 길이 1~4cm이다.

봄에 땅속줄기는 식용하며, 어린 순은 나물로 먹을 수 있다. 민간에서는 뿌리, 잎, 줄기는 방광염, 당뇨병, 고혈압 등의 치료제 쓴다. 우리나라에서는 들에서 흔히 자라며, 중국, 일본 등지에 분포한다. 청와대에서는 본관 뒤, 유실수원에 자라고 있다.

71. 모나르다 *Monarda didyma* L. var. alba Hort

이름은 모나르다 꽃인데 운향과에 속한 베르가못Bergamia 나무에서 나는 향기가 나기 때문에 베르가못이라는 별명을 가지고 있다. 모나르다는 내한성이 강한 식물로 노지 월동이 가  능하다. 모나르다는 허브 식물로 꽃과 잎에서 은은한 허브 향이 나고,

향기가 좋아서 화장품과 향수의 원료로 사용이 된다.

모나르다 잎을 차로 마시면 불면증, 피로 회복 등의 효과가 있다. 모나르다의 꽃말은 '감수성이 풍부함'이라고 한다.

모나르다는 현삼과의 여러해살이풀이다. 6월 하순부터 9월 초순까지 줄기 끝에 다양한 색깔로 조밀하게 뭉쳐서 핀다. 잎은 대생하고 난형 피침형으로 끝은 뾰족하다. 북아메리카 원산으로 20여 종을 관상용으로 재배하고 있다.

청와대에서는 관저 내정, 위민관 주변에 자라고 있다.

청와대야 소풍 가자

72. 물레나물 _Hypericum ascyron_ L.

물레나물의 이름은 꽃잎 5장이 물레바퀴처럼 한 방향으로 틀어진 모양에서 붙여진 이름이다. 물레나물은 어린잎과 줄기에 상처가 나면 향긋한 향이 나는데, 도시화 된 곳이나 오염된 곳에서는 살지 않는다. 우리나라는 산기슭이나 볕이 잘 드는 물가에서 잘 자라며, 시베리아 동부, 중국, 일본 등지에 분포한다.

물레나물은 물레나물과의 여러해살이풀이다. 6~8월에 황색 바탕에 붉은빛이 도는 4~6cm 크기의 꽃이 꽃대 끝에 1개씩 위로 향하여 핀다. 줄기는 곧게 서고 네모지며 가지가 갈라지고 높이가 0.5~1m이며 윗부분은 녹색이고 밑 부분은 연한 갈색이며 목질이다. 잎은 마주나고 길이 5~10cm의 바소꼴이며 끝이 뾰족하고 밑 부분이 줄기를 감싸며 가장자리가 밋밋하고 투명한 점이 있으며 잎자루가 없다. 한방에서는 홍

사진 (전) 산림청 이상을 님.

한련이라는 한약재로 쓰인다.

청와대에서는 소정원, 유실수원, 용충교 주변 숲길에 자라고 있다.
꽃말은 '추억'이다.

73. 물싸리 *Dasiphora fruticosa* (L.) Rydb.

물싸리는 습기가 많은 곳에서 자라고 잎이 싸리를 닮아서 물싸리라
고 했다. 이름이 싸리가 들어 있어도 일반적으로 말하는 싸리나무와
는 다르다. 싸리나무는 콩과이며, 물싸리는 장미과이다. 꽃이 황매화
와 양지꽃을 닮아 아름답고 오래가며 관상 가치가 있어서 세계적으로
원예 품종이 활발하게 개발되고 있는 관목이다. 특히 정원의 생울타리
또는 경계식재용으로 암석정원에 관상수로 많이 심는다. 물싸리꽃은
보통 노란색이지만, 흰색 꽃이 피는 은물싸리도 있다.

사진 (전) 산림청 이상을 님.

청와대야 소풍 가자

물싸리는 낙엽관목으로, 꽃은 6~8월에 황색으로 피고 어린 가지 끝이나 잎겨드랑이에 2~3개씩 달린다. 잎 표면에 털이 없고 뒷면에 잔털이 있으며 턱잎은 바소꼴이고 연한 갈색이며 털이 있다. 우리나라 함경남·북도 백두산 지역에 살며, 중국, 일본, 시베리아, 히말라야, 사할린 등지에 분포한다.

청와대에서는 용충교 주변 본관으로 가는 숲길에 자라고 있다.

은물싸리. 사진 (전) 산림청 이상을 님.

74. 미역취 *Solidago virgaurea* L. subsp. asiatica(Nakai ex H.Hara) Kitam. ex H.Hara

미역취라는 이름은 국을 끓이면 미역 맛이 나고 또 늘어진 잎이 미역 줄기를 닮았다고 미역취라고 한다. 미역취도 취나물의 한 종류로

잎을 나물로 먹는데 쓴맛이 강하므로
데친 뒤 말려서 묵나물로 먹는다.

특히, 울릉도의 산비탈에는 보통의
미역취에 비해 대형인 울릉미역취가
분포하는데 최근에 산채로 재배하고
있다.

미역취는 국화과의 여러해살이풀이며 7~10월에 노란색으로 피고
꽃대 끝에 꽃자루가 없는 작은 꽃이 모여 핀다. 줄기에서 나온 잎은 날
개를 가진 잎자루가 있고, 달걀 모양의 긴 타원형 바소꼴로 끝이 뾰족
하고 표면에 털이 있으며 가장자리에 거치가 있다.

사진 (전) 산림청 이상을 님.

청와대야 소풍 가자

한방에서는 식물체를 일지황화라는 약재로 쓰는데 두통과 인후염, 편도선염에 효과가 있다. 약간 습한 곳에서도 잘 자라며, 우리나라와 일본에 분포한다.

청와대에서는 침류각 텃밭에 자라고 있다.

75. 바늘꽃(분홍, 흰) *Epilobium pyrricholophum* Franch. & Sav.

풀밭 위로 분홍색 나비가 날아가는 모양이라고 나비 접자를 써서 홍접초라고 하고 하얀색 바늘꽃은 백접초라고 한다. 꽃이 지면 줄기 끝에서 봉오리가 올라와 또 꽃이 피고 지고를 오래 한다. 한라바늘꽃은 한라산에서 자생한다.

한방에서는 뿌리를 제외한 전체를 심담초라 하고 약재로 사용한다. 이질에 심담초를 달여서 복용하거나 창상에 심담초의 열매를 찧어서 환부에 바른다.

바늘꽃은 바늘꽃과의 여러해살이풀이다. 7~8월에 연한 분홍색 또는 흰색으로 피고 줄기 윗부분의 잎겨드랑이에 1개씩 달린다. 꽃 크기는 1cm 정도이고, 꽃잎은 4개로 끝이 2개로 얕게 갈라진다. 수술은 8개이고, 암술은 1개이며 암술머리는 방울이 달린 것 같다. 잎은 마주나고 잎자루가 없으며 달걀 모양의 바소꼴이고 가장자리에 불규칙한 거치가 있다. 우리나라는 산과 들의 물가나 습지에서 잘 자라며, 중국, 일본에도 분포한다. 번식은 종자로 한다.

청와대에서는 온실 주변, 헬기장, 춘추관, 위민관 주변, 녹지원 주변, 소정원, 본관 등지에 자라고 있다.

76. 바위채송화 Sedum *polytrichoides* Hemsl.

채송화菜松花는 지금은 많이 볼 수 없지만, 옛날에 많이 보았던 꽃이다. 초가집의 앞마당이나 담 밑에 납작 엎드려 피었던 꽃인데, 줄기 크기에 비해서는 꽃이 크고 대부분 붉은색과 노란색으로 화려한 꽃이 핀다. 바위채송화 전체 모습은 채송화를 닮았고, 산지나 해안의 바위 부근에서 자라는 채송화라고 붙여진 이름이다.

바위채송화와 꽃 모양이 비슷한 식물에는 돌나물, 기린초, 땅채송화 등이 있다. 바위채송화는 우리나라 전국 산지의 등산로 주변의 바위틈이나 햇볕이 잘 들어오는 반양지에서 무리 지어 자란다. 바위채송화도 어린순은 돌나물처럼 나물로 먹는다.

바위채송화는 돌나물과의 여러해살이풀이다. 8~9월에 노란색 꽃이 피는데 꽃대가 없다. 줄기는 옆으로 비스듬히 자라면서 가지가 갈라지고 키는 10cm 내외로 자란다. 줄기의 밑부분은 갈색이 돌며 꽃이 달리

청와대야 소풍 가자

지 않는 가지에는 잎이 빽빽이 난다. 잎은 어긋나고, 줄 모양이며 다육
질이다. 우리나라, 일본, 중국 등지에 분포한다.

청와대에서는 온실 주변, 녹지원 바위정원에 자라고 있다.

77. 벌개미취 *Aster koraiensis* Nakai

벌개미취도 들국화에 속한다. 들국화는 어느 특정한 꽃을 지칭하는
것이 아니라 가을에 산과 들에 피어나는 국화 모양의 꽃을 총칭하는
것이기 때문이다. 들국화라고 불리는 꽃 이름을 나열하면 구절초, 쑥
부쟁이, 금불초, 개미취, 벌개미취, 미역취, 산국, 감국 등이 들국화 군
단이다.

개미취, 벌개미취, 미역취는 모두 산나물을 뜻하는 취나물이다. 재
미있는 이름이 벌개미취인데 여기에서 말하는 벌은 넓은 평지 황산벌
할 때 그 벌이다. 즉, 산에서 자라는 개미취가 아니고 벌판에서 자란다

고 벌개미취라고 했다.

벌개미취는 국화과의 여러해살이풀이며 6~10월에 연한 자줏빛 꽃이 줄기와 가지 끝에 한 송이씩 달린다. 꽃은 개미취보다는 좀 더 크다. 옆으로 자라는 뿌리줄기에서 원줄기가 곧게 자라고 뿌리에 달린 잎은 꽃이 필 때 지고 줄기에 달린 잎은 어긋나고 바소꼴이며 길이 12~19cm, 너비 1.5~3cm로 딱딱하고 양 끝이 뾰족하다. 가장자리에 잔 거치가 있고 위로 올라갈수록 작아져서 줄 모양이 된다. 번식은 종자 또는 분주로 하고, 양지바른 곳, 척박한 곳에서도 잘 자란다. 우리나라 특산종으로 전라도, 경상도, 충청도, 경기도 등지에 분포한다. 어린순은 나물로 먹는다.

청와대에서는 관저 회차로, 인수로, 소정원, 녹지원 주변에 자라고 있다. 꽃말은 '기억, 먼 곳의 벗을 그리워하다'이다.

청와대야 소풍 가자

78. 범부채 *Iris domestica* (L.) Goldblatt & Mabb.

범부채라는 이름은 범 무늬의 주황색 꽃에 잎은 납작하게 펼쳐진 부채 모양이라고 붙여진 이름이다. 백합과 비슷해서 표범백합이라는 이름이 있고, 중국에서는 달빛아래호랑이라는 이름으로 불리며, 미국에서는 씨앗이  블랙베리를 닮아서 블랙베리 백합Blackberry Lily라고 불린다. 범부채의 종류에는 범부채와 꽃이 작은 애기범부채, 노란색 꽃이 피는 노란범부채 등이 있다.

범부채는 붓꽃과의 여러해살이풀이다. 7~8월에 노란빛을 띤 빨간색 바탕에 검은 반점이 있는 꽃이 피고, 꽃잎은 6개이고 타원형이다. 종자는 공 모양 검은색으로 달린다. 뿌리줄기를 옆으로 짧게 뻗고 줄기는 곧게 서며 윗부분에서 가지를 낸다. 잎은 어긋나고 칼 모양이며 좌우로 납작하고 2줄로 늘어선다. 빛깔은 녹색 바탕에 약간 흰빛을 띠며 밑동이 줄기를 감싼다. 잎 길이 30~50cm, 너비 2~4cm이다.

관상용으로 재배하며 뿌리줄기는 약으로 쓴다. 본초강목에서는 해열, 해독, 소화 등에 귀한 약재로 취급한다. 밑부분에 4~5개의 포가 있다. 산지와 바닷가에서 잘 자라며, 우리나라, 일본, 중국 등지에 분포한다.

청와대에서는 소정원, 버들마당, 친환경 단지 주변에 자라고 있다.

79. 비비추 *Hosta longipes* (Franch. & Sav.) Matsum.

비비추의 이름은 비벼 먹어야 제맛이 난다고 비비추라고 했다는 이야기와 어린잎이 나올 때 비비 꼬여서 나오고 어린잎을 나물로 먹을 수 있다고 비비취라고 했으며 연음화되어 비비추가 되었다는 이야기가 있다. 비비추는 사포닌 성분이 있어 비비면 거품이 나면서 독성이 빠지고 부드러워지는데 이 부드러워진 잎을 쌈으로 먹는다.

비비추는 야생화이지만 원예종으로 다양한 품종이 개발되어 정원 식물로 인기가 많다. 특히 암석정원 등 조경용으로 심은 것을 많이 볼 수 있다. 또 밀원 식물로도 좋은 역할을 한다.

비비추는 번식력이 좋아서 하나만 살아 있어도 금방 군락을 이룬다. 비비추와 아주 비슷한 은방울꽃과 산마늘(명이나물)이 있다. 은방울꽃은 독초이기 때문에 비비추와 혼동하지 않도록 주의해야 한다. 비비추는 백합과의 여러해살이풀이며, 7~8월에 연한 자줏빛 꽃이 한쪽으

청와대야 소풍 가자

로 치우쳐 총상으로 핀다. 비비추는 육종으로 다양한 품종이 개발되어 정원 식물로 인기가 높다. 새순은 식용하며 번식은 종자 또는 분주로 한다. 부식질이 많은 산지의 냇가나 습기가 많은 곳에서 잘 자라고, 우리나라, 일본, 중국 등지에 분포한다.

청와대에서는 소정원, 버들마당, 녹지원, 용충교 등 경내 모든 산책로 주변에 자라고 있다. 꽃말은 '좋은 소식, 신비로운 사람, 하늘이 내린 인연'이다.

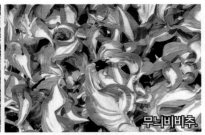

무늬비비추

80. 뻐꾹나리 *Tricyrtis macropoda* Miq.

뻐꾹나리는 꽃의 모양이 다른 나리와는 다르게 특이하게 생겼다. 뻐꾹나리라는 이름은 꽃에 있는 자주색 무늬가 뻐꾸기의 앞가슴 쪽 무늬를 닮았다고 하여 붙여진 이름이라고도 하며, 뻐꾸기가 울 무렵 피는 나리라고 붙인 이름이라고도 한다.

뻐꾹나리 뿌리는 정신을 안정시키고 혈액 순환 촉진 가슴이 답답할 때 약으로 사용하며, 오이 맛이 나는 어린순은 나물로 먹을 수 있다. 중부 지방에서는 관상용으로 재배한다.

뻐꾹나리는 백합과의 여러해살이풀이
며, 7월에 흰색에 자줏빛이 물든 꽃이 원줄
기 끝과 가지 끝에 달린다. 꽃자루에 짧은
털이 많고 꽃잎은 6개로 겉에 털이 있으며
자줏빛 반점이 있다. 잎은 어긋나고 달걀
을 거꾸로 세운 듯한 모양의 타원형으로,
잎 아랫부분은 원줄기를 감싸고 가장자리
가 밋밋하며 굵은 털이 있다. 우리나라 특

사진 (전) 산림청 이상을 님.

산종이며 주로 남쪽 지방 부식질이 많은 산기슭 반그늘에서 자란다.

청와대에서는 관저 내정에 자라고 있다. 꽃말은 '영원히 당신의 것'
이다.

사진 (전) 산림청 이상을 님.

청와대야 소풍 가자

81. 부들 *Typha orientalis* C.Presl

잎이 부들부들하다는 뜻에서 부들이라고 한다. 연못 가장자리와 습지에서 자란다. 우리나라와 일본, 중국, 필리핀 등지에 분포한다. 언뜻 보면 소시지처럼 생긴 갈색 꽃이삭이 부들의 제일 큰 특징이다. 잎으로 방석을 만들기도 했고, 섬유, 펄프 등에 재료로 쓰인다.

또, 부들은 갈대와 같이 하천의 수질 환경 개선에 쓰이는 주요 식물이기도 하다. 부들의 질기고 긴 줄기 잎으로 아주 옛날에는 곡식을 보관하는 가마니를 만들었고 잎은 공예품이나 방석을 만들었다. 최근에는 꽃꽂이의 소재로 많이 사용된다. 부들의 꽃가루는 지혈 작용과 주독 해독에 사용한다. 부들의 종류에는 부들, 애기부들, 좀부들, 큰잎부들 등이 있다.

부들은 부들과의 여러해살이풀이다. 6~7월에 노란색 꽃이 피고 원주형의 꽃이삭에 달린다. 뿌리줄기가 옆으로 뻗으면서 퍼지고 줄기에서 나온 꽃대도 원주형이며 털이 없고 밋밋하다. 잎은 줄 모양으로 줄

기의 밑부분을 완전히 둘러싼다.

청와대에서는 소정원, 친환경 단지에 자라고 있다.

82. 부레옥잠 *Eichhornia crassipes* (Mart.) Solms

부레옥잠은 수염뿌리로 잔뿌리들이 많으며 수분과 양분을 빨아들이고, 몸을 지탱하는 구실을 한다. 잎은 달걀 모양의 원형으로 많이 나오며, 밝은 녹색에 털이 없고 윤기가 있다. 열대·아열대 아메리카 원산이다.

우리나라에서는 인공 연못에 관상용이나 수질 정화용 또는 작은 수조에서 기르기도 한다. 수심이 얕은 습지에서는 뿌리를 땅에 내리고 자라는 경우가 있는데, 재미있는 것은 이때에는 잎자루가 거의 부풀지 않는다는 것이다.

부레옥잠은 가공할 정도의 번식력으로 생태계에 문제를 일으키는 경우가 많아 2016년부터 유럽 연합에서 판매를 금지하고 있다. 지나친 번식으로 호수에 배가 지나가지 못하는 경우가 있고, 수면 밑으로 햇빛이 들어가지 못해 광합성을 못 하게 하고, 용존 산소량의 부족으로 생태계를 교란시키는 경우도 외국에서는 보고 되고 있다.

부레옥잠은 물옥잠과의 여러해살이풀이다. 8~9월에 연한 보랏빛 꽃이 수상 꽃차례로 핀다. 꽃잎은 6조각으로 위 것이 가장 크고 바탕에 황색 점이 있다. 물 위에 떠다니며 사는데 이는 잎자루가 부레 모양으로 부풀어 있고 그 안에 공기가 들어 있어 수면에 뜰 수 있다.

청와대에서는 소정원, 친환경 단지에 자라고 있다.

83. 부처꽃 *Lythrum salicaria* L. subsp. anceps (Koehne) H.Hara

부처꽃의 이름은 옛날 불심이 깊은 불자가 연꽃을 부처님께 바치려고 연못에 가 보니 장마로 인해 연못이 물이 깊어 연꽃을 꺾지 못하고 대신 연못가에 핀 진홍빛 꽃을 바쳤는데 이후 이 꽃을 부처꽃이라고 불렀다고 한다. 일본에서는 지금도 백중날 부처님께 이 꽃을 올린다고 한다.

꿀풀과 비슷하게 생겼는데, 꿀풀보다는 키가 많이 크다. 꽃이 아름답고 오래가며 번식 방법이 다양하고 쉽기 때문에 야생화에서 정원화로 자리 잡은 꽃이다.

부처꽃은 가을에 채취하여 차로 끓여 먹거나 약재로 사용하며 가루를 내어 상처 난 부위에 사용한다. 약재로는 독이 없으며 이질, 지사제로 효능이 있고 항균, 해독 작용이 있다.

부처꽃은 부처꽃과의 여러해살이풀이다. 5~8월에 홍자색 꽃이 잎겨드랑이에 3~5개가 층층으로 달려 핀다. 꽃잎은 6개씩이고 꽃받침 사이에 옆으로 퍼진 부속체가 있다. 잎은 마주나고 바소꼴이며 잎자루도 거의 없으며 가장자리가 밋밋하다. 냇가 초원 등의 습지에서 자라며 우리나라와 일본 등지에 분포한다.

청와대에서는 소정원, 인수로, 친환경 단지에 자라고 있다.

청와대야 소풍 가자

84. 산수국 *Hydrangea serrata* (Thunb.) Ser. (Thunb.) Ser. subsp. serrata (Thunb.) Makino

수국水菊과 산수국은 같은 범의귀과이고 이름은 비슷하지만, 다른 꽃나무이다. 산수국은 둥글넓적한 꽃송이 둘레 가장자리에 꽃처럼 보이는 것이 드문드문 달려 있는데 장식 꽃을 말하는 포엽이라는 것이다. 수국 계통의 식물에는 이러한 장식 꽃이 있는데 암술과 수술이 퇴화한 무성화다.

해바라기와 같이 내부에 하나하나씩 작은 꽃이 밀집되어 있는데, 자세히 보면 하나하나가 작지만 완벽한 꽃이다. 그러나 꽃이 너무 작아서 벌이나 나비를 유인할 수 없으므로 장식화로 곤충을 유인하는 역할을 한다.

산수국의 종류에도, 탐라산수국, 꽃산수국, 떡잎산수국이 있다. 도시 정원 또는 공원수로 많이 식재한다.

산수국은 낙엽활엽관목이다. 7~8월에 흰색과 하늘색으로 꽃이 피며 가지 끝에 산방 꽃차례로 달린다. 꽃받침과 꽃잎은 5개, 수술은 5개이고 암술대는 3~4개이다. 열매는 달걀 모양이며 9월에 익는다. 잎은 마주나고 긴 타원형이며 끝은 대부분 뾰족하며, 가장자리에 뾰족한 거치가 있다. 우리나라에서는 산골짜기 자갈밭, 계곡 등지에서 잘 자라며, 일본, 대만 등지에 분포하고 관상용으로 많이 심는다.

청와대에서는 녹지원 계류 주변, 상춘재 뒤뜰, 관저 내정, 소정원, 녹지원 주변에 자라고 있다. 꽃말은 '변하기 쉬운 마음'이다.

청와대야 소풍 가자

85. 상사화 *Lycoris squamigera* Maxim.

상사화相思花란 글자 그대로 '서로 그
리워하는 꽃'이라는 뜻이다. 잎이 있
을 땐 꽃이 피지 않고 꽃이 피면 잎은
이미 흔적도 없이 사라져 버려 잎은
꽃을 그리워하고 꽃은 잎을 그리워하
는 숙명을 타고났기 때문이다. 비늘줄
기로 번식하며 우리나라가 원산지다.

상사화는 이른 봄에 연노랑 새싹이 앙증맞게 모여 올라와 난초보다
는 크고 군자란보다는 작은 잎 모양으로 무성하게 자라다가 6월이면
잎이 말라 버리고, 그곳에 8~9월에 꽃대가 올라오며 연분홍색 아름다
운 꽃을 피운다. 상사화는 연분홍색이 기본이지만 흰색, 노란색, 주황
색, 붉은색 상사화도 있다.

절에 가면 상사화를 많이 볼 수 있다. 사찰에서는 스님들이 탱화를
그릴 때 상사화꽃을 말려 삶은 물이나 뿌리 즙을 내어 물감에 섞어 쓰
면 그림이 오래 유지 된다고 하며 또, 상사화의 알뿌리에는 20% 정도
의 전분이 있어서 이것으로 풀을 쑤면 경전을 제본할 때 좋은 접착제
로 사용할 수 있어 사찰에서 상사화를 많이 심었다고 한다.

수선화과 상사화속Lycoris 상사화는 동아시아의 한국, 일본, 중국, 대
만 등 온대, 아열대 지역에 30여 종이 분포한다. 상사화는 석산, 하수
선, 피안화, 이별초, 개난초 등 지방과 계층에 따라서 다른 이름으로 사
용이 되고 있는데, 이 중에서 석산은 돌 석石 자에, 마늘 산蒜 자를 쓰는

것으로 글자 그대로 돌밭의 마늘이란 의미인데 전라도에서는 상사화라기보다는 꽃무릇을 주로 지칭한다. 또, 어떤 곳에서는 상사화, 꽃무릇을 구분하지 않고 석산이라고 혼용하기도 한다.

『동의보감』에서는 '신장을 따뜻하게 하여 양기를 강하게 하고 정력을 돋우며 혈색을 좋게 한다. 그러나 독성이 있으므로 주의해야 한다.'라고 하고 있다. 상사화는 여러해살이풀이며 8~9월에 꽃줄기는 곧게 서서 올라오고 꽃줄기 끝에 산형 꽃차례로 4~8개의 적색, 분홍색, 노

　　　　　　　　　　　　　청와대야 소풍 가자

란색 등 다양한 색의 꽃이 핀다.

청와대에서는 관저 내정, 침류각 주변에 자라고 있다. 꽃말은 '이룰
수 없는 사랑'이다.

86. 섬기린초 *Phedimus takesimensis* (Nakai) 't Hart

섬기린초도 기린초와 유사한데, 독도에서 처음 발견되어 섬기린초
라고 했다. 일제 강점기에 우리나라 곳곳을 7차례 답사하면서 우리 식
물을 조사한 일본인 나카이가 독도에서 발견했다고 학명에 독도의 일
본 이름 Takesima가 들어가 있다.

기린초, 섬기린초, 꽃기린초, 애기기린초 등의 종류가 있는데, 우리
가 봄에 나물로 먹는 돌나물과 꽃과 모양이 비슷하다. 섬기린초도 잎

과 줄기가 두툼한 다육 식물이다. 다육 식물의 공통점은 가뭄과 척박한 땅에서도 잘 살아간다는 것이다.

섬기린초는 돌나물과의 여러해살이풀이다. 7월경 산방 꽃차례로 노란색 꽃이 많이 달린다. 줄기는 모여서 나고 옆으로 비스듬히 자란다. 잎은 어긋나고 다육질이며 바소꼴로 끝이 둔하고 가장자리에 둔한 거치가 있다. 우리나라 특산종으로 울릉도, 독도, 설악산 등지에서 자란다. 청와대에서는 관저 내정, 소정원에 자라고 있다.

87. 섬백리향 *Thymus quinquecostatus* Čelak. var. magnus (Nakai) Kitam.

백리향百里香은 그 향기가 백 리까지 간다고 붙여진 이름인데, 백리향의 한 종류로 울릉도에서 발견하면서 섬백리향으로 불렀다. 우리나라 고산 지역에 백리향이 자란다고 하지만, 우리가 요즘 쉽게 접할 수 있는 것은 섬백리향이다. 울릉도의 섬백리향 군락지는 천연기념물로 지정 관리하고 있다. 지금은 관상용으로 많이 재배하고 있어 희귀 식물은 아니다. 섬백리향은 약초로도 쓰이는데, 생약명은 사향초라고 하고 배탈, 감기, 진해, 진경, 구풍, 구충의 효능이 있다고 한다.

섬백리향은 꿀풀과의 낙엽소관목이다. 꽃은 6~7월 연분홍색으로 피며, 열매는 9~10월 검붉게 익는다. 정원수로 심으며 줄기와 잎은 약재로 쓴다. 키가 20~30cm 정도이며 잎은 마주나고 달걀 모양이며 가장자리는 밋밋하고 앞·뒷면에 선점이 있다.

경상북도 울릉군 나리동에 분포하고, 울릉백리향이라고도 부르며, 바닷가 바위가 많은 곳에서 잘 자란다. 우리나라 특산 식물이다.

꽃말은 '용서'이며, 청와대에서는 관저 내정에 자라고 있다.

사진 (전) 산림청 이상을 님.

88. 수국 *Hydrangea macrophylla* (Thunb.) Ser.

수국水菊의 원산지는 중국이다. 수국을 주로 일본인들이 이리저리
교배시키고, 선발하여 오늘날 우리가 보고 있는 많은 원예종 수국을

만들었는데, 지금도 장미나 국화처럼 계속 새로운 품종이 개발되고 있다. 주로 한국, 일본, 중국에 분포하고 있다.

수국은 토양의 산도에 따라서 꽃의 색상이 다르게 나타나는 재미있는 생리적 특성이 있다. 토양이 강한 산성(PH 5~6.3)일 때는 꽃은 청색을 많이 띠게 되고, 알칼리성(PH 7 이상) 토양에서는 붉은색이 나타낸다. 따라서 같은 곳에 핀 꽃도 색상이 좀 다르며, 토양에 농업용 석회 첨가제를 가하여 산도를 인위적으로 조절을 하면 꽃 색을 원하는 색으로 일부 바꿀 수 있다.

수국은 장마를 알리는 비의 꽃이라고 한다. 보통 초여름에서 한여름까지 피는 꽃인데, 꽃 피는 시기가 장마철과 겹치는 이유는 수국이 꽃 필 때 요구하는 물의 양이 많기 때문이다.

수국의 이름은 한자로 수구화繡毬花 즉, 비단으로 수繡를 놓은 것 같은 둥근毬 꽃에서 유래하는데 이것이 수국화 또는 수국으로 변한 것으로 보고 있다. 옛 문헌에서는 수국은 자양화라고 했다.

수국도 불두화처럼 개량되면서 암술과 수술이 없어지는 무성화가 되어서 씨를 맺을 수 없다. 번식에는 주로 분주, 삽목, 휘묻이가 활용되고 있다. 수국꽃이 유명한 곳은 부산 태종대 태종사, 거제도 해안도로 제주도의 카멜리아힐이 유명하다. 수국은 범의귀과의 낙엽관목이다. 녹색의 여러 개의 줄기가 올라와 포기를 이루어 자칫 풀로 오해를 받기도 한다. 꽃은 중성화로 6~7월에 산방 꽃차례로 달리고 다양한 색으로 핀다. 꽃받침은 꽃잎처럼 생겼고 4~5개이며, 처음에는 연한 자주색이던 것이 하늘색으로 되었다가 다시 연한 홍색이 된다. 꽃잎은

청와대야 소풍 가자

작으며 4~5개이고, 수술은 10개 정도이며 암술은 퇴화하고 암술대는
3~4개이다. 잎은 마주나고 달걀 모양인데, 두껍고 가장자리에는 거치
가 있다.

청와대에서는 녹지원 계류 주변, 상춘재 주변에 자라고 있다.

89. 수련 *Nymphaea tetragona* Georgi

연꽃의 이름에는 연, 백련, 홍련, 황련, 가시연, 어리연, 수련 등 색과 모양에 따라서 종류가 다양한데, 연꽃과 수련은 꽃은 많이 닮았지만, 꽃의 크기와 잎의 모양이 다르다. 생물학적으로도 연꽃과 수련은 다르다.

수련은 해 뜰 때 연꽃잎이 벌어지기 시작하여 오전 10시경에 만개하며 오후 3~4시경에 닫히기 시작하여 5~6시경에 완전히 오므라지기 때문에 수련은 水蓮이 아니고 睡蓮이다. 즉, 한낮의 피어 있는 시간 외에는 잠자는 연꽃이라는 뜻이다. 연잎과 연꽃은 소수성이라고 하는 물이 묻지 않는 성질이 있다.

수련은 수련과 여러해살이 수중 식물이다. 꽃은 5~9월에 긴 꽃자루 끝에 흰색으로 한 송이씩 핀다. 꽃받침 조각은 4개, 꽃잎은 8~15개이며 오전에 피었다가 저녁때 오므라들며 3~4일간 되풀이한다. 굵고 짧은 땅속줄기에서 많은 잎자루가 자라서 물 위에서 잎을 편다. 우리나

청와대야 소풍 가자

라 중부 이남과 일본, 중국, 인도 등지에 분포한다.

청와대에서는 소정원, 본관 중정, 친환경 단지에 자라고 있다. 꽃말은 '청순한 마음'이다.

90. 술패랭이꽃 *Dianthus longicalyx* Miq.

패랭이꽃의 패랭이는 옛날 평민들이 쓰고 다니던 갓의 일종인데, 꽃의 모양이 패랭이를 뒤집어 놓은 모양을 닮았다고 붙여진 이름이다. 또 패랭이를 석죽화라고도 하는데, 패랭이꽃 꽃대의 마디가 대나무를 닮았기 때문이다.

패랭이꽃의 종류로는 흰패랭이꽃, 술패랭이꽃, 갯패랭이꽃, 꽃패랭이꽃, 구름패랭이꽃, 수염패랭이꽃, 장백패랭이꽃 등이 있다. 술패랭이꽃은 패랭이꽃의 5장의 꽃잎이 깊게 갈라져 선처럼 가늘고 길게 술이 된 모양이라서 술패랭이라고 했다. 잎과 순은 나물로도 먹는다. 전체를 약용으로 사용하는데, 소염, 이뇨제로 사용이 된다.

술패랭이꽃은 석죽과의 여러해살이풀이다. 7~8월에 연한 홍자색 꽃이 줄기와 가지 끝에 피고 크기가 5cm 내외다. 잎은 마주나고 줄 모양 바소꼴로 양 끝이 좁으며 가장자리가 밋밋하고 밑부분이 합처져서 마디를 둘러싼다. 줄기는 곧추서고 여러 줄기가 한 포기에서 모여나는데, 자라면서 가지를 치고 털이 없으며 전체에 백분이 돈다.

식물체를 그늘에 말려서 한약재로 쓰이고, 관상용으로 많이 심는다. 번식은 종자로 하고, 배수가 잘되는 산이나 들에서 잘 자라며, 우리나라, 중국, 대만, 일본 등지에 분포한다.

청와대에서는 관저 내정, 소정원, 버들마당, 춘추관, 온실 주변, 시화문 등지에 자라고 있다. 꽃말은 '순애, 거절, 재능'이다.

91. 실유카 *Yucca filamentosa* L.

유카Yucca는 중남미 고대 원주민 이름에서 유래되었다고 하며, 아메리카 인디언들은 실 같은 섬유질로 밧줄을 만들어 사용했다고 한다. 실유카Fiber Yucca에서 알 수 있듯이 실 같은 것을 가지고 있는 유카라는 의미이다.

청와대야 소풍 가자

지금 중부 지방에서 만날 수 있는 유
카는 대부분이 실유카이다. 잎을 보면
흰색의 실 같은 섬유질이 있어 실유카
를 쉽게 구분할 수 있다. 실유카는 꽃
대가 훌쩍 큰 키에 하얀 꽃이 화려하게
피며, 상록성으로 내한성도 강하기 때
문에 관상 가치도 높다.

우리나라에서는 자생하지 않고, 공원이나 정원 아파트 화단 등에 많
이 심고 있다. 실유카의 잎 가장자리는 날카로우므로 잘못 만지면 손
을 베일 수 있다.

실유카는 용설란과의 상록관목이다. 7~8월 흰색 꽃이 원추 꽃차례
로 밑을 향하여 많이 핀다. 꽃잎은 6개로서 두껍고, 안에 6개의 수술과
1개의 암술이 있다. 열매는 삭과로 긴 타원형이고 9월에 익는다. 번식
은 종자나 포기 나누기로 한다. 잎은 뿌리에서 모여서 나고 사방으로
퍼진다. 줄 모양 바소꼴이며 빛깔은 청록색이고 가장자리가 실 모양으
로 늘어진다. 잎에서 섬유를 채취하여 사용하며 관상용으로 심는다.
북아메리카 원산의 귀화 식물로 한국에서는 중부 이남에서 월동하는
데, 지금은 가끔씩 중부 지방에서도 월동하는 것을 만난다.

청와대에서는 관저 회차로, 위민관 주변에 자라고 있다.

사진 (전) 산림청 이상을 님.

92. 애기기린초 *Phedimus middendorffianus* (Maxim.) 't Hart

기린초라는 이름은 기린초의 잎 모양이 옛 중국 전설에 나오는 상상의 동물인 기린을 닮았다고 기린초라고 명명되었다고 한다.

애기기린초는 꽃이 예쁘고 키우기 쉬우므로 화단이나 정원에 많이 심는다. 애기기린초의 꽃말은 '소녀의 사랑'이다. 애기기린초의 뿌리는

청와대야 소풍 가자

약용으로 쓰이는데 지혈, 이뇨, 진정,
소종에 효과가 있다고 한다.

애기기린초는 돌나물과의 여러해
살이풀이다. 6~8월 취산 꽃차례로 노
란색 꽃이 줄기의 맨 윗부분에 핀다. 줄기는 무더기로 뻗고 키는 20cm
정도이다. 잎은 바소꼴로 거치가 있다. 잎은 어긋나며 겨울 동안 밑부
분의 10cm 정도가 살아남아 다시 싹이 나온다. 해발 800m 이상의 높
은 산 강한 햇빛이 비치는 건조한 바위 위에 주로 살며, 우리나라, 중
국, 일본 등지에 널리 분포한다.

청와대에서는 소정원, 온실 주변, 녹지원 주변, 수궁터 주변, 버들마
당, 용충교에서 본관으로 이어지는 숲길 주변에 자라고 있다.

93. 옥잠화 *Hosta plantaginea* (Lam.) Asch.

옥잠화玉簪花는 꽃봉오리가 옥玉 비녀簪를 닮았다고 붙여진 이름이다. 잎 모양과 꽃 모양이 비비추와 비슷하다. 꽃이 옥잠화가 더 크며, 비비추가 보라색 꽃이 많은 것에 비해 옥잠화는 흰색이 대부분이다. 옥잠화의 꽃은 박꽃이나 달맞이꽃처럼 저녁에 피었다가 해가 뜨면 꽃을 접는다. 번식은 주로 분주법으로 번식한다. 옥잠화의 종류에는 개옥잠화, 긴옥잠화, 나도옥잠화, 물옥잠화 등이 있다.

옥잠화는 백합과의 여러해살이풀이며 8~9월 흰색 꽃이 피고 향기가 있다. 6개의 꽃잎 밑부분은 서로 붙어 통 모양이다. 뿌리줄기에서 잎이 많이 뭉쳐나고, 잎은 자루가 길고 하트 모양이며 가장자리가 물결 모양이고 8~9쌍의 맥이 있다. 중국이 원산지이며 관상용으로 심는다.

청와대에서는 소정원, 온실 주변, 인수로, 녹지원, 용충교에서 본관으로 이어지는 숲길 주변에 자라고 있다. 꽃말은 '추억'이다.

94. 우산나물 *Syneilesis palmata* (Thunb.) Maxim.

어린 순은 데친 후에 나물로 먹는
다. 독특한 향이 있다. 다양한 장소에
지피 식물로 이용하며, 암석원 등에
관상용으로 잘 어울린다. 우산나물과
유사한 애기우산나물이 있다. 우산나
물은 재미있는 이름으로 토끼가 쓰는
우산 같다고 토아산이라는 약명이 있
다. 진통, 거풍, 소종, 해독 등의 효능
이 있으며, 독사에 물렸을 때 해독약
으로 쓰기도 한다.

사진 (전) 산림청 이상을 님.

우산나물은 국화과의 여러해살이풀이며 6월에 연한 붉은색 두화가
원추 꽃차례로 핀다. 꽃자루는 길이 3~10mm로서 털이 난다. 열매는

가을에 익는다. 일명 삿갓나물이라고도 하며, 번식은 종자나 분주로 한다. 잎이 새로 나올 때 우산처럼 펴지면서 나오므로 우산나물이라고 한다. 산지의 나무 밑 그늘에서 잘 자라며, 우리나라와 일본 분포하고 관상용으로 심는다.

청와대에서는 관저 내정, 온실 주변, 친환경 단지 주변에 자란다. 꽃 말은 '순결, 변함없는 귀여움'이다.

95. 원추리 *Hemerocallis fulva* (L.) L.

원추리는 꽃이 화려하고 오래가며 어디서나 비교적 잘 자라기 때문에 정원의 화초로 자리를 잡은 꽃이다.

특히 최근 야생화에 관심이 많아지면서 조경용으로 관상수 아래에 심거나 조경석 사이에 심어 가꾸는 화초로 많이 이용되고 있다. 본래 원추리는 산과 들의 경계부나 밭둑, 강둑에서 많이 자라는데 봄에는 해가 잘 들고 여름에는 다소 그늘진 곳에서 잘 자란다.

원추리는 우리나라 산야에 많이 있고 잎이 넓고 크며 부드럽기 때문에 선조들이 산채로 널리 이용했다. 우리나라에 야생하는 원추리 종류를 대략 8종이 있는데 백운산원추리, 홍도원추리, 태안원추리가 우리 고유종이며, 가장 흔하게 보이고, 화단에 조경용으로 많이 심은 원추리는 중국 원산인 왕원추리다.

원추리는 6~8월 좀 긴 기간 꽃이 피고 지고를 하는데 영어로 데이릴리 Day lily라고 한다. 하루만 피고 시들어 버린다는 뜻을 내포하고 있다. 원추리는 긴 꽃대 끝에 총상 꽃차례로 달려 있고 6~8개의 꽃이 아래에서부터 위로 한 치의 어긋남도 없이 하루에 한 송이씩 순서대로 꽃이 핀다.

원추리의 이름은 중국『시경』의 백혜라는 시에 처음으로 '훤초'라는 이름으로 나온다. 1610년『동의보감』에서는 한자명 훤초에서 유래하는 한글명 '원추리'가 최초로 나오는데, 훤초, 원초, 원추리로 발전한 것으로 보고 있다. 이어 1820년 유희가 쓴『물명고』에서도 '원추리'라고 표기하고 있으며, 식물도감에서도 원추리를 정식 명칭으로 채택하고 있다.

원추리는 백합과의 여러해살이풀이다. 7~8월에 주황색 꽃이 핀다. 꽃줄기는 잎 사이에서 나와서 자라고, 끝에서 가지가 갈라져서 6~8개의 꽃이 총상 꽃차례로 달린다. 뿌리는 사방으로 퍼지고 원뿔 모양으로 굵어지는 것이 있다. 잎은 2줄로 늘어서고 조금 두껍고 흰빛을 띤 녹색으로 길이 약 80cm, 너비 1.2~2.5cm이며 끝이 처진다. 어린순은 식용으로 하며 뿌리는 이뇨, 지혈, 소염제로 쓴다. 원산지는 동아시아이며 관상용으로 많이 심는다. 번식은 종자나 포기 나누기로 한다. 산지의 양지바른 곳에서 잘 자라며, 우리나라와 중국 등지에 분포한다.

청와대에서는 관저 회차로, 소정원, 녹지원, 의무동, 위민관 등 많은 곳에서 자란다.

96. 연꽃 *Nelumbo nucifera* Gaertn.

불교에서 연꽃은 부처님의 탄생을 알리려 꽃이 피었다는 전설로 불교와 인연이 깊은 꽃이다. 한국, 중국, 일본에서는 이 연꽃은 이미 신앙적인 차원의 꽃이 되었다. 더러운 흙탕물에서 자라면서도 더러움에 물들지 않고 아름다운 꽃을 피운다고 해서 불교와 연꽃은 아주 밀접한 관련이 있다. 불교에서는 삼라만상을 상징하는 오묘한 법칙이 연꽃에서 드러난다고 해서 만다라화라고 하고 부처의 탄생을 알린 꽃이 연꽃이라고 하며 또, 불교의 극락세계를 의미한 꽃이기 때문에 부처상의 대좌는 항상 연꽃을 조각한다. 연등회는 지금도 있다. 연은 꽃으로 연잎으로 연근으로 하나도 버릴 것이 없다.

열매는 견과이며 종자의 수명은 길고 2천 년 묵은 종자에서 발아한 것도 있다. 경주에 있는 부운지를 2000년에 처음으로 준설 작업을 했는데 2년 만에 못을 연잎으로 가득 덮었다. 신라 시대에 연꽃이 만발했다는 기록이 있지만 고려 이후에는 못에 연꽃이 없었고 또, 준설 이후에 아무도 연꽃을 심지 않았다. 결국 과학적인 유추는 그간 땅에 묻혀 있던 연꽃 씨가 천 년을 뛰어넘어 준설로 싹을 틔울 수 있는 상태가 되니까 일제히 싹을 틔운 것이라고밖에 설명이 되지 않았다. 경남 함안의 성산산성에서 발견된 700년 된 고려 시대 연씨가 꽃을 피운 적이 있고, 일본에서는 2천 년 된 연씨를, 중국에서는 500년 묵은 연씨를 싹을 틔우는 데 성공했다.

연잎은 뿌리줄기에서 나와서 키가 1~2m로 자란 잎자루 끝에 달리고 둥글다. 크기는 직경 40cm 내외로서 잎맥이 방사상으로 퍼지고 가장자리가 밋밋하다. 잎자루는 겉에 가시가 있고 잎자루 속에 구멍은 땅속줄기의 구멍과 연결되어 있다.

아시아 남부와 오스트레일리아 북부가 원산지이다.

연의 씨앗은 워낙 단단해서 그냥 심으면 잘 발아가 안 된다. 씨의 한쪽을 집게 등으로 깨서 심어야 싹이 날 수 있다. 연잎과 연꽃은 소수성이 있어 물이 묻지 않는 성질이 있다. 소수성은 물이 잎이나 꽃에 묻지 않고 굴러떨어지는 현상으로 과학적으로 보면 연잎에 나 있는 미세한 돌기가 있어 표면장력이 발생하여 물이 묻지 않는다.

우리나라에 연꽃으로 유명한 곳은 부여의 궁남지, 양평의 세미원 등이 유명하다. 연잎은 연잎차, 연잎밥 등으로 많이 활용되는데 연잎에는 항균 작용, 해독 작용, 피부 미용, 혈압 강하 등 효과가 있다.

연꽃은 연꽃과의 여러해살이 수생 식물이다. 꽃은 7~8월에 홍색 또는 백색으로 줄기 끝에 한 송이씩 피고 지름 15~20cm이며 꽃줄기에 가시가 있다. 꽃잎은 달걀을 거꾸로 세운 모양이다.

청와대에서는 소정원 거울 연못, 친환경 단지에 자란다.

97. 이질풀(노관초) *Geranium thunbergii* Siebold ex Lindl. & Paxton

이질풀의 이름은 이질에 효과가 있다고 붙여진 이름이다. 화단이나 정원에 관상용으로 심으며, 어린순은 나물로 먹는다. 한방에서는 노관초라고 부르며 가을에 전체를 채취하여

사진 (전) 산림청 이상을 님.

깨끗이 씻어 햇볕에 말려서 주로 이질, 지사제, 풍습 치료에 쓰인다.

이질풀과 쥐손이풀은 비슷하여 구별이 어려운데 이질풀은 꽃잎에 자

주색 줄무늬가 다섯 개이고 쥐손이풀은 세 줄의 줄무늬가 있다. 이질풀의 종류에는 둥근이질풀, 사국이질풀, 선이질풀, 참이질풀 등이 있다.

이질풀은 쥐손이풀과의 여러해살이풀이며 꽃은 6~7월에 홍색 또는 홍자색으로 핀다. 꽃줄기는 잎겨드랑이에서 나오고, 그 꽃줄기에서 2개의 작은 꽃줄기로 갈라지고 끝에 각각 1개씩 핀다. 열매는 가을에 익는다. 뿌리는 곧은 뿌리가 없고 여러 개로 갈라지며 줄기가 나와서 비스듬히 자라고 털이 펴져 난다. 잎은 마주 달리고 3~5개로 갈라지며 앞뒷면에 검은색 무늬와 털이 있고 갈래 모양은 달걀을 거꾸로 세워 놓은 것 같으며, 끝이 둔하고 얕게 3개로 갈라지며 윗부분에 불규칙한 거치가 있다. 잎자루는 마주나며 길다. 산과 들의 양지쪽에서 잘 자라며 우리나라와 일본, 대만 등지에 분포한다.

청와대에서는 소정원, 관저 내정, 친환경 단지에 자란다. 이질풀의 꽃말은 '새색시, 수줍음, 귀감'이다.

사진 (전) 산림청 이상을 님.

흰이질풀.

사진 (전) 산림청 이상을 님.

98. 참나리 *Lilium lancifolium* Thunb.

나리꽃 중에 우리나라에 자생하는 종류는 참나리, 중나리, 땅나리, 털중나리, 말나리, 애기나리, 섬말나리 등이 있는데 가장 많이 보이고 꽃이 가장 아름다운 나리가 참나리이다.

참나리꽃은 중국 원산으로 한반도를 포함한 중국 북동부, 일본, 연해주 등 아시아 대륙에 자생하는 고유종이다.

참나리꽃은 꽃이 피지만 별도의 씨앗을 잘 맺지 않으며 번식은 잎겨드랑이에 생기는 콩알 같은 주아라고 하는 구슬 눈이 땅에 떨어져서 발아되며 번식하는데 나리꽃이 군락을 이루는 것은 이 어미 개체에서 주아들이 떨어진 곳에서 발아가 되기 때문이다. 나리꽃을 보면 꽃잎의 주황색 바탕에 표범 무늬와 같은 검은빛이 도는 자주색 반점이 많이 있다. 때문에, 나리꽃의 영어명이 타이거 릴리Tiger Lily이다. 나리의 비늘줄기는 약간 단맛이 나며 식용으로 텃밭에서 재배하기도 했는데 봄이나 가을에 나리꽃 비늘줄기를 캐서 구워 먹거나 조려 먹기도 했다. 또 나리꽃 비늘줄기를 넣어 끓인 죽은 환자를 위한 자양 강장식품으로 이용했다. 한방에서는 비늘줄기를 약재로  사용하는데 주로 강장제, 진해제로 사용했다.

우리의 전통문화에 학문에 정진하여 관직에 오르기를 기원하는 마음을 담아 그렸던 책가도가 있다. 이 책가도에 나리꽃이 자주 등장한다. 이는 당하관堂下官의 벼슬아치를 높여서 부르는 나리(나으리)가, 나리꽃과 발음이 같으므로 길상 문양으로 채택된 것으로 보고 있다.

참나리는 백합과의 여러해살이풀이며, 7~8월에 노란빛이 도는 붉은색 바탕에 검은빛이 도는 점이 많은 꽃이 핀다. 꽃잎은 6개이고 바소꼴이며 뒤로 심하게 말린다. 비늘줄기는 흰색이고 지름 5~8cm의 둥근 모양이며 밑에서 뿌리가 나온다. 줄기는 키가 1~2m이고 검은빛이 도는 자주색 점이 빽빽이 있으며 어릴 때는 흰색의 거미줄 같은 털이 있다. 잎은 어긋나고 길이 5~18cm의 바소꼴이며 녹색이고 두터우며 밑부분에 짙은 갈색의 주아가 달린다. 산과 들에서 자라고 관상용으로 많이 재배하고, 우리나라와 일본, 중국, 사할린 등지에 분포한다.

청와대에서는 소정원, 관저 내정, 녹지원, 상춘재, 용충교에서 본관으로 가는 숲길, 친환경 단지에 자란다.

99. 천남성 *Arisaema amurense* Maxim. f. serratum (Nakai) Kitag.

천남성天南星은 맹독성 물질로 특히 빨
간 열매에 옥살산 결정과 청산가리 성분
이 들어 있어 옛날에는 주로 사약賜藥의
재료로 쓰였다. 야사에 의하면 장희빈이
먹은 사약이 천남성이었다고 한다. 천남
성은 독성이 있지만 약재로도 사용된다.
천남성은 약재의 이름에서 유래하는데,
약성이 극양에 가까워 양기가 가장 강한
남극성(천남성)이라고 부르게 되었다고

한다. 천남성의 꽃을 보면 꽃이 뱀의 머리처럼 생겼다고 사두초라고도 부른다.

천남성은 천남성과의 여러해살이풀이며, 5~7월에 꽃이 피고 단성화이며, 꽃덮개의 몸통 부분은 녹색이고 윗부분이 앞으로 구부러진다. 열매는 옥수수처럼 달리고 10월에 붉은색으로 익는다. 줄기는 키가 15~50cm로 외대로 자라고 굵고 다육질이다. 줄기의 겉은 녹색이지만 때로는 자주색 반점이 있고 1개의 잎이 달리는데 5~11개의 작은 잎으로 갈라진다. 그 작은 잎은 달걀을 거꾸로 세운 모양의 바소꼴로 가장자리에 거치가 있다. 번식은 종자나 알뿌리로 한다. 숲의 나무 밑이나 습기가 많은 곳에서 자라며, 우리나라, 중국 동북부에 분포한다. 청와대에서는 소정원, 용충교 연못 주변에 자란다.

사진 (전) 산림청 이상을 님.

100. 천인국(루드베키아) *Gaillardia pulchella*

천인국天人菊이라는 이름은 한국, 중국, 일본이 같이 쓰는 이름인데, 일본에서 만든 것으로 추정한다. 천인이란 하늘을 자유자재로 날아다니면서 지상에 꽃을 뿌리는 동경 속 인간인데 일본의 선진문물에 대한 선망이 나타나 있는 이름이다. 2차 대전 당시 일본의 카미카제 결사 특공대 조종사들이 충성의 표식으로 천인국 꽃다발을 활주로에 가지런히 놓고 이륙했다고 한다.

천인국의 영어 이름 루드베키아Rudbeckia는 식물학자의 이름이다. 천인국의 종류에는 천인국, 원추천인국, 자주천인국 등이 있다. 하늘을 향하여 핀 노란색 꽃이 해바라기를 닮았다고 꼬마 해바라기라고 부르기도 한다.

천인국은 국화과의 한해살이풀과 두해살이풀도 있다. 7~8월에 노란색 꽃이 줄기와 가지 끝에 지름 5cm 내외의 두화가 달린다. 줄기는 가지가 갈라져서 60cm 정도 자라며 털이 있다. 잎은 어긋나고 바소 모양

청와대야 소풍 가자

의 타원형이며 잎자루는 없다. 종자로 번식한다. 북아메리카가 원산지이며, 30여 종이 있다.

청와대에서는 소정원, 녹지원 주변, 수궁터, 의무동 주변, 영빈관, 위민관 주변, 인수로 변에 자란다. 꽃말은 '영원한 행복'이다.

101. 초롱꽃 *Campanula punctata* Lam.

초롱처럼 아래로 달린 모양이 특이하고 아름다우므로 화단에 심거나 화분에 심는다. 초롱꽃에는 유사 종으로 금강초롱꽃, 자주초롱꽃, 섬초롱꽃, 흰섬초롱꽃 등이 있다.

금강초롱꽃은 우리나라 특산종으로 금강산 일대에서 처음 발견된 것인데, 학명에 하나부사Hanabusa라는 이름이 들어가 있다. 금강초롱꽃을 처음 발견하고 학명으로 등록한 사람이 역시 일본인 나카이가 당시 조선 총독이었던 하나부사의 이름을 넣었다고 한다.

초롱꽃은 초롱꽃과의 여러해살이풀이며, 6~8월에 흰색 또는 연한 홍자색 바탕에 짙은 반점이 있으며 긴 꽃줄기 끝에서 밑을 향하여 피고, 열매는 9월에 익는다. 화관은 길이 4~5cm이고 초롱같이 생겨 초롱꽃이라고 한다. 번식은 종자로 하며 한국, 일본, 중국에 분포한다. 초롱꽃은 어린잎을 무치거나 묵나물로 먹기도 한다.

청와대에서는 소정원, 관저 내정, 위민관 중정, 친환경 단지에 자란다. 꽃말은 '충실, 정의, 열성에 감복'이다.

102. 해바라기 | *Helianthus annuus* L.

해바라기는 꽃 모양도 해(태양)를 닮았지만 해처럼 따뜻한 마음으로 다가오는 꽃이다. 꽃이나 식물의 잎이 태양에 반응하여 돌아가는 현상을 헬리오트로피즘이라고 하는데 해바라기(Sun Flower)는 태양에 반응하는 식물 중에서도 가장 유명한 식물이다. 해바라기꽃은 새벽에는 꽃의 머리가 동쪽을 향해 있으며 시간에 따라서 하루 종일 태양을 향

청와대야 소풍 가자

해 서쪽으로 이동한다. 그러나 해바라기꽃이 완전히 성숙이 되면 헬리오트로피즘이 멈춘다고 한다.

해바라기의 종자로 해바라기유와 견과류를 주로 만드는데 러시아, 우크라이나, 유럽의 중동부, 인도, 중국 북부, 남미 페루 등이 많이 재배하고 있다. 우크라이나와 페루의 국화가 해바라기이고 미국의 캔자스주의 주화가 해바라기라고 한다.

해바라기씨는 단백질이 풍부하고 고급 불포화 지방산이 많이 들어 있는 고급 식물성 기름의 원료다. 러시아에서 종자용으로 개발한 해바라기 품종은 50% 정도 기름을 함유하고 있는데 해바라기유는 대두유, 야자유, 카놀라유(유채유), 올리브유와 함께 중요한 식물성 기름의 하나다.

해바라기는 동서고금을 막론하고 행운을 불러오는 꽃으로 알려져 있다. 양지바른 땅에 뿌리를 두고 하늘로 황금색의 기운을 뻗침으로써 예로부터 부와 건강을 불러다 주는 꽃으로 인식되었다. 우리나라에서 해바라기는 황금색에 열매가 아주 많은 꽃이기 때문에, 금전과 번창 부와 화목을 의미한다고 인식이 되어서 지인이나 친척이 새로운 집으로 이사하거나 개업하면 해바라기꽃으로 된 인테리어 소품이나, 해바라기 그림 액자를 선물하는 경우가 많다.

해바라기는 국화과의 일년생 초본 식물이다. 8~9월 노란색으로 원줄기 또는 가지 끝에 1개씩 핀다. 번식력이 강해서 양지바른 곳에서는 어디서나 잘 자란다. 종자를 식용으로 하며 한방에서는 줄기 속을 약재로 쓴다. 잎은 어긋나고 잎자루가 길며 하트형이고 가장자리에 거치가 있다. 콜럼버스가 아메리카 대륙을 발견한 다음 유럽에 알려졌으며 우리나라에는 개화기에 들어왔다.

청와대에서는 위민관, 인수로 변에 자란다.

청와대야 소풍 가자

가을에 피는 꽃

103. 각시취 *Saussurea pulchella* (Fisch.) Fisch. ex Colla

각시취라는 이름은 작고 예쁘다는  뜻의 각시와 먹을 수 있는 나물이라는 뜻의 취가 합해서 만들어진 이름이다. 다른 이름으로는 솜나물이라고도 하며 초장미꽃이라고도 한다. 각시취는 꽃이 비교적 예뻐서 관상용으로 화단, 정원에 심기도 하는데, 키가 커서 좀 불리한 면이 있기는 하다. 각시취의 전초는 민간에서 소염제로 쓴다.

각시취의 꽃말은 '연정'인데, 붉은 꽃의 하늘거림이 누군가를 향한 애타는 그리움을 호소하는 듯한 모습에서 그런 꽃말이 붙은 것 같다.

각시취는 국화과의 두해살이풀이며 8~10월에 줄기와 가지 끝에 자주색 꽃이 피고 어린 순을 나물로 먹을 수 있다.

번식은 종자 또는 분주로 한다. 줄기에 달린 잎은 길이가 15cm 정도

로 긴 타원형이며 양면에 털이 나고 뒷면에는 액이 나오는 점이 있다. 산지의 양지바른 풀밭에서 잘 자라며, 우리나라, 일본, 중국, 시베리아, 사할린 등지에 분포한다.

청와대에서는 소정원, 녹지원 계류 변에 자라고 있다.

104. 감국 *Chrysanthemum indicum* L.

감국이란 이름은 특유한 달콤한 향기가 있고 단맛이 나기 때문에 붙여진 이름이다. 가을은 국화의 계절이다. 많은 꽃이 앞다투어 피어나는 봄이나 여름에 피지 않고 늦은 가을에 진한 향기로 부드럽고 고고하게 피어나는 꽃이 국화다. 매란국죽 사군자 중에서 국화가 가을의 대표가 되는 이유가 이것으로도 충분하다.

국화는 원예종인 대국에서부터, 우리 산하의 어디에서나 앙증스러운 모습으로 피는 산국, 감국까지 여러 종류가 있다. 지금은 감국, 구절초, 벌개미취 등 기존의 야생종 국화도 재배를 하고 있다. 우리나라 산하의 가을을 화려하고 풍성하게 물들이는 국화를 닮은 꽃을 모두 들국화라고 부르고 있는데 노란색으로 들국화를 대표하는 꽃이 감국과 산국이다. 감국은 줄기가 좀 붉은 빛이 있다. 꽃의 크기가 50원짜리 동전만 하면 산국이고, 500원짜리 동전만 하면 감국이다. 감국은 이름 그대로 단맛이 있어서 차로 마신다.

감국은 국화과의 여러해살이풀이다. 9~10월 줄기 끝에 산방꼴로 노란색 머리 꽃이 핀다. 잎은 어긋나며 잎자루가 있고 끝이 뾰족하다. 어린잎은 나물로 쓰고, 꽃은 말려서 술을 담거나, 한방에서 열감기, 폐렴, 기관지염, 두통, 위염, 장염, 종기 등의 치료에 처방한다. 꽃에 진한 향기가 있어 관상용으로도 많이 심고 주로 산기슭에서 잘 자라고 우리나라와 대만, 중국, 일본 등지에 분포한다. 다른 이름으로 황국, 진국이라고 하며, 생약명으로 야국화, 고의라고도 부른다.

청와대에서는 온실 주변, 녹지원 주변 숲길, 소정원, 관저 내정에 자란다.

105. 구절초 *Dendranthema zawadskii* (Herbich) Tzvelev var. latiloba (Maxim.) Kitam.

들국화 군단에서 가장 흔하게 볼 수 있고 가을을 대표하는 꽃이 구절초와 쑥부쟁이라고 볼 수 있다. 구절초는 한자로 九節草와 九折草 2 가지로 사용한다. 九節草는 음력 5월 5일 단오에는 5마디가 되고 9월 9일 중양절에는 9마디가 된다고 해서 九節草라고 하며, 九折草는 음력 9월 9일 중양절이 구절초가 만발하는 시기인데 이때 꺾어서 말리는 것이 가장 약효가 좋다고 해서 九折草라고 했다. 동양의 음·양설에서 중양절은 양을 의미하는 홀수에서 가장 큰 구가 겹친 날로 겨울로 접어들기 전에 햇볕을 많이 쬐어야 하는 날이라고 한다.

한방에서 여성에게 좋은 약초로 대표적인 것 2가지는 익모초와 구절초라고 한다. 구절초는 여성들의 생리 불순, 생리통, 자궁냉증, 불임증 등 부인병에 효과가 있으며, 소화 불량을 해결하는데도 효과가 있다고 한다. 구절초는 꽃을 말려서 차로 우려서 먹거나 꽃을 과일주 담듯이 술을 담가 먹기도 하며 구절초꽃을 말려서 메밀껍질과 함께 베개 속에 넣으면 향도 좋고 두통이나 탈모에 좋다고 하고 있다.

구절초는 국화과의 여러해살이풀이다. 9~11월에 줄기 끝에 지름이 4~6cm의 연한 홍색 또는 흰색의 꽃이 한 송이씩 핀다. 땅속줄기가 옆으로 길게 뻗으면서 번식한다. 잎은 달걀 모양으로 밑부분이 편평하거나 심장 모양이며 윗부분 가장자리는 날개처럼 갈라진다. 산기슭 풀밭에서 잘 자라고 관상용으로 많이 식재한다. 우리나라와 일본, 중국, 시베리아 등지에도 분포한다.

청와대에서는 녹지원 주변 숲길, 소정원, 관저 내정에 자란다.

106. 꽃범의꼬리 *Physostegia virginiana* (L.) Benth.

야생화 중 범꼬리를 닮았고 꽃이 크고 화려하여 꽃범의꼬리라고 불리게 된 화초다. 꽃이 피는 것이 아래쪽에서 위쪽으로 순차적으로 피기 때문에 개화 기간이 상당히 길다. 꽃이 화려하므로 벌과 나비도 많이 모여드는데 여름, 가을 시기에 좋은 밀원 식물이 되어 준다.

줄기는 사각형이고 키가 60~120cm 정도이다. 잎은 마주나고 줄 모양 바소꼴이며 가장자리에 거치가 있다. 번식은 봄, 가을에 포기 나누기로 하며 종자로도 번식한다. 양지쪽 배수가 잘되는 양토나 사질 양토에서 잘 자란다. 북아메리카 원산이며 피소스테기아라고도 한다.

꽃범의꼬리는 꿀풀과의 여러해살이풀이다. 7~9월 분홍색, 보라색, 흰색 등의 꽃이 피고, 꽃받침은 종처럼 생기고 화관은 길이 2~3cm이며 입술 모양이다. 이름과 같이 범 꼬리 모양의 총상 꽃차례로 꽃이 달린다.

청와대에서는 녹지원 주변 숲길, 소정원, 위민관 주변, 인수로변, 수궁터 주변에 자란다. 꽃범의꼬리 꽃말은 '추억, 젊은 날의 회상, 청춘'이다.

청와대야 소풍 가자

107. 꽃향유 *Elsholtzia splendens* Nakai ex F.Maek.

꽃향유는 어린순은 나물로 먹을 수 있고 꽃은 향유란 이름에 걸맞게 향기가 강하여 꿀벌과 나비가 많이 찾아들게 하며 밀원이 부족한 여름, 가을에 꿀을 제공하는 좋은 식물이다. 향유라는 이름은 향기가 강하고 풀이 부드럽다고 붙여졌다. 꽃향유는 우리나라 중부 이남에 자생하는 1년생 초본이다. 한방에서 감기, 오한, 발열, 두통, 복통, 구토 등을 치료하는 약으로 쓰고, 우리나라 전 지역에 분포하며 산이나 들에서 잘 자란다.

꽃향유는 꿀풀과의 여러해살이풀이다. 9~10월 붉은빛이 비치는 자주색 또는 보라색의 꽃이 줄기와 가지 끝에 빽빽하게 한쪽으로 치우쳐서 이삭처럼 피고, 바로 밑에 잎이 있다. 줄기는 뭉쳐나고 네모지며, 잎은 마주나고 길이 1.5~7cm의 잎자루가 있으며, 끝이 뾰족하고 가장자리에 둔한 거치가 있다.

청와대에서는 소정원, 관저 내정, 침류각, 친환경 단지에 자란다. 꽃향유의 꽃말도 '가을 향기'다.

108. 꿩의비름 *Hylotelephium erythrostictum* (Miq.) H.Ohba

꿩의비름의 이름은 이 풀이 자라는 곳이 꿩이 잘 다니는 곳으로 풀을 건드리면 비듬처럼 꽃잎이 떨어지는데 비듬의 강원도 사투리 비름을 붙인 것이다. 꿩의비름 잎과 줄기는 약용으로 사용되는데 해열과 지혈 효능이 있고 종기와 습진을 가시게 하는 효능도 있다.

꿩의비름은 돌나물과의 여러해살이풀이다. 8~10월 흰색 바탕에 약간 붉은빛이 도는 매우 작은 꽃이 많이 달린다. 어린잎과 순은 데쳐서 식용한다. 꽃잎은 5개이고 바소꼴이며 길이가 6~7mm로 꽃받침 조각보다 3~4배가 길다. 잎은 마주나거나 어긋나고 긴 타원 모양이며 길이가 6~10cm, 폭이 3~4cm이고 다육질이며, 잎의 가장자리에 둔한 거치가 있다. 우리나라 전북·충북·경기·평북 지역과 일본 등지에 분포하며 산지의 햇볕이 잘 드는 곳에서 잘 자란다.

청와대야 소풍 가자

청와대에서는 소정원, 인수로 변, 관저 내정, 용충교 주변 숲길에 자란다. 꿩의비름 꽃말은 '영원한 사랑, 사랑의 맹세'다.

109. 담쟁이덩굴 *Parthenocissus tricuspidata* (Siebold & Zucc.) Planch.

미국의 단편소설 걸작이라면 1905년 O. 헨리가 쓴 마지막 잎새(The Last Leaf)라고 하는 사람이 많다. 이 마지막 잎새는 담쟁이덩굴의 잎을 말한다.

담쟁이덩굴 이름의 유래는 담장에 잘 붙어서 자란다고 하여 담장의 덩굴이라고 부르다가 담쟁이덩굴이 되었다고 한다. 쟁이의 사전적 의미는 '일부 명사 뒤에 붙어서 그것을 나타내는 속성을 많이 가진 사람'을 말하는 것으로 멋쟁이, 겁쟁이, 점쟁이, 욕쟁이 등이 있다.

담쟁이덩굴은 덩굴 식물이지만 성장하면서 줄기도 굵어지고, 수피가 발달하는 포도나무과의 나무이다. 칡이나 등나무처럼 주변의 나무나 기둥 등을 감고 올라가는 형태가 아니고 청개구리의 발가락처럼 생긴 덩굴손 끝부분에 있는 흡착근이 있어서 벽이나 나무 등에 붙어서 올라가는 구조로 되어 있다.

보통 사람들은 담쟁이덩굴의 잎과 단풍만 보지만, 잎이 지고 나면, 작은 포도와 같이 하얀 가루를 덮어쓰고 검은빛으로 익어가는 열매를 볼 수 있는데 누가 봐도 포도와 같은 집안임을 알 수 있다. 담쟁이덩굴의 다른 이름으로는 산에서 기어다니는 매서운 풀이라는 의미로 파산호라고 했고, 땅을 덮는 비단이라는 의미로 지금地錦이라고 했다. 한방에서는 담쟁이덩굴의 뿌리나 줄기를 말린 것을 지금地錦으로 부르는데 『동의보감』에서 보면 '작은 부스럼이 잘 낫지 않거나 목 안과 혀가 붓고, 입이 자꾸 마를 때, 쇠붙이에 베이거나 찔렸을 때, 뱀독으로 가슴이 답답할 때 사용하면 좋다.'라고 되어 있으며, 민간에서는 산후출혈, 골절로 인한 통증, 관절염, 편두통에 사용했다.

담쟁이덩굴의 새순은 봄에 채취하고 줄기와 뿌리는 여름에 채취하여 햇볕에 말려서 약으로 사용하는데 특히 우리 토종 소나무에 붙어서 사는 담쟁이덩굴을 송담이라고 하여, 약효가 크다고 했다. 이 송담은 소나무에 기생하면서 송진을 빨아 먹고 자생하는 것으로 새끼손가락 굵기로 자라려면 20년은 자라야 한다.

담쟁이덩굴은 포도과의 낙엽활엽덩굴식물이다. 꽃은 양성화이고, 6~7월에 황록색 꽃이 가지 끝 또는 잎겨드랑이에서 나온 꽃대에 취산꽃차례를 이루며 많은 수의 꽃이 피고, 9~10월에 붉게 단풍든다. 덩굴손은 잎과 마주나고 갈라지며 끝에 둥근 흡착근이 있어 담벼락이나 암벽에 붙으면 단단히 고정된다. 잎은 어긋나고 잎끝은 뾰족하고 3개로 갈라지며, 밑은 하트 모양이고, 앞면에는 털이 없으며 뒷면 잎맥 위에 잔털이 있고, 가장자리에 불규칙한 거치가 있다. 잎자루는 잎보다 길다. 잎은 가을에 붉게 단풍이 든다. 우리나라와 일본, 대만, 중국 등지에 분포한다.

청와대에서는 관저 뒷산, 본관 뒷산, 영빈관 담장, 성곽로 담장에 자

　　　　　　　　　청와대야 소풍 가자

란다. 담쟁이덩굴의 꽃말은 '우정'이다.

110. 더덕 *Codonopsis lanceolata* (Siebold & Zucc.) Benth. & Hook.f. ex Trautv.

더덕은 삼류蔘類 특유의 쌉쌀한 맛이 있고 뿌리의 향이 강해 더덕이 자라는 숲 근처에만 가도 향 때문에 더덕이 있다는 것을 알 수 있다. 더덕의 향은 동물과 벌레들로부터 자신을 보호하기 위해 발산하는 보호 물질인데 더덕을 건드리면 향은 더 강하게 발산된다. 더덕은 뿌리를 자르거나 껍질을 벗기면 하얀 진액이 나오는데 이것이 사포닌 Saponin이며 흰색 속살을 가지고 있고 섬유질이 풍부하여 갈랐을 때 결대로 찢어지는 특성이 있다.

더덕은 대표적인 알칼리성 식품으로 고기를 먹을 때 같이 먹으면 고기의 산성을 중화시키기 때문에 고기와는 음식 궁합이 좋다. 더덕은 오래된 것은 산삼에 버금가는 효과가 있다고 해서 사삼이라고 불렀다.

뿌리의 생김새는 인삼이나 도라지와
비슷하다. 도라지는 더덕과 같은 국
화목 초롱꽃과이지만 인삼은 미나리
목 두릅나무과로 목부터 완전히 다른
계통이다. 인삼은 잎이 5장인데 비해
더덕은 잎이 4장이다.

『고려도경』에 중국에서는 더덕을 귀한 약으로 쓰고 있는데 고려에서
는 평소에 식품으로 쓰고 있다고 놀라는 내용이 있다.

더덕은 원래가 모두 자연산 더덕이었는데 수요가 늘어나면서 산에
서 채취하는 것이 고갈되어 최근에는 대부분이 밭에서 재배한 재배 더
덕이라고 보면 된다.

『동의보감』에서 '더덕은 맛이 달고 쓰며, 약간 차다. 기침, 가래, 천식
등의 폐의 열을 치료하고, 고혈압, 염증의 치료, 자양 강장 등에 효과가
있다.'라고 하고 있으며, 다량의 사포닌이 함유되어 있어 혈관 질환과
암 예방에도 효과가 있다고 한다.

더덕은 초롱꽃과의 여러해살이 덩굴 식물이다. 8~9월에 종 모양의
자주색 꽃이 짧은 꽃줄기 끝에서 밑을 향해 피고 열매는 9월에 익는
다. 꽃받침은 끝이 뾰족하게 5개로 갈라지며 녹색이다. 화관의 길이는
2.5~3.5cm이고 끝이 다섯 갈래로 뒤로 말리며 겉은 연한 녹색이고 안
쪽에는 자주색의 반점이 있다. 잎은 어긋나고 짧은 가지 끝에 4개의 잎
이 대칭으로 모여 달리고, 긴 타원형의 바소꼴이다. 잎 가장자리는 밋
밋하고 앞면은 녹색, 뒷면은 흰색이다.

청와대야 소풍 가자

봄에 어린잎을 가을에 뿌리를 식용으로 하고 한방에서 뿌리를 사삼, 백삼이라고도 부른다. 우리나라 전국 각지 숲속에서 자라며, 식용, 약용으로 많이 재배하고, 일본, 중국 등지에 분포한다.

청와대에서는 침류각 텃밭, 관저 내정, 친환경 단지에 자란다.

111. 바위솔 *Orostachys japonica* (Maxim.) A.Berger

우리나라는 산지의 바위에 붙어 자라며 『동의보감』에서 와송이라고 한다. 바위솔은 꽃이 피어 있을 때 지붕 기와에 솔이 붙어있는 것처럼 보이기 때문이다. 바위솔 최초의 한글 이름은 지붕지기라고 했다. 바위솔은 옛날에는 오래된 기와지붕에서 흔히 볼 수 있었으나 전통 가옥의 감소로 기왓장 사이의 바위솔은 보기가 어려워졌다.

바위솔은 지붕이나 바위틈 사이에서 직사광선과 극단적인 건조에 노출되어 수분 스트레스가 심하게 발생하는 곳에서도 극소량의 흙으로 살아날 수 있는 물 저장 조직이 있는 다육 식물이다.

바위솔은 돌나물과의 여러해살이풀이다. 9월에 흰색 꽃이 수상 꽃차례에 빽빽이 달리고 여러해살이풀이지만 꽃이 피고 열매를 맺으면 죽는다. 꽃잎과 꽃받침 조각은 각각 5개씩이다. 관상용으로 반려 식물로 각광받고 있으며 민간에서는 엑기스를 담그기도 한다. 뿌리에서 나온 잎은 방석처럼 퍼지고 끝이 굳어져서 가시같이 된다. 원줄기에 달

청와대야 소풍 가자

린 잎과 여름에 뿌리에서 나온 잎은 끝이 굳어지지 않으며 잎자루가 없고 바소꼴로 자주색 또는 흰색이다.

청와대에서는 온실 주변에 자란다.

112. 박하 *Mentha arvensis* L. var. piperascens Malinv. ex Holmes

한글명 박하는 한자명 박하薄荷에서 유래하였으며 한자명 박하는 인도의 산스크리트어 '파하'에서 유래하였다고 보고 있다. 박하는 영어로 민트mint라고 하는데 민트 중에서도 페퍼민트peppermint를 말한다. 민트는 박하의 주성분 멘톨menthol에서 유래한 것이다.

박하는 우리나라에선 남부 지방보다 중부 지방에서 많이 관찰되는데 침수 영향을 받은 지역이나, 습한 지역에서 주로 자란다. 박하는 인간의 간섭이 있었던 지역에서 군락을 이루는 특성이 있다. 야생의 박하 개체가 보이면 언젠가 가까운 곳에 사람들이 터를 잡고 살았던 장소라고 보면 된다.

박하는 꿀풀과의 여러해살이 숙근초이다. 여름에서 가을에 줄기의 위쪽 잎겨드랑이에 엷은 보라색의 작은 꽃이 이삭 모양으로 달린다. 줄기는 단면이 사각형이고 표면에 털이 있다. 잎은 자루가 있는 홑잎으로 마주나고 가장자리에 거치가 있다.

박하유의 주성분은 멘톨이며 이 멘톨은 진통제, 흥분제, 건위제 등의 약용으로 사용하고, 치약, 잼, 사탕, 화장품, 담배 등에 청량제나 향료로 이용한다. 산이나 들에 습기가 있는 곳에서 잘 자라며 전 세계에 분포한다.

청와대에서는 의무동 주변, 친환경 단지에 자란다.

113. 배초향(방아) *Agastache rugosa* (Fisch. & Mey.) Kuntze

배초향은 다른 풀을 물리칠 정도로 강한 향기를 가지고 있어 배초향 排草香이라고 이름 지었다고 한다. 다른 이름으로는 방아잎, 방아풀, 방애풀이라고 하며 한약명으로는 곽향이라고 한다. 외국에서는 배초향을 Korean mint, Korean herb라고 부른다.

배초향은 전체에서 강한 향기가 나므로 잘 말려서 차로 마실 수 있다. 생잎을 이용하여 생선 비린내를 제거하거나 육류 요리 시에 누린내 제거할 때 사용할 수 있다.

배초향은 꿀풀과의 여러해살이풀이다. 7~9월 자줏빛 꽃이 핀다. 잎은 마주나고 달걀 모양이며 끝이 뾰족하고, 잎자루가 있으며 가장자리에 둔한 거치가 있다.

줄기는 곧게 서고 윗부분에서 가지가 갈라지며 단면은 네모이다. 어린순을 나물로 하고 관상용으로 가꾸기도 한다.

한약으로는 소화, 진통, 구토, 복통, 감기 등에 효과가 있다. 우리나라와 일본, 대만, 중국 등지에 분포한다.

청와대에서는 관저 내정, 친환경 단지, 소정원, 수궁터 주변에 자란다.

114. 소엽(차조기) *Perilla frutescens* (L.) Britton var. crispa (Benth.) W.Deane

소엽은 한자로 蘇葉이라고 쓰며 종자는 소자蘇子라고 한다. 다른 이름으로는 보라색을 띠고 있다고 자소엽, 차조기, 차즈기라고 한다.『동의보감』에서는 한자로 자소엽 또는 한글명 차조기라고 기록되어 있다.『대한식물도감』의 정식 명칭은 소엽이다. 소엽을 자소엽이라고 하는 것과 대비하여 들깨를 청소엽이라고 부르기도 한다.

우리나라 전국적으로 재배하고, 재배지를 탈출하여 야생으로 자라는 것도 자주 볼 수 있다. 잎으로 쌈을 싸 먹거나 떡을 찔 때 향신료로 쓰며, 덖어서 소엽차(차조기 차)로 이용한다.

소엽은 꿀풀과의 한해살이풀이다. 8~9월에 연한 자줏빛 꽃이 피고 줄기와 가지 끝에 총상 꽃차례를 이루며 달린다. 줄기는 곧게 서고 높이가 20~80cm이며 단면이 사각형이고, 잎은 마주나고 들깨잎 모양과 비슷하며 끝이 뾰족하고 밑 부분이 둥글며 가장자리에 거치가 있다.

민간에선 생즙을 장염 치료제로 이용한다. 중국이 원산지이며 우리나라는 약용, 식용, 관상용으로 많이 심는다.

청와대에서는 인수로 변, 친환경 단지에 자란다.

115. 솔체꽃 *Scabiosa comosa* Fisch. ex Roem. & Schult.

열매집의 모양이 알곡과 티끌을 걸러내는 체를 닮았다고 체꽃이라고 하는데 체꽃에는 솔체꽃과 좀 더 높이 사는 구름체꽃이 있다. 솔체꽃은 한방에서 꽃 말린 것을 남분화 또는 고려국화라고 하며 피를 맑게 하거나 위장병, 설사에 사용했다.
야생화이지만 꽃이 아름다워 관상용
으로 많이 활용하고 어린순은 나물로
먹기도 하는데 솔체꽃은 독성이 있으
므로 어린이나 노약자, 임산부는 아
예 먹지 않는 것이 좋다.

솔체꽃은 산토끼꽃과의 두해살이풀이다. 8~9월 하늘색 꽃이 가지와
줄기 끝에 두상 꽃차례로 달린다. 뿌리에서 나온 잎은 바소꼴로 깊게
패인 거치가 있고 잎자루가 길며 꽃이 필 때 잎은 사라진다. 줄기에서
나온 잎은 마주 달리고 긴 타원형이며 깊게 패인 큰 거치가 있으며 위
로 올라갈수록 깃처럼 깊게 갈라진다. 줄기는 곧추서서 자라고 가지는
마주나기로 갈라지며 털이 있다. 우리나라 깊은 산에 서식하며, 중국
에도 분포한다.

청와대에서는 관저 내정, 소정원, 녹지원 주변에 자란다.

사진 (전) 산림청 이상을 님.

116. 수크령 *Pennisetum alopecuroides* (L.) Spreng.

우리나라는 양지쪽 길가에서 흔히 자라며, 아시아의 온대에서 열대까지 널리 분포한다. 수크령은 주로 초지나 길 둑에 산다. 이삭의 털색깔이 연한 것을 청수크령, 붉은빛이 도는 것을 붉은 수크령이라고 한다. 여우 꼬리를 닮았다고 낭미초라고도 하는데, 여우 꼬리 모양의 꽃이삭으로 공예품을 만들기도 하고, 꽃꽂이의 소재로 많이 활용되고 있다.

수크령은 화본과의 여러해살이풀이다. 8~9월 자주색 꽃이 피는데 꽃이삭이 원기둥 모양이다. 키가 30~80cm이고 뿌리줄기에서 억센 뿌리가 사방으로 퍼진다. 훼손지 복구에도 많이 심는다.

청와대에서는 버들마당, 소정원, 녹지원, 수궁터, 서별관, 산악 지역에 자란다.

117. 쑥부쟁이 *Aster indicus* L. (Kitam.) Honda

쑥부쟁이는 역시 구절초와 함께 들국화를 대표하는 꽃인데 쑥과 부쟁이 합성어다. 잎은 쑥을 꽃은 취나물을 닮았다고 해서 붙여진 이름이다. 꽃의 색깔은 취나물과 같은 연보라색이다.

쑥부쟁이는 꽃이 없는 어린 상태에서 줄기에 붙어 있는 잎만 보면 쑥과 흡사하다. 꽃으로 보면 쑥꽃은 볼품이 없는데, 쑥부쟁이는 우리의 가을 산하를 아름답게 물들일 정도로 아름답다.

쑥부쟁이의 종류에는 쑥부쟁이, 개쑥부쟁이, 까실쑥부쟁이, 청화쑥부쟁이, 섬쑥부쟁이, 단양쑥부쟁이 등이 있다.

쑥부쟁이는 국화과의 여러해살이풀이다. 7~10월에 꽃잎은 자줏빛이고 중앙은 노란색인 꽃이 핀다. 어린순은 데쳐서 나물로 먹는다. 뿌리에 달린 잎은 꽃이 필 때 지고 줄기에 달린 잎은 어긋나고 바소꼴이며 가장자리에 굵은 거치가 있다. 습기가 약간 있는 산과 들에서 잘 자라며, 우리나라, 일본, 중국, 시베리아 등지에 널리 분포한다.

청와대에서는 버들마당, 소정원, 녹지원, 수궁터, 서별관, 영빈관에 자란다.

118. 억새 *Miscanthus sinensis* Andersson var. purpurascens (Andersson) Matsum.

억새의 줄기와 잎이 억세고 질겨서 이영으로 엮어서 지붕을 만들었는데 '억센새풀'이라고 억새라고 부르게 되었다고 한다. 억새 잎의 가장자리는 날카로워 손을 베이는 경우가 많으므로 만질 때 주의해야 한다.

유행가에 나오는 '아 으악새 슬피 우는~'의 으악새는 새의 이름이 아니고 억새를 말한다. 억새의 종류에는 참억새, 물억새, 가는잎억새, 흰억새, 얼룩억새 등이 있다. 갈대와 억새는 모양이 비슷하여 구분 못 하는 사람이 많은데 조금의 관찰력만 있으면 어렵지 않다. 우선, 갈대와 억새는 자라는 곳이 다르다. 물억새가 있기는 하지만, 갈대는 강, 호수

청와대야 소풍 가자

억새(모닝라이트).

억새(모닝라이트).

억새(제브리너스).

등 습지에서 자라고, 억새는 산, 언덕, 들판에서 자란다. 갈대의 꽃은
회색 또는 갈색이고 억새는 흰색 또는 연한 갈색이며 줄기의 굵기도
갈대는 산죽처럼 제법 굵은데 억새는 젓가락처럼 가늘고 약하다.

억새는 벼과의 여러해살이풀이다. 9월에 줄기 끝에 은빛을 띤 자주
색 꽃이 벼 이삭처럼 핀다. 뿌리줄기는 뭉쳐나고 굵으며 원기둥 모양
이다. 잎은 줄 모양이며 끝으로 갈수록 뾰족해지고 뿌리는 약으로 쓰
고 번식은 종자 또는 분주로 한다. 줄기와 잎은 가축 사료로 이용하고

가을에 베어서 건조하여 초가의 지붕 이는데 섰다. 우리나라는 전국 각지에서 자라며 일본, 중국 등지에 분포한다.

청와대에서는 버들마당, 소정원, 녹지원, 수궁터, 춘추관, 위민관, 서별관에 자란다. 꽃말은 '친절, 세력, 활력'이다.

119. 에키나시아 *Echinacea purpurea* (L.) Moench

에키나시아는 원래 북미 원주민인 코만치족이 민간 약초로 이용하던 것을 1900년대 들어 여러 나라에서 에키나시아 연구가 활성화되면서 면역력을 높이고 감기 증상을 치료하는 데 효과가 있다는 연구 결과를 얻었다. 에키나시아는 알카미드, 카페인산 유도체, 플라보노이드 및 정유 성분을 함유하고 있다. 미국이 원산지이며 우리나라에서는 원예용으로 도입하였고, 중국, 유럽, 아시아 등지에서 재배되고 있다.

한방에서는 약명으로 자추국이라고도 한다. 에키나시아의 꽃말은 '기억'인데, 이 꽃이 아련한 아름다움을 가지고 있어서 사람들이 과거의 순간들을 회상하고 추억하는 데 도움을 준다고 한다.

에키나시아는 국화과의 여러해살이풀이다. 8~9월에 꽃이 피고 전 세계적으로 9종이 있으며 종류에 따라 꽃의 색깔은 흰색, 자주색, 분홍색 등 다양하고 꽃이 꽃대의 끝에 한 송이 핀다. 잎은 어긋나고 바소꼴이며 가장자리에 가는 거치가 있다.

청와대에서는 버들마당, 소정원, 녹지원, 위민관, 서별관에 자란다.

120. 용담 *Gentiana scabra* Bunge

용담의 원산지는 일반적으로 유럽의 알프스라고 알려져 있다. 우리나라는 산지의 풀밭에서 자라며, 일본, 중국, 시베리아 동부에 분포한다. 다른 이름으로는 담초, 지담초, 고담 등이 있다. 모두 쓸개 담膽 자가 들어간다. 뿌리를 한약재로 많이 사용하는데, 맛이 많이 쓰다. 그래서 용의 쓸개라고 용담이라고 부른다. 이 쓴맛이 위장에 들어가서 위액 분비를 촉진 시키므로 건위, 소화 촉진, 간장과 담낭 질환을 치유, 항균 효과 등이 있다.

관상 가치가 높아 원예 및 조경용으로 많이 활용되고 있다. 용담의 꽃말은 '애수, 정의'이다.

용담은 용담과의 여러해살이풀이다. 8~10월 자주색 꽃이 잎겨드랑이와 끝에 달린다. 꽃받침은 통 모양이고 끝이 뾰족하게 갈라진다. 어린싹과 잎은 나물로 먹을 수 있다. 잎은 마주나고 자루가 없으며 바소꼴이며 가장자리가 밋밋하고 3개의 큰 맥이 있다. 잎의 표면은 녹색이고 뒷면은 연한 녹색이며 거치가 없다.

청와대에서는 소정원, 관저 내정, 상춘재 후정, 서별관에 자란다.

청와대야 소풍 가자

121. 참취 *Aster scaber* Thunb.

참취라는 이름은 취나물 중에서도 으뜸으로 좋은 나물이라는 뜻이다. 우리가 정월 대보름날에 먹는 묵나물은 참취가 가장 많다. 생약명으로 동풍채, 산백채라고도 한다. 생약으로는 두통 및 현기증 치료에 쓰인다. 뿌리잎은 자루가 길고 하트 모양으로 가장자리에 굵은 거치가 있으며 꽃 필 때쯤 되면 없어진다. 중간 이상의 잎은 위로 올라가면서 점차 작아지고 꽃이삭 밑의 잎은 타원형 또는 긴 달걀 모양이다. 산과 들의 초원에서 잘 자라며, 우리나라, 일본, 중국 등지에 널리 분포한다.

비슷한 산나물로 곰취가 있는데 잎 모양이 참취는 타원형으로 삼각형의 형태와 비슷하고, 곰취는 곰 발바닥 모양으로 생겼다.

참취는 국화과의 여러해살이풀이다. 8~10월 흰색의 꽃이 산방 꽃차
례로 핀다. 참취의 어린순은 취나물로 다양하게 요리해서 먹을 수 있
으며 향긋한 향이 아주 일품이다.

청와대에서는 친환경 단지, 침류각, 소정원에 자란다.

122. 털머위 *Farfugium japonicum* (L.) Kitam.

털머위의 잎이 두껍고 윤이 나며 뒷면에 잔털이 나 있어 털머위라고 했는데 바닷가 숲속, 습기가 충분한 반그늘 지역에서 잘 자라기 때문에 갯머위라고도 부른다. 일본, 대만, 중국 등지에 널리 분포한다. 잎은 민간에서 약으로 쓰이지만 머위와 달리 독이 있어 식용으로 할 수 없다. 머위와 털머위의 구별은 머위는 잎의 앞면에 광택이 없고 거친 반면, 털머위는 잎의 앞면에 광택이 있고 매끈하며 잎 뒷면에 털이 있다.

털머위는 국화과의 여러해살이풀이다. 9~10월에 노란색으로 꽃이 피는데 지름 5cm 정도로서 산방 꽃차례로 달린다. 뿌리에서 잎이 뭉쳐나고 잎자루가 길어 비스듬히 선다.

생약명으로 연봉초, 탁오, 독각연이라고 부르며, 민간에서는 잎을 상처와 습진에 바르고 삶은 물이나 생즙을 장염 치료제로 쓰기도 한다. 뿌리를 포함한 모든 부분을 약재로 쓴다. 우리나라에서는 제주도, 경

남, 전남, 울릉도 바닷가 근처에서 자라며, 상록성이기 때문에 관상용으로 뜰에 많이 심기도 한다.

청와대에서는 인수로 변, 관저 내정, 친환경 단지, 침류각, 소정원에 자란다. 꽃말은 '순결, 깨끗한 사랑'이다.

123. 투구꽃 *Aconitum jaluense* Kom.

투구꽃은 맹독성 물질을 보유하고 있는 풀이다. 옛날에는 사약의 원료로 사용되었다. 잘못 먹으면 생명을 잃을 수도 있으므로 주의해야 한다. 꽃이 피지 않은 새순이 쑥이나 미나리와 비슷한 모양이기 때문에 종종 잘못 캐는 경우가 있으므로 주의해야 한다. 생약명으로 뿌리를 초오, 토부자, 계독 등으로 불린다.

투구꽃은 미나리아재비과의 여러해살이풀이다. 9월에 자주색 꽃이

청와대야 소풍 가자

핀다. 잎은 어긋나며 손바닥 모양으로 3~5개로 갈라진다. 꽃받침이 꽃잎처럼 생기고 털이 나며 뒤쪽의 꽃잎이 고깔처럼 전체를 위에서 덮어 투구처럼 보인다고 투구꽃이라고 했다.

꽃이 아름다워 요즘은 화단이나 공원에서 자주 만날 수 있다. 번식은 종자 또는 분주로 한다. 우리나라는 속리산 이북 지역 깊은 산골짜기에서 자라며, 중국 동북부, 러시아에 분포한다.

청와대에서는 인수로 변, 관저 내정, 소정원에 자란다.

124. 풍접초 *Cleome houtteana* Schltdl. Jacq.

풍접초風蝶草란 이름은 꽃이 바람에 나는 나비 모양을 닮아서 붙인 이름이다. 또, 옛날 결혼식에서 여자들 머리에 얹는 족도리 모양을 닮아 족도리 꽃이라고 불린다. 풍접초란 이름은 봉선화, 수선화, 백합 등과 같이 한국, 중국, 일본 삼국의 이름이 공통이다.

열대 아메리카 원산이며 관상용으
로 심는다. 우리나라에는 개화기에
들어온 것으로 보고 있는데, 마을 어
귀나 집 담장 밑에 많이 피어나는 꽃
이다. 꽃이 만개하면 키가 크고 꽃송
이가 무거워 좌우로 넘어지는 경우가 많다. 풍접초의 꽃말은 '시기와
질투'이다.

풍접초는 풍접초과의 한해살이풀이다. 8~9월에 홍자색 또는 흰색의
꽃이 총상 꽃차례로 핀다. 줄기는 키가 1m 내외까지 자라며 잔가시가
있다. 잎은 어긋나고 손바닥 모양이다. 작은 잎은 5~7개이고 바소꼴이
며 가장자리가 밋밋하다.

청와대에서는 녹지원 주변, 서별관, 관저 내정, 위민관 주변, 춘추관,
소정원에 자란다.

청와대야 소풍 가자

125. 해국 *Aster spathulifolius* Maxim.

가을 들국화의 한 종류인데 바닷가에 피는 국화라는 의미로 해국이라고 부른다. 다른 이름으로는 바다국화, 흰해국, 왕해국 등으로 불린다. 요즘은 어느 곳에서도 많이 볼 수 있다.

줄기는 다소 목질화되고 가지가 많이 갈라진다. 그래서 혹자는 해국을 반 목본성 초본으로 분류하기도 한다. 잎은 어긋나지만 달걀을 거꾸로 세운 듯한 모양으로 모여 나며 두껍고 양면에 털이 빽빽이 나서 희게 보이며 주걱 모양이다. 잎은 겨울에도 반상록으로 남아 있다.

우리나라에서는 중부 이남 지역 바닷가 근처에서 자라며 관상용으로 뜰에 심기도 한다. 해국의 꽃 모양은 쑥부쟁이와 비슷하다. 약으로는 해국의 전초를 활용하는데 체중 및 체지방 감소에 효능이 있는 것으로 밝혀졌다. 해국환海菊丸을 만들어 만성 간염 치료에 사용된다. 해국의 어린잎은 식용으로 하며 해국 전초를 달인 물로 식혜를 만들어

사진 (전) 산림청 이상을 님.

먹거나 막걸리를 만들어 먹으면서 해국의 약효에 취하기도 한다.

해국은 국화과의 여러해살이풀이다. 7~11월에 연한 보랏빛 또는 흰색의 꽃이 가을부터 겨울에 걸쳐 가지 끝에 핀다.

청와대에서는 녹지원 주변, 관저 내정, 위민관 주변, 소정원에 자란다.

PART 08

청와대의 나무들

1. 가죽나무 *Ailanthus altissima* (Mill.) Swingle

가죽나무가 있으면 참죽나무가 있
다. 참죽나무는 남부 지방의 민가 주
변에 몇 그루씩 심었던 나무로 봄에
새순이 나오면 채취하여 데쳐서 먹거
나 튀김으로 먹고, 또 장아찌로도 만
들어 먹는다. 가죽나무는 참죽나무를 주로 먹는 산사의 스님들이 참
죽나무와 비슷하지만 먹을 수 없다고 하여 가짜 죽나무라고 했던 것이
가죽나무가 되었다고 한다.

가죽나무는 우리나라에서는 참죽나무와 비교되어 먹을 수도 없고
좋지 않은 냄새가 난다고 해서 늘 좋지 않은 의미의 나무로 되어 있는
데 독일에서는 천국나무라고 하고, 영국에서는 하늘나무라고 훌륭한
이름을 붙인 나무가 가죽나무다. 가죽나무잎은 얼핏 보기에는 옻나무
잎과 많이 닮았다.

가죽나무는 소태나무과의 낙엽활엽교목으로 키가 25m, 직경이
50cm까지 자란다. 원산지는 중국으로 우리나라와 일본, 중국, 몽골,
유럽 등지에 분포하고 있다. 학교나 공원 등지에 심지만, 각지에 야생
하기도 한다. 나무껍질은 회갈색이다. 잎은 어긋나고 홀수 1회 깃꼴
겹잎이며 길이 45~80cm이다. 작은 잎은 13~25개로 길이 7~12cm, 너
비 2~5cm이다. 넓은 바소꼴로 위로 올라갈수록 뾰족해지고 털이 난
다. 잎 표면은 녹색이고 뒷면은 연한 녹색으로 털이 없다. 꽃은 잡성
화로 원추 꽃차례를 이루며 6~7월에 녹색이 도는 흰색의 작은 꽃이 핀

　　　　　　　　　　　　　　　청와대야 소풍 가자

다. 열매는 시과로 긴 타원형이며 길이 3~5cm, 너비 8~12mm이다. 프로펠러처럼 생긴 날개 가운데 1개의 씨가 들어 있다. 목재는 가구재, 기구재, 농기구재로 사용한다. 청와대에서는 성곽로 주변 산악 지역에 자라고 있다.

2. 감나무 *Diospyros kaki* Thunb.

장편소설 『대지』로 노벨 문학상을 받은 미국의 펄벅 여사가 1960년에 한국에 와서 경주 여행 중에 늦가을 집집마다 감나무의 위쪽에 몇 개씩 감이 달려 있는 모습을 보고서 '따기 힘들어서 그냥 남긴 것이냐?' 고 물었을 때 겨울새들을 위해서 남겨둔 까치밥이라는 설명을 듣고 대단히 감동했고 '한국에 오기를 참 잘했다.'라는 생각을 했다고 한다.

감나무는 옛 어른들이 잎에 시를 적어서 교환할 정도로 잎이 크고 단풍도 곱지만 역시 가장 아름다운 모습은 초겨울 잎을 다 떨구어 버리고 청명한 하늘을 배경으로 빨간색 감만 주렁주렁 달고 있는 모습이 가장 운치 있는 풍경이 아닐까 생각된다.

감나무라고 하는 이름은 달 감♯ 자 감나무라고 했다. 우리나라는 감나무에 대한 기록이 별로 없지만 조선 초기에 감이 진상물로 등재가 된 것으로 보았을 때는 그 이전 고려 시대부터 이미 재배되었을 것으로 보고 있다.

조선 성종 때 노사신 등이 편찬한 『동국여지승람』에 기록된 우리나라 감의 주산지는 경상도 합천, 하동, 거창, 의령, 함안, 청도, 전라도 해남, 광양, 함평, 곡성, 담양, 남원, 정읍 등으로 되어 있다. 지금 우리나라에서 감으로 유명한 곳은 경북 청도의 청도반시가 있고, 경남 진영의 진영 단감이 있으며, 곶감으로 유명한 경북 상주의 상주곶감이

청와대야 소풍 가자

있다.

우리나라에 감나무 노거수는 그렇게 많지 않은데 경남 산청 남사면에는 640년의 최고령 감나무가 있고, 상주시 외남면에는 하늘 아래 첫 감나무라는 이름의 수령 530년 된 고욤나무에 접목한 감나무가 있으며 의령군 정곡면에는 유일한 감나무 천연기념물 제492호인 500년 된 감나무가 있다.

감나무에서 떨어지면 3년 안에 죽는다는 속설이 있다. 이는 감나무 가지가 생각보다 약해서 조심해야 한다는 말이라고 본다. 또 민간에서는 감나무에는 벌레가 생기지 않고 새가 집을 짓지 않는다고 하는데 그러고 보면 까치집을 감나무에 지은 것을 흔하게 볼 수 없는 것 같다.

감나무는 감나무과의 낙엽활엽교목으로 키가 10여 m까지 자란다. 동아시아 온대의 특산종이다. 중국 중북부, 일본, 한국 중부 이남에서 널리 재배하는 과일나무이며 중국에서는 BC 2세기경에 재배했다는 기록이 있다. 줄기의 겉껍질은 비늘 모양으로 갈라지며 작은 가지에 갈색 털이 있다. 잎은 어긋나고 가죽질이며 타원형의 달걀 모양이다. 잎은 길이 7~17cm, 너비 4~10cm로서 거치는 없고, 잎자루는 길이 5~15mm로서 털이 있다. 잎의 뒷면은 녹색이고 광택이 난다. 꽃은 5~6월에 황백색으로 잎겨드랑이에 달리고 열매인 감은 10월에 주황색으로 익는다. 유사종으로 돌감나무(var. sylvestris), 고욤나무(*Diospyros lotus* L.)가 있는데, 재배 품종의 접붙임용 나무로 이용된다. 청와대 내에서는 상춘재, 본관, 수궁터, 관저 등지에서 자라고 있다.

3. 개나리 *Forsythia koreana* (Rehder) Nakai

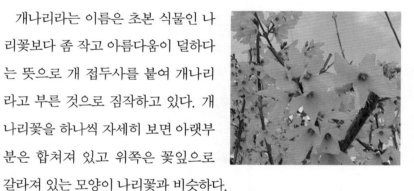

개나리라는 이름은 초본 식물인 나리꽃보다 좀 작고 아름다움이 덜하다는 뜻으로 개 접두사를 붙여 개나리라고 부른 것으로 짐작하고 있다. 개나리꽃을 하나씩 자세히 보면 아랫부분은 합쳐져 있고 위쪽은 꽃잎으로 갈라져 있는 모양이 나리꽃과 비슷하다.

개나리는 학명이 *Forsythia Koreana* (Rehder) Nakai로 역시 일본인 Nakai가 1926년에 독립 종으로 승격시켜 학명을 등록하면서 이것은 원산지를 'Koreana'라고 한국임을 분명히 한 것이다. 개나리꽃이 우리 문헌에 처음 나오는 것은 조선 후기 유박이 지었다고 알려지는 『화암수록』에 화목의 품계를 1품에서 9품까지 정했는데 개나리는 무궁화와 같이 9품에 올라 있다. 당시는 무궁화도, 개나리도 그렇게 존재감이 있는 화목이 아니었다. 때문에, 개나리가 들어가는 시, 문학, 그림 등을 찾아보기가 어렵다.

개나리 이름의 유래는 한국이 오히려 좀 모호하지만 영어로는 서양 사람들이 개나리꽃 모양이 종 모양이라고 생각하여 황금종 Golden Bell 또는 한국 황금종 Korean Golden Bell이라고 한다. 개나리와 비슷한 꽃으로 영춘화가 있다.

개나리는 물푸레나무과의 낙엽활엽관목으로, 우리나라 특산종으로 키가 약 3m까지 자란다. 산기슭 양지에서 많이 자란다. 가지 끝이 밑으로 처지며, 잔가지의 끝은 녹색이지만 뿌리로 갈수록 회갈색으로 변하고 껍질눈이 뚜렷하다. 잎은 마주나고 타원형이며 거치가 있고 길이 3~12cm이다. 잎 앞면은 짙은 녹색이고 뒷면은 황록색이며, 잎자루는 길이 1~2cm이다. 4월에 잎겨드랑이에서 노란색 꽃이 1~3개씩 피며 꽃자루는 짧다. 화관은 길이 2.5cm 정도이고, 끝이 4갈래로 깊게 갈라진다. 열매는 삭과로 9월에 여물고, 길이는 1.5~2cm 정도이고 달걀 모양이다. 번식은 실생이나 휘묻이, 꺾꽂이로 한다. 조경용, 관상용, 생울타리용으로 심는다.

연교는 열매를 말린 것인데 한열, 발열, 화농성 질환, 림프선염, 소변불리, 종기, 신장염, 습진 등에 처방한다. 개나리꽃으로 담근 술을 개나리주, 햇볕에 말린 열매로 담근 술을 연교주라 한다. 청와대 내에서는 정원으로 조성된 전 지역에 자라고 있다.

4. 개암나무 *Corylus heterophylla* Fisch. ex Trautv.

개암나무의 이름은 열매가 밤보다는 못하다는 의미로 개 밤나무라고 했던 것이 구전되면서 개암나무로 변했다고 보고 있다. 도토리 같은 개암나무 알맹이를 깨물면 딱하고 깨지는 소리가 의외로 크기 때문에 정월 대보름에 호두 등과 함께 부럼으로 인기가 있었는데 요즘은 구하기가 쉽지 않다. 구전되는 도깨비방망이 이야기에서 딱 소리에 도깨비들이 도망치게 만든 열매가 바로 개암나무 열매이다. 산백과, 깨금이라고도 한다.

커피를 좋아하는 사람은 헤이즐넛 향 커피를 많이 마시는데 헤이즐넛이 서양개암나무 열매라고 보면 될 것 같다. 한국에서는 밤이나 대추처럼 임산물로 재배하는 농가도 있다.

개암나무는 자작나무과의 낙엽활엽관목으로 키가 약 3~7m 정도 자란다. 우리나라와 일본, 중국, 시베리아 남부까지 분포하고 있다. 산기슭의 양지쪽에서 자란다. 잎은 어긋나고 타원형인데 겉에는 자줏빛 무늬, 뒷면에는 잔털이 나고 가장자리에는 깊이 패어 들어간 부분과 잔거치가 있다. 잎 길이는 약 5~12cm, 너비는 약 2.5~10cm이고, 잎자루의 길이는 약 1~2cm이다. 꽃은 단성화로 3월에 피고 열매는 둥근 모양의 견과이고 넓은 총포에 싸여 있다. 지름 1.5~3cm이며 9~10월에 갈색으로 익는다.

생약의 진자는 개암나무 열매를 말린 것으로 단백질과 지방이 많아 기력을 돕고 위장을 튼튼하게 하는 데 사용하며 날것으로 먹는다. 한방에서 신체 허약, 식욕 부진, 눈의 피로, 현기증 등에 처방한다. 청와대에서는 수궁터, 관저 내정, 관저 회차로에 자라고 있다.

5. 계수나무 *Cercidiphyllum japonicum* Siebold & Zucc.

더 이상 달나라에 항아姮娥도 계수
나무도 방아 찧는 토끼도 살고 있지
않는다는 것을 알고 있지만 선조들
이 전해 주는 신화 같은 이야기는 참
으로 재미있다. 어릴 때는 실제로 계
수나무는 달 속에서 자라고 있는 꿈과 신비가 느껴지는 나무로 알았고
밝은 보름달 표면의 거무스레한 얼룩이 계수나무로 보이기도 했다.

한국, 중국, 일본이 모두 달을 대상으로 한 옛사람들의 시나 노래에
계수나무는 수없이 많이 등장한다. 이 시나 노래에 나오는 계수나무는
의미상 실제의 어떤 특정한 나무라기보다는 좋은 나무, 성스러운 나
무, 막연한 동경의 나무로 쓰인 것으로 보고 있다.

계수나무는 한자로 계수桂樹라고 쓰지만 중국 이름이 아니고 일본
이름이다. 일본에서 계수나무를 가쓰라Katsura라고 부르면서 한자로 계
桂 자로 표기를 했는데 이 나무가 1920년에 일본에서 처음 들어올 때
광릉수목원에서 계桂란 글자만 보고 우리가 계수나무라고 했고 그대
로 공식 이름이 되었다.

영어로도 계수나무를 가쓰라 트리Katsura Tree라고 일본 이름 그대로
쓰고 있으며 중국에서는 연향수라고 한다. 이는 계수나무의 달콤한 향
기가 봄에서 가을까지 연이어진다고 해서 붙인 이름이라고 한다. 이
달콤한 향기는 계수나무 잎 속에 들어있는 엿당maltose이 기공을 통해
서 휘발하기 때문인데 특히 가을 10월경 단풍이 들 때 향기가 더 강하

게 느껴진다.

한자의 계수나무 계桂 자는 계수나무만을 뜻하지는 않는다고 한다. 중국에서 계桂 자는 상록성인 목서木犀를 의미하는 것으로 중국의 유명 관광지 계림桂林은 이 목서나무가 우거지고 아름다운 곳이다. 또, 한약재와 향신료로 쓰이는 계피桂皮는 계수나무의 껍질이 아니고 녹나무과의 육계肉桂나무의 줄기나 뿌리의 껍질이다. 또 올림픽 월계관과 관련이 있는 월계수月桂樹는 그리스 신화에 나오는 나무로 유럽 남부 지방에 자라는 노블 로럴Noble Laurel이란 나무인데 중국에서 번역할 때 월계수라고 번역해서 굳어진 이름이다.

한방에서는 계수나무 가지를 차로 먹으면 심장과 혈액 순환에 좋고 계수나무꽃을 차로 먹으면 불면증, 스트레스, 심신 안정, 감기에 좋다고 한다. 성씨 중에 桂氏는 수안계씨 단 본인데 계수나무 계자를 사용한다. 또 인천의 계양산桂陽山은 계수나무와 회양목이 많았다고 붙여진 이름이라고 한다.

계수나무는 계수나무과의 낙엽활엽교목으로 키가 30m, 직경 2m까지 자란다. 우리나라와 일본, 중국 등지에 분포하고 냇가 등의 양지바른 곳에 군락을 이루며 산다. 줄기는 곧게 자라고 굵은 가지가 많이 갈라지며 잔가지가 있다. 잎은 마주나고 달걀 모양으로 넓으며 잎의 길이는 4~8cm이며 나비는 3~7cm 정도로 끝이 다소 둔하다. 앞면은 초록색, 뒷면은 회백색이고 5~7개의 손바닥 모양의 맥이 있으며 가장자리에 둔한 거치가 있다. 암수딴그루이며 꽃은 5월경에 잎보다 먼저 각 잎겨드랑이에 1개씩 피는데 화피가 없고 소포小苞가 있다. 열매는 3~5

개씩 달리고 씨는 편평하며 한쪽에 날개가 있다. 가을에는 단풍이 아름답고 향기가 좋다. 정원에 관상용으로 심는다. 청와대에서는 녹지원 주변에 자라고 있다.

6. 국수나무 *Stephanandra incisa* (Thunb.) Zabel

국수나무라는 이름은 줄기가 뻗어 나가는 모습이 국수를 닮았다고 하여 국수나무라고 했다고 한다. 국수나무는 가지가 처음 자랄 때는 적갈색이지만 나이를 더 먹으면 줄기가 하얗게 변하면서 국수 면발이 연상된다.

국수나무는 큰 나무 밑이나 덤불 사이에 있어서 다른 나무나 덤불에 녹음이 짙어지면 광합성을 할 수 없다. 그래서 영리하게 4월에 빨리 잎을 피우고 5월에 꽃을 피워 바로 열매를 맺는다. 그 후로는 조금의 햇빛을 받아도 살아가는 데 문제없는 나무다.

청와대야 소풍 가자

국수나무는 장미과의 낙엽활엽관목으로 키기 1~2m 정도 자라고 가지 끝이 아래로 쳐진다. 꽃은 5~6월에 흰색 또는 연한 노란색 꽃이 새가지 끝에 원추 꽃차례로 달린다. 잎은 길이 2~5cm로 어긋나고 세모진 넓은 달걀 모양이며 끝이 뾰족하다. 표면에는 털이 없거나 잔털이 있고 뒷면 맥 위에 털이 있으며 잎자루의 길이는 3~10cm이다. 우리나라 전국 각처의 산과 들에서 흔히 자라며 일본, 중국 등지에 분포한다. 생육 환경은 물 빠짐이 좋고 토양이 비옥한 햇볕이 잘 들어오는 곳에서 잘 자란다. 청와대에서는 위민관 주변, 녹지원 등지에서 자라고 있다.

7. 꽃사과나무 *Malus floribunda* Siebold ex Van Houtte

가을이면 작은 사과 모양의 열매가 무수히 달리는데, 맛도 제법 사과 맛이 난다. 봄이면 나무를 뒤덮을 정도의 꽃이 피는데 보통 진분홍색 꽃이 대부분이지만 원예종은 흰색도 있다. 비슷한 나무로 서부해당화와 꽃아그배나무가 있는데 꽃의 색깔과 열매의 크기 등이 조금씩 다르지만 보통 이 3종을 통칭으로 꽃사과나무라고도 한다.

꽃사과나무는 장미과에 속하는 낙엽활엽소교목으로 아시아와 북아메리카가 원산지이며 사과나무보다 작으며 가시도 많다. 꽃사과는 과당, 포도당, 주석산, 비타민 C가 풍부하여 건강 유지, 피로 회복, 변비 등에 좋다. 꽃사과나무 열매 말린 것은 한방에서 건위와 소화 불량, 식욕 부진, 위산 결핍증 또는 위산 과다증에 사용하며 설사와 생리통, 동상, 요통, 장 출혈 등에 약으로 쓴다.

최근 한 연구 결과 꽃사과나무 잎에서 폴리페놀과 플라노이드 성분이 추출되었는데 항산화 성분인 폴리페놀은 혈압과 콜레스테롤 상승을 억제하고 플라노이드는 혈전 및 뇌졸중 예방, 골밀도 유지에 큰 효과를 보였다. 청와대 내에서는 관저 회차로, 춘추관 옥상정원에 자라고 있다.

8. 낙상홍 *Ilex serrata* Thunb.

낙상홍落霜紅이란 이름은 서리가 내려도 여전히 붉은 열매를 가지고 있는 나무라는 뜻이다. 열매의 빛깔이 좋아 암나무는 정원수, 분재, 꽃 꽂이 소재로 많이 쓰인다. 낙상홍의 열매는 붉은 작은 구슬 모양으로 가을에 익는데 바로 떨어지지 않고 겨울 동안 매달려 있다.

추운 겨울에도 다른 열매와 달리 얼지 않아 윈터베리winter berry라고 도 부르는데 한겨울에 새들에게는 좋은 먹이가 된다. 때문에, 낙상홍 주위에는 겨울에 새가 많이 모여든다. 새들이 먹은 열매는 씨가 소화 되지 않아 멀리까지 퍼져 나간다.

낙상홍은 감탕나무과의 낙엽활엽관목으로 키가 3m 정도 자란다. 잎은 어긋나며 타원형으로 길이 5~8cm, 너비 2~4cm이다. 잎끝이 뾰족하고 가장자리에 잔거치가 있다. 암수 다른 나무이며 꽃은 6월경 잎겨드랑이에 모여 달리며 연한 자줏빛이다. 열매는 지름 5mm 정도로 둥글고 붉게 익는다. 청와대 내에서는 관저, 수궁터, 온실 주변 등에서 자라고 있다.

9. 낙우송 *Taxodium distichum* (L.) Rich.

낙우송의 이름은 새의 깃털 같은 잎이 모양 그대로 낙엽으로 진다고

청와대야 소풍 가자

하여 낙우송落羽松이라고 한다. 또 미
국에서 들어왔다고 미국수삼나무라
고도 한다.

낙우송은 메타세쿼이아와 아주 비
슷한 나무이다. 낙우송은 잎줄기에서
잎은 어긋나지만, 메타세쿼이아는 잎
줄기에서 잎이 마주나는 것이 다른데
가을에 낙엽진의 잎을 보면 구별하는
것은 그렇게 어렵지 않다.

낙우송은 지구상에서 아주 오래된
나무로 이탈리아나 일본에서도 화석
이 많이 나오고 있다. 미국 본토에서

도 수령이 3천 년이 되는 낙우송이 있다. 낙우송은 물을 좋아하여 물가
에서 잘 자라는데 물가가 단단하지 않기 때문에 바람에 넘어질 염려가
있어 나무 모양을 보면 아랫부분이 팽창해 있고 위로 가면서 가늘어지
는 긴 삼각뿔 형태의 구조이다. 또 낙우송은 습지에서 잘 자라며 물속
에서도 자라기도 하는데 낙우송 주변을 살펴보면 뿌리 주위에 독특하
게 툭툭 튀어나온 무릎 모양의 기근이 있는 것을 볼 수 있다.

낙우송은 낙우송과에 속하는 낙엽침엽교목으로 키가 50m, 직경
이 4m까지 자란다. 원산지는 미국이며 나무 모양은 피라미드형이며
뿌리가 세차게 뻗는다. 어린 가지는 녹색이며 털이 없다. 잎은 깃꼴
로 갈라지고 줄 모양으로 뾰족하며 작은 잎은 어긋난다. 잎의 길이는

15~20mm이고 밝은 녹색이다. 꽃은 4~5월에 원추 꽃차례로 피고 열매
는 구과로 길이 20~30mm, 지름 25mm의 공 모양으로 9월에 익는다.

종자는 삼각형이고 모서리마다 날개가 있다. 나무 모양이 아름다워
풍치림으로 많이 심으며 건축재로도 쓴다. 전 세계에 분포한다. 청와
대에서는 관저 앞 의무동 사이에 아름드리 낙우송이 있다.

10. 남천 *Nandina domestica* Thunb.

남천南天이란 이름은 옛날에 지금의 인도를 천축국이라고 했고, 중
국의 남부 지방을 남천축이라고 했는데 남천축에서 나는 나무라고 남
천이라고 했다고 한다. 또 열매가 달린 모습이 촛대에 불꽃이 타고 있

는 모습과 비슷하다고 남천촉이라고도 했으며 잎의 모양과 뿌리에서 올라오는 줄기가 대나무를 닮았다고 남천죽이라고도 불렸다.

남천은 겨울을 버티기 위해 잎 속에 당류 함량이 높아지면서 잎이 타는 것처럼 붉은색을 띠게 된다. 우리의 민속에서는 붉은색은 악귀를 물리친다는 의미가 있어서 주택의 담벼락이나 대문의 입구에 많이 심었다. 중국의 진시황은 사악한 기운을 물리쳐 준다고 매일 남천 젓가락을 사용했다고 하며, 일본에서는 지금도 관광지의 토산품점에서 남천으로 만든 젓가락을 팔고 있는데, 이는 사용하는 사람이 복을 받고 음식에 있는 독을 소멸시킨다고 하고 있다.

남천이 우리나라에 들어온 시기는 다른 식물과 마찬가지로 분명하지 않다. 그러나 신사임당의 화조도에 남천으로 보이는 그림이 있어 적어도 16세기 이전에 중국에서 들어온 것으로 보인다.

오늘날에는 남천을 주로 관상수로 널리 심지만 옛날에는 약용 식물로 많이 심었다. 남천의 열매는 남천실이라고 하는데 알칼로이드

Alkaloid 성분이 있어서 천식이나 백일해 등에 진해제로 사용되었으며 민간에서는 잎을 강장제로 많이 사용했다.

남천은 매자나무과의 상록활엽관목으로 키가 3m 정도 자란다. 원산지는 중국으로 우리나라에서는 정원에 많이 심는다. 밑에서 여러 대가 자라지만 가지는 치지 않고 목질은 황색이다. 잎은 딱딱하고 거치가 없으며 3회 깃꼴겹잎이다. 6~7월에 흰색의 양성화가 가지 끝에 원추꽃차례로 달린다. 열매는 둥글고 10월에 빨갛게 익기 때문에 관상용으로 많이 심는다. 청와대에서는 위민관 등지에서 자라고 있다.

청와대야 소풍 가자

11. 노간주나무 *Juniperus rigida* Siebold & Zucc.

한때 세계 술 시장에서 주류를 이루었던 드라이 진의 특유한 풍미는 바로 노간주나무 열매에서 나온 것이다. 진은 처음에는 술이 목적이 아닌 약으로 사용되었다고 한다. 당시 영국의 증류주는 스카치위스키였는데 영국 사람들이 진에서 느끼는 노간주나무 열매 향에 열광하게 되고 그후 미국으로 건너가 진이 칵테일 베이스로 대중화되면서 전 세계로 퍼져 나가게 되었다.

노간주나무는 다른 활엽수 때문에 존재감이 없다가 겨울에 나무들이 잎이 지고 가지만 앙상히 남았을 때 차렷 자세를 한 것 같은 단정하고 강직한 느낌으로 존재감을 드러내는 나무다. 노간주나무는 유연하여 무서운 바람에도 맞설 수 있고 메마르고 척박한 땅에서도 잘 자라는 강한 나무로 다른 나무들과 경쟁을 피해서 다른 나무들이 싫다고 하는 암반 틈새, 절벽 등을 선택하여 아주 느리게 성장하며 살아간다.

중국에서는 고대 두나라의 소나무란 의미로 두송杜松으로 쓰고 있으며 일본에서는 딱딱한 침처럼 생긴 노간주나무 가지를 쥐가 다니는 길목에 놓아 다니지 못하게 한다고 해서 서자鼠刺라고 한다. 노간주나무 이름의 유래는 한자의 노가자목老柯子木에서 유래했다고 보고 있다.

조선 후기 서유구의 『행포지』에 보면 '노간주나무가 옆에 있으면 배나무는 전부 죽는다.'라고 했는데 오늘날 과학적으로 밝혀진 배나무의 붉은별무늬병의 중간 기주가 노간주나무나 향나무이기 때문이다. 지금도 배 밭 주위에는 노간주나무나 향나무를 심지 않으며 있는 것도 베어 내고 있다.

노간주나무는 잘 구부러지고 질기고 부러지지 않기 때문에 소 코뚜레로 가장 많이 사용되는데 지방에 따라서는 코뚜레 나무라고도 불린다. 노간주나무 열매를 말린 것을 두송실이라 하며 한방에서는 두송실을 발한, 이뇨, 신경통, 류머티즘 치료제로 쓰며 정유로 두송실정을 만들어 류머티즘에 바르기도 하고 여러 향료에 사용한다.

한국, 일본, 중국, 몽골, 시베리아 등지에 분포한다. 정원수로 심으며 목재는 조각재, 농기구재로 쓴다.

노간주나무는 측백나무과의 상록침엽소교목으로 키가 약 8m, 직경은 약 20cm 정도 자란다. 산기슭의 양지쪽 특히 석회암 지대에서 잘

청와대야 소풍 가자

자란다. 잎은 바늘 모양으로 3개가 돌려나며 끝은 뾰족하고 겉면 가운데에 흰색의 좁은 홈이 있다. 잎 길이는 12~20mm이다. 꽃은 5월에 피는데 초록빛을 띤 갈색 꽃이 묵은 가지의 잎겨드랑이에 달린다. 열매는 구과로 다음 해 10월에 검은빛을 띤 갈색으로 익는데 공 모양이며 지름 7~8mm이다. 청와대에서는 기마로 주변과 산지에 자라고 있다.

12. 눈주목 *Taxus cuspidata* Siebold & Zucc. var. nana Rehder

주목은 나무를 잘라 보면 붉은색으로 보인다고 주목朱木이라고 했다. 더디게 자라는 나무의 특성상 재질이 단단하기 때문에 도장, 낙관, 목활자 등에 사용되었다.

주목의 종류에는 눈주목과 설악눈주목, 회솔나무, 원예종으로 개량된 황금주목 등이 있다. 눈주목이라는 이름은 눈雪의 의미가 아니고 누워서 자라는 주목이라는 이름이다.

눈주목은 주목과의 상록침엽관목으로 키가 1~2m 정도 자란다. 눈주목은 일본 원산으로 수피는 붉은빛을 띤 갈색이고 원줄기가 곧게 서지 않으며 주목보다 생장 속도가 느리고 밑동에서 줄기가 여러 개 나와 옆으로 퍼진다. 잎과 꽃과 열매는 주목과 비슷하며 번식은 종자나 꺾꽂이로 한다.

정원이나 공원에 관상용으로 심으며 한국, 일본 등지에 분포한다. 우리나라에서는 한라산, 지리산, 무등산, 소백산, 태백산, 설악산 등 산 중턱 이상에서 자라는 상록관목이다. 청와대에서는 정원으로 조성된 전 지역에 분포한다.

13. 느릅나무 Ulmus davidiana Planch. var. japonica (Rehder) Nakai

느릅나무는 우리나라의 북으로는 압록강에서부터 남으로는 제주도에 이르기까지 어디에서도 흔하게 자라는 나무로 그 옛날 가난한 백성들은 껍질을 벗겨 배고픔을 달래었고, 몸이 아픈 사람들에게는 좋은 약재로서 아픈 곳을 고쳐 주는 나무였으며, 지체 높은 귀족들에게는 나무 전체가 집짓기의 좋은 목재로 사용되었던 아주 친근한 나무였다.

느릅나무 껍질과 소나무 껍질은 옛날 흉년이 들었을 때 대표적인 구황 식물이었다. 느릅나무 딱딱한 껍질을 벗겨 내면 부드러운 속껍질이

나오는데 이것을 방아나 절구로 찧으
면 전분이 있어서 점액질이 나오며
말랑말랑해지고 흉년에 먹을거리 대
용으로 요긴하게 이용할 수 있었다.

『삼국사기』에 나오는 고구려 평강
공주는 처녀의 몸으로 용감하게 보물 팔찌 수십 개를 팔에 걸고 궁궐
을 혼자 나와 바보라고 소문난 온달의 집을 찾아가서 결혼을 청한다.
이에 눈먼 온달의 노모가 말하기를 '지금 그대의 몸에서 나는 향기가
필시 귀인인 듯한데 보잘것없는 내 아들과 가까이할 사람이 못 된다고
하며 내 아들은 지금 굶주림을 참다못해 느릅나무 껍질을 벗기려고 산
속으로 갔소.'라고 거절하는 내용이 나오는 것으로 봐서는 느릅나무가
구황 식물로 역할을 한 것이 삼국 시대 이전부터로 아주 오래된 것으
로 보인다.

조선 명종 때 『구황촬요』에도 흉년에 대비해 백성들이 평소에 비축
해 둘 물건으로 느릅나무 껍질이 들어 있다. 또 봄이 되면 느릅나무 어
린잎은 우리에게 좋은 식재료가 되었다.

우리나라 고유의 한지는 닥나무로 만드는 것은 다들 잘 알고 있지만
느릅나무 내피에서 점액을 추출해서 종이를 뜬 것을 유지楡紙라고 하
는데 고급 종이다. 느릅나무 속껍질을 벗겨 찧으면 점액질로 미끈미끈
하고 느른해진다고 즉 힘없이 늘어짐을 의미하는 느릅에서 느릅나무
라고 했다고 한다. 또 느릅나무를 일본말로는 니레=ㄴ라고 하는데 니
레는 우리말 느릅에서 생긴 말이라고 일본에서도 보고 있다.

경상도에서는 느릅나무가 코나무라고 불리는데 느릅나무 껍질을 물에 담가 두면 콧물 같은 점액질이 생성되는데 이 모양이 콧물 같다고 해서다. 이 점액질의 성분이 항염 효능을 가지고 있어 비염, 위궤양, 식도염, 기관지염 등 다양한 염증 질환에 효과가 있다고 알려져 있다. 느릅나무는 멋진 수피와 아름다운 수형, 봄에 연초록의 신록과 가을의 단풍이 아름다워 분재로서 많이 사랑받는 수종인데 다른 수종에 비해서 희소성이 있어서 분재인이라면 누구나 한 그루쯤은 가지고 싶어 하는 나무다.

느릅나무는 느릅나무과의 낙엽활엽교목으로 키가 20m, 직경이 60cm까지 자란다. 우리나라와 일본, 사할린, 쿠릴 열도, 중국 북부 지역에 분포하고 수피는 회갈색이고 작은 가지에 적갈색의 짧은 털이 있다. 봄에 어린잎은 나물로 먹을 수 있다. 잎은 어긋나고 달걀을 거꾸로 세운 모양의 타원형이며 끝이 갑자기 뾰족해지고 잎 가장자리에 겹거치가 있다. 잎자루는 길이가 3~7mm이고 털이 있다. 꽃은 3월에 잎보

　　　　　　　　　　　　　청와대야 소풍 가자

다 먼저 피며 잎겨드랑이에 취산 꽃차례로 7~15개가 모여 달린다. 열매는 시과로 타원 모양이며 길이가 10~15mm이고 5~6월에 익으며 날개가 있다. 목재는 건축재, 기구재, 선박재, 세공재 등으로 쓰인다. 청와대에서는 충정관 담 아래에 자라고 있다.

14. 능소화 *Campsis grandiflora* (Thunb.) K.Schum.

능소화는 옛날에 문무 과거에 급제한 사람들에게, 임금이 하사해서 관모에 꽂아 주던 꽃이기 때문에 어사화御賜花라는 이름도 가지고 있는데, 조선 중기 이후에는 지방에서 과거에 급제한 사람이 지방까지 며칠 걸려서 내려가면 꽃이 말라 버려서 모양도 흉해지고, 꽃이 없는 계절에 급제하는 경우도 있어 어사화가 종이꽃으로 바뀌게 되었다고 한다.

이런 연유로 능소화는 양반집 담장 안에 심어서 양반들만 감상하고, 서민들은 감상하기 어려웠기 때문에 양반 꽃이라고도 했다.

옛날에는 서민이 이 꽃을 심어서 기르다가 발각되면 관아에 끌려가서 불경죄로 곤장을 맞았다고 한다. 우리나라에 들어온 지는 오래되었지만 너무 귀하게 취급받았기 때문에 서민들은 쉽게 접하기 어려웠는데, 조경이 보편화되면서 여기저기 많이 식재되어 요즘은 누구나 쉽게 볼 수 있게 되었다.

능소화는 실제 중국의 강소성이 원산지라고 하는데, 언제 우리나라에 전래되었는지는 분명치 않지만 아주 옛날부터 사찰이나 대가 집의 담장 안에서 귀하게 대접을 받아 온 것 같다. 이 꽃이 능소화凌霄花라고 이름을 붙여진 것은 한자명에서 온 것으로 능凌은 업신여길 능, 능멸할 능, 소霄는 하늘 소 자로 '하늘을 업신여긴다. 태양을 업신여긴다.'는 뜻 이 된다. 여름에 줄기가 벽이나 나무를 타고 죽죽 올라가는 것이 하늘을 업신여길 정도로 기세 좋게 올라간다고 해서 붙여진 이름이라고 한다.

또 능소화는 등나무와 같이 덩굴로 그늘을 만들기도 하는데, 그 꽃이 아름답다고 해서 금등화金藤花라고도 불렸고 구중궁궐화라고도 하며 지방에 따라서는 처녀화라고 불리는 곳도 있다.

일본日本이란 국호는 태양이 근본이라는 뜻인데 태양을 업신여긴다. 태양을 능멸한다는 능소화의 이름이 일본을 능멸하는 것으로 볼 수 있 어서 일본인들은 많이 거슬리게 생각했다고 한다. 때문에, 이 꽃을 접 촉하면 눈병이 걸린다고 일본에서 소문을 퍼트렸다고 한다. 그러나 전 문가들은 능소화 꽃가루를 현미경으로 보았을 때 구조가 갈고리 모양 으로 되어 있어 눈에 들어가면 더 가려울 수 있지만, 눈병과 직접 관련 은 없다고 한다.

능소화는 꽃이 떨어질 때 보면, 꽃잎이 시들지 않은 상태에서 통꽃으 로 툭 떨어진다. 마치 동백꽃이 떨어지는 모습과 비슷하다. 이는 잘 나 갈 때 그 자리에서 내려올 줄 아는 선비와 같은 품위와 기개를 나타내 는 것이라고 보고 있다.

능소화는 능소화과의 낙엽활엽덩굴식물로 줄기에 흡착근이 있어 벽 에 붙어서 올라가고 줄기가 10m까지 자란다. 잎은 마주나고 작은 잎은 7~9개로 달걀 모양 또는 달걀 모양의 바소꼴이고 길이가 3~6cm이며 끝이 점차 뾰족해지고 가장자리에는 거치와 더불어 털이 있다. 꽃은 8~9월경에 피고 가지 끝에 원추 꽃차례를 이루며 5~15개가 달린다. 꽃의 지름은 6~8cm이고, 색은 귤색인데, 안쪽은 주황색이다. 화관은 깔때기와 비슷한 종 모양이다. 열매는 삭과이고 네모지며 2개로 갈라지고 10월에 익는다. 청와대 내에서는 관저 내정, 버들마당과 수궁터 옹벽에서 자라고 있다.

15. 다릅나무 *Maackia amurensis* Rupr.

다릅나무는 나무를 자르면 목질부의 심재는 짙은 갈색이고, 변재는 황백색으로 색깔이 완전히 달라서 다릅나무가 되었다고 하는 제법 그 럴듯한 설이 있다.

다릅나무는 콩과의 낙엽활엽교목으로 키가 15m까지 자라고 우리나라와 중국 등지에 분포한다. 나무껍질은 엷은 녹갈색이고 광택이 있다. 잎은 어긋나며 홀수 1회 깃꼴겹잎이다. 작은 잎은 긴 달걀 모양이며 길이가 5~8cm이고 끝이 뾰족하며 밑 부분이 둥글고 가장자리가 밋밋하다. 꽃은 7월에 흰색으로 피고 가지 끝에 길이 10~20cm의 총상 꽃차례 또는 원추 꽃차례로 달린다. 꽃의 지름은 8mm이다. 종자는 길이가 6mm이고 콩팥 모양이다. 목재는 결이 아름답고 무거우며 질겨서 기구재, 기계재, 장식재, 농기구의 자루 등으로 쓰인다. 청와대에서는 백악교 주변, 기마로 등지에서 자라고 있다.

청와대야 소풍 가자

16. 대왕참나무 *Quercus palustris* Münchh.

이름도 좀 생소한 대왕참나무는 근래에 길거리에서 자주 볼 수 있게 되었다. 대왕참나무도 참나무의 한 종류이며 일제 강점기 때 들어왔지만, 그동안 별로 보급되지 않았다.

1936년 손기정 선수가 독일 베를린 올림픽 마라톤 경기에서 금메달을 받았는데 당시 독일 총통이 히틀러였다. 손기정 선수 가슴에 일장기를 지운 사진이 문제 되었던 동아일보 기사를 보면 아래와 같다.

'영예의 우리 손군 머리엔 월계관 감람수의 화분.'

감람수는 성경에도 아주 많이 나오는데 올리브Olive 나무라기도 하고, 혹자는 월계수Laurel라고도 하는데, 히틀러에게 부상으로 받은 묘목 사진은 분명 올리브나 월계수는 아니다. 손기정 선수가 들고 있는 화분 사진에 나온 묘목은 독일 옛 마르크 동전에 나오는 떡갈나무처럼 생긴 로부르참나무Quercus robur다.

손기정 선수는 부상으로 받은 그 묘목을 가지고 와서 모교인 서울

만리동에 있는 양정고등학교에 심었
다고 한다. 지금 양정고는 서울 목동으
로 이전하고 옛 양정고 자리에 지금 손
기정 기념관과 기념 공원이 있는데, 85
년 전 그 묘목은 잘 자라 키가 17m, 줄
기 둘레 2m의 큰 나무로 자랐다. 그런
데 이 나무는 전문가가 보기에는 틀림
없는 대왕참나무가 맞다.

　서울 만리동에 있는 손기정 기념 공원에 있는 손기정 월계관 기념수
안내판에 적힌 글이다. '이 나무는 1936년 제11회 베를린 올림픽 경기
대회의 마라톤 종목에서 우승한 손기정 선수를 기념하여 심은 것이다.
원래 올림픽 수상자에게 주는 월계관은 지중해 부근 건조 지대에서 자
라는 월계수Laurel의 잎이 달린 가지로 만들었으나 독일 베를린대회에
서는 미국이 원산지인 대왕참나무Quercus palustris의 잎이 달린 가지로
만들었다고 한다. 이 나무는 당시 손기정 선수가 부상으로 받은 묘목
을 그의 모교인 양정고등학교에 심은 것이다.'라고 적혀 있다.

　여기에서 의문이 생긴다. 손기정 기념 공원에 있는 손기정 월계관
기념수라고 현재 서 있는 나무는 틀림없는 대왕참나무인데, 손기정 선
수가 받은 월계관과 부상으로 받은 묘목은 로부르참나무가 맞기 때문
이다.

　왜 이렇게 된 것일까? 이제는 아무도 확실하게 설명할 사람이 없을
것 같다. 추론하기는 손기정 선수가 부상으로 받은 묘목을 가지고 귀

국까지는 100일 이상 걸렸고, 또 귀국 후 겨울을 보내고, 이듬해 봄에 양정고등학교에 심는 과정에서 묘목이 대왕참나무로 바뀌었을 가능성이 있다고 하나, 그 당시 우리나라에 대왕참나무가 도입되어 있지 않았다고 한다. 때문에 로부르참나무든 대왕참나무든 그때 심은 월계관 기념수가 죽어버리고, 그 후에 로부르참나무와 가장 비슷한 대왕참나무를 보식補植했을 개연성을 이야기하는 사람도 있다.

대왕참나무는 참나무과의 낙엽활엽교목으로 키가 40m, 직경은 1m까지 자란다. 원산지는 북아메리카이다. 수관은 원추형으로 빨리 자라며 추위에 강하여 -40℃ 이상에서도 잘 견딘다. 수피는 회색이고 매끈하나 오래되면 얇게 터진다. 1년생 가지는 불그스름한 갈색이다. 잎은 어긋나고 길이는 8~20cm이며 가장자리에 3~7개의 큰 거치가 있다. 열매는 갈색으로 구형 또는 타원형이며 길이 2~3cm이다. 잎은 가을에 붉은색으로 물들고 아름다워 공원, 유원지 등에도 많이 심는다. 목재는 가구재로 이용된다.

그 외에도 참나무의 특징인 도토리가 달리며 역시 묵을 쑤어 먹을 수 있다. 수형이 아름답고 여름에는 넓고 푸른 그늘과 단풍이 아름다우며 병충해에 강하고 이산화탄소를 많이 흡수하므로 도시 공기 정화나 도시 온도를 낮추는데 효과가 커서 가로수나 정원수로 최근에 많이 보급되고 있다. 2024년 한강 뚝섬에서 개최된 서울 국제 정원 박람회에서는 흉고직경 50cm가 넘는 대왕참나무 5그루를 원통형 토피어리topiary로 만들어 심은 것도 있었다. 청와대 내에서는 경호실 건물 뒤, 녹지원 계류 주변에서 자라고 있다.

17. 대추나무 *Ziziphus jujuba* Mill.

대추나무의 어원은 한자의 대조목大棗木이 대조나무가 되었고 구전되면서 대추나무로 변화된 것이라고 한다. 대추나무의 열매를 한자로 조棗, 대조大棗라고 하는데 또 나무에 달리는 꿀과 같다는 의미로 목밀木蜜, 색이 붉다고 해서 홍조紅棗라고도 한다.

우리나라에는 삼국 시대 이전에 대추나무가 있었던 것으로 추정하나 문헌의 기록이나 실물의 발굴이 없다. 문헌으로 처음 만나는 대추

청와대야 소풍 가자

는 고려 문종 33년에 중국 송나라에
서 보내온 백 가지 의약품 중에 산조
인酸棗仁이라 하여 지금의 멧대추가
들어 있으며 12세기 말 고려 명종이
대추나무의 재배를 권장했다는 기록
이 있다.

대추나무는 자귀나무와 함께 대표적으로 게으른 나무로 분류가 되
는데 늦봄, 심할 때는 6월에 겨우 새싹을 내밀기 때문에 옛날 사람들은
게으른 양반에 빗대어 양반나무라고 했으며 성질 급한 농부는 봄에 새
싹이 올라오지 않는다고 겨울에 얼어 죽은 것으로 오해해서 베어 버리
기도 했다.

예로부터 대추나무 열매의 붉은 빛은 강한 생명력과, 요사스러운 귀
신을 쫓는 벽사력과 풍요와 다산의 의미를 함축한 나무로 보았다. 대
추는 다남多男을 기원하는 상징으로 결혼식 폐백 때 시부모가 며느리
치마폭에 대추를 던져 주는 풍속은 아들을 많이 낳으라는 뜻으로 지금
도 이어지고 있다.

『동국세시기』에 의하면 대추를 많이 열리도록 하기 위해 대추나무
시집보내기가 있었는데 단오에 대추나무 가지가 갈라지는 부분에 큰
돌을 끼우는 풍속으로 시골에서 지금도 가끔 볼 수 있다. 또 실학자 홍
만선이 쓴 『산림경제』에 보면 대추나무꽃이 필 무렵에 막대기로 대추
나무를 두들기면 열매가 많이 달린다고 했는데 이 미신 같은 방법이
과학적으로 효능이 있는데 그 과학적 효능은 환상 박피 효과이다.

　대추는 날로 먹거나 떡, 약식 등의 요리에 이용하며 대추를 9월에 따서 말린 것을 한방에서는 자양, 강장, 진해, 진통, 해독 등의 효능이 있어 기력 부족, 전신 통증, 불면증, 근육 경련, 약물 중독 등에 쓴다.

　대추나무는 갈매나무과의 낙엽활엽교목으로 키가 10~15m 정도까지 자란다. 대추나무는 유럽 동남부와 아시아 동남부가 원산지이다. 대추나무는 마디 위에 작은 가시가 다발로 난다. 잎은 어긋나고 달걀 모양 또는 긴 달걀 모양이며 3개의 잎맥이 뚜렷이 보인다. 잎의 윗면은 연한 초록색으로 약간 광택이 나며 잎 가장자리에 가는 거치들이 있다. 잎자루에 가시로 된 턱잎이 있다. 6월에 연한 황록색 꽃이 피며 열매는 핵과로 타원형이고 표면은 적갈색이며 윤이 나고 9월에 빨갛게 익는다. 청와대 내에서는 관저 회차로, 관저 내정, 유실수 단지에 자라고 있다.

18. 덜꿩나무 *Viburnum erosum* Thunb.

덜꿩나무의 이름은 아무래도 꿩과 관련이 있는 것으로 보고, 들에서 꿩이 좋아하는 열매를 달고 있는 나무라고 들꿩나무라고 하던 것이 덜꿩나무로 변한 것으로 유추하고 있다.

덜꿩나무와 비슷한 시기에 피는 가막살나무가 있는데 너무 많이 닮아서 일반인들은 구별이 어렵다. 잎의 넓고 좁은 차이로 구별하고 있다.

덜꿩나무는 인동과의 낙엽활엽관목으로 키가 2m 정도 자란다. 우리나라와 일본, 중국 등지에 분포하고, 해발 1,200m 이하의 산기슭 숲속

이나 숲 가장자리에서 자란다. 잎은 마주나고 달걀 모양의 타원형으로 잎끝은 뾰족하고 밑은 둥글거나 심장 모양이며 길이 4~10cm, 너비 2~5cm이고 가장자리에 거치가 있다. 잎자루는 길이 2~6mm이다. 5월에 지름 6~7mm의 흰색 꽃이 가지 끝에 취산 꽃차례로 피고 열매는 핵과로 달걀 모양의 원형이고 9월에 빨갛게 익는다. 어린 순과 열매는 식용으로 먹을 수 있다. 청와대 내에서는 버들마당과 수궁터에서 자라고 있다.

19. 두릅나무 *Aralia elata* (Miq.) Seem.

두릅은 땅두릅과 나무 두릅이 있는데, 땅두릅은 독활이라고 불리는 여러해살이풀로 나무 두릅에 비해 굵직하고 줄기가 붉은색을 띤 것이 특징이다. 나무 두릅은 참두릅과 개두릅으로 나누어지는데 개두릅은 두릅나무와 비슷한 음나무의 순이다.

우리 조상들은 춘곤증의 해결책으로 봄에 새로 나온 봄나물을 먹었다. 그동안 부족했던 비타민C 등을 보충했으며 또 봄에 새로 나는 어린싹들은 대부분이 약한 쓴맛이 있는데 이 약한 쓴맛이 열을 내리고 춘곤증을 치료하며 입맛을 돋우는 좋은 작용을 한다.

새봄의 나물 중에서 으뜸인 나물이 바로 두릅이다.

두릅은 두릅나무에 달리는 새순을 말하는데 그 독특한 향이 일품이다. 우리의 봄나물로 가장 잘 알려진 냉이, 달래, 쑥 등이 있지만 두릅은 특히 사포닌saponin 성분이 들어 있어서 최고로 친다.

퇴계 이황 선생의「목두채木頭菜」라는 시에 산상목두채山上木頭菜 해중석수어海中石首魚 도화홍무절桃花紅雨節 포끽와간서飽喫臥看書라고 했는데, 해석하면 '산에서 나는 나물 중에 으뜸은 두릅이요, 바다에서 나는 물고기 중에 으뜸은 조기이다. 복사꽃 붉게 비 오듯 날리는 이 봄에 배불리 먹고 누워서 책을 읽노라.'이다.

두릅을 채취하는 인건비 때문에 갈수록 가격이 비싸져서 최근에 유통되는 두릅의 상당 부분은 값싼 중국산이라고 보면 된다. 중국산 두릅은 국내 자연산에 비해서 향이 적고 줄기가 질기며 잔가시가 많이 있다.

두릅의 어원은『동의보감』에서 우리말로 둘홉으로 기재했으며 시간이 지나면서 두릅이 된 것으로 보고 있다. 또, 우리말에 고사리 등 산나물을 엮은 것을 한 두름, 두 두름이라고 하는데 이것도 두릅을 엮은 모양에서 유래가 된 것으로 보고 있다.

두릅은 향긋하고 쌉쌀한 맛으로 산채의 왕자 위치를 지켜 왔는데 두릅나무 새순은 사람만이 좋아하는 것이 아니라 모든 초식동물이 다 좋아한다. 그래서 두릅나무는 오랜 세월 살아오면서 자기도 살기 위해서 날카로운 가시를 박아서 새순을 보호하고자 했다. 그런데 요즘은 아예 처음부터 가시가 생기지 않는 민두릅을 개발하여 보급하고 있다.

두릅나무는 두릅나무과의 낙엽활엽관목으로 키가 3~4m 정도 자란다. 우리나라 전국 각지 산기슭의 양지쪽이나 골짜기에서 잘 자라며 일본, 사할린, 중국 등지에 분포한다. 줄기는 갈라지지 않으며 억센 가시가 많다. 잎은 어긋나고 잎자루의 길이가 100cm에 달하는 것도 있다. 기수 2회 우상복엽이며, 잎자루와 작은 잎에 가시가 있다. 작은 잎은 타원상 달걀 모양으로 끝이 뾰족하고 밑은 둥글다. 잎 길이는 5~12cm, 너비 2~7cm로 큰 거치가 있고 앞면은 녹색이며 뒷면은 회색이다. 꽃은 8~9월에 가지 끝에 길이 30~45cm의 산형 꽃차례를 이루며 흰색의 꽃이 핀다. 열매는 핵과로 둥글고 10월에 검게 익으며 종자는

청와대야 소풍 가자

뒷면에 좁쌀 같은 돌기가 약간 있다. 한방에서는 열매와 뿌리는 해수, 위암, 당뇨병, 소화제에 사용한다.

청와대 내에서는 침류각, 산악 지역에 자라고 있다.

20. 등 *Wisteria floribunda* (Willd.) DC.

지방자치제가 되면서 우리 주변에 공터만 있으면 소규모라도 공원이 만들어지고 쉼터에 그늘을 만들어 주는 등나무가 잘 가꾸어져 여기저기에서 연보랏빛의 아름다운 등나무꽃이 우리 눈을 즐겁게 하며, 그늘 쉼터의 또 다른 운치를 만들어 주고 있다.

우리가 즐겨하는 화투에 보면 4월 흑싸리가 있다. 일반적으로 그렇게 알고 있지만, 실제는 흑싸리가 아니고 등나무꽃이 늘어진 모양이다.

우리의 옛 선비들은 등나무가 홀로 바로 서는 것이 아니라 다른 나무를 감고 올라가는 특성을 소인배에 비유 해서 멸시를 했기 때문에, 우리 선비들에 의해서 등나무꽃이 시문학의 소재로 사용된 경우는 거의 없다.

등나무는 감고 의지해서 올라갈 것이 없으면 줄기가 사방으로 뻗어 나간다. 그러다가 의지할 것을 만나면 그것을 감고 위로 솟구쳐 올라간다.

갈등이란 해결의 실마리를 찾지 못하고 대립과 주장으로 뒤엉켜 버린 상황이다. 갈葛은 칡을 의미하며, 등藤은 등나무를 의미하는데, 칡은 반시계 방향으로 감고 올라가고, 등나무는 시계 방향으로 감고 올라가 두 종이 함께 얽혀 버려 풀어낼 방안을 찾지 못한다는 의미에서 유래한 단어이다.

  등나무의 새순을 등채라 하여 삶아서 나물로 많이 무쳐 먹고, 등나무는 가공성이 좋아서 생활 도구를 많이 만들었다. 줄기는 지팡이, 가는 가지는 바구니를 비롯한 우리의 생활 도구를 만들었다. 껍질은 매우 질겨서 종이의 원료가 되었다. 부산 범어사 앞에 천연기념물 제176호로 지정된 등나무 군락이 있는데 이는 스님들이 종이를 만들기 위해서 가꾸고 보호한 것으로 보고 있다.

청남대에 있는 등나무.

청와대야 소풍 가자

등나무는 콩과의 낙엽활엽덩굴식물로 줄기가 10m 이상 자란다. 우리나라 전국 각지에 자라고 있으며 여름철 그늘을 만들기 위해 흔히 심는 나무이다. 잎은 어긋나고 기수우상복엽이며 13~19개의 작은 잎으로 이루어진다. 작은 잎은 달걀 모양의 타원형이고 가장자리가 밋밋하며 끝이 뾰족하다. 잎의 앞뒤에 털이 있으나 자라면서 없어진다. 꽃은 5월에 잎과 같이 피고 밑으로 처진 총상 꽃차례로 달리며, 열매는 협과(콩꼬투리)이며 9월에 익는다. 청와대 내에서는 통신처 근처에 자라고 있다.

21. 때죽나무 *Styrax japonicus* Siebold & Zucc.

때죽나무의 일제히 피는 하얀 꽃도 아름답지만, 꽃이 지고 나면 달리는 열매도 긴 열매 줄기에 대롱대롱 달린 모습이 특이하고 귀여워서 관상 가치가 훌륭한 나무이다.

열매껍질을 잘게 갈아서 물에 넣으면 물고기가 떼로 죽는다고 하여 때죽나무로 이름 지어졌다고 한다.

때죽나무의 열매껍질에 사포닌saponin 성분을 가지고 있는데, 사포닌은 인삼에도 들어 있는 성분으로 비누soap란 뜻이 들어 있다. 때죽나무의 덜 익은 열매껍질을 찧어 비누처럼 사용하면, 거품이 나고 빨래에 때를 빼는 데 좋은 기능을 한다.

그런데 때죽나무의 사포닌은 에고사포닌egosaponin이라고 하는데, 물고기 아가미 호흡을 일시적으로 마비시키는 어독을 가지고 있다. 그 때문에 때죽나무를 물고기잡이에 이용했다고 한다. 목재는 기구재, 가

공재 등으로 쓰인다.

때죽나무는 때죽나무과의 낙엽활엽소교목으로 키가 10m까지 자란다. 우리나라와 일본, 필리핀, 중국 등지에 분포하고 산과 들의 낮은 지대에서 자란다. 가지에 성모가 있으나 자라면서 없어지고 표피가 벗겨지면서 다갈색으로 변한다. 잎은 어긋나고 달걀 모양 또는 긴 타원형이며 가장자리는 밋밋하거나 거치가 약간 있다. 꽃은 단성화이고 종모양으로 5~6월에 지름 1.5~3.5cm의 흰색으로 잎겨드랑이에서 총상꽃차례로 2~5개씩 밑을 향해 달린다. 열매는 삭과로 길이 1.2~1.4cm의 달걀형의 공 모양으로 9월에 익고 껍질이 터져서 종자가 나온다. 때죽나무는 어린 가지의 끝에 바나나 모양의 특이한 벌레혹이 있는데 때죽납작진딧물의 벌레집이다. 청와대 내에서는 침류각, 기마로, 관저 주변, 산악 지역에서 자라고 있다.

청와대야 소풍 가자

22. 리기다소나무 *Pinus rigida* Mill.

리기다소나무는 해방 이후에 빠른 산림녹화를 위해서 여러 가지 외래 수종의 나무를 심었는데 대표적으로 성공한 나무이다. 도심지 등산로 곳곳에서 만날 수 있는 리기다소나무는 우리의 적송이나 흑송과는 달리 줄기에 새싹이 붙어 있어 멀리서도 금방 알아볼 수 있다.

리기다소나무는 아무 곳에서나 잘 자라고 번식이 쉬우며 줄기가 곧아서 다양한 용도로 사용할 수가 있어 활용도가 큰 나무이다.

리기다소나무는 소나무과의 상록침엽교목으로 키가 약 25m, 직경약 1m 정도 자란다. 북아메리카 북부 동부 연안이 원산지이며 건조하고 척박한 땅에서도 잘 자란다. 가지가 넓게 퍼지고 맹아력이 강하여 원줄기에서도 짧은 가지가 나와 잎이 달린다. 나무껍질은 붉은빛을 띤 갈색이며 깊게 갈라진다. 잎은 일반 소나무가 2개이고 잣나무가 5개 인데 반해 리기다소나무는 3개가 1속으로 달리고 비틀어지며 길이가 7~14cm이다. 암수한그루이며 5월에 꽃이 피고 솔방울은 달걀 모양의 원뿔형이며 길이 3~7cm로 이듬해 9월에 익는다. 청와대 내에서는 기마로 주변에 자라고 있다.

23. 마가목 *Sorbus commixta* Hedl.

나무를 뜻하는 한자에는 나무 목木 자와 나무 수樹 자가 있다. 이 두 자를 합하여 수목樹木이라고 하고 있다. 나무 목자는 나무가 땅에 뿌리를 박고 가지를 펼치고 서 있는 모양을 형상화한 것이라고 하며 나무 수樹 자는 나무 목 자에 세울 주尌 자를 더하여 의미상으로는 똑바로 서서 살아 있는 나무를 뜻하는 한자라고 보고 있다.

실제 나무 수자의 활용에서 보면 우리가 살아 있는 나무, 생장하는 나무를 말할 때 가로수, 상록수, 정원수, 활엽수라고 쓰고 있다. 영어로 정확히 구분될 수 있을지 모르지만 주로 Tree라고 쓸 수 있는 나무이고, 나무 목자는 고사목, 춘양목, 침목, 목재 등과 같이 주로 죽은 나무, 재료로 쓰이는 나무를 뜻하는 것으로 활용되고 있으며 영어로는 주로 Wood라고 쓰는 나무라고 할 수 있다.

이러한 나무 명명의 일반적인 관례를 따르지 않고 살아 있는 나무에도 나무 목자를 사용하는 나무가 있다. 주목, 회양목, 마가목, 행운목 등이 그들이다.

마가목의 이름은 명확하지는 않으나 말과 관련이 있다고 보고 있다. 조선 전기 문신 김종직이 함양군수로 재직할 때 1472년 쓴 지리산 기

행문인 『두류기행록』에는 마가목이라고 했고 물명고나 박지원의 『열하일기』에도 마가목이라고 나오는 것을 보면 오래전부터 마가목으로 사용되었다고 알 수 있다.

마가목은 장미과의 낙엽활엽소교목으로 키는 10m까지 자라지만 고산 지대에서는 2~3m의 관목 형태로도 자란다. 우리나라와 일본에 분포하고 산지 숲속에서 자란다. 잎은 어긋나고 깃꼴겹잎이다. 작은 잎은 바소꼴로 5~7쌍이며 잎자루가 없고 가장자리에 거치가 있으며 뒷면은 흰빛이 돈다. 꽃은 5~6월에 가지 끝에 산방 꽃차례를 이루며 흰색으로 핀다. 열매는 둥글며 9~10월에 붉은색으로 익는다. 한방에서 열매와 나무껍질은 약용으로 이용한다. 청와대 내에서는 녹지원 등지에서 자라고 있다.

24. 만병초 *Rhododendron brachycarpum* D.Don ex G.Don

만병초萬病草는 풀 초草 자가 들어가기 때문에 나무인데도 풀로 오해

받는다. 마찬가지로 골담초, 인동초도 초가 들어가지만 나무이다. 만병초는 고무나무와 닮았고 꽃이 철쭉과 비슷한데 천상초, 뚝갈나무, 만년초, 풍엽, 석암엽 등 여러 가지 이름으로 불리고 있으며 꽃에서 좋은 향기가 나기 때문에 중국에서는 칠리향 또는 향수香樹라는 예쁜 이름을 가지고 있다.

대부분 하얀 꽃이 피지만 백두산에는 노란 꽃이 피는 노랑만병초가 있고 울릉도에는 붉은 꽃이 피는 홍만병초가 있다. 이름과 같이 만병에 효과가 있는 약용 수종으로 민간에서는 고혈압, 저혈압, 당뇨병, 신경통, 양기 부족 등 쓰이는 곳이 많았다. 또 차로도 음용 하였는데 만병초 잎 5~10개를 물 두 되에 넣고 물이 반으로 줄어들 때까지 끓여서 한 번에 소주잔으로 한 잔씩 식후에 먹으면 정신이 맑아지고 피가 깨끗해지며 정력이 좋아진다고 한다.

만병초는 이름 때문에 만병을 고칠 수 있다는 오해로, 사람들이 보는 대로 잘라 가서 우리나라에서는 군락은 거의 없어졌다. 만병초는 이름

과 달리 로도톡신Rhodotoxin이란 독을 함유하고 있다. 잘못 먹으면 토하고, 설사하고, 심하면 호흡 곤란도 온다. 약으로 사용할 때는 신중하게 복용해야 할 필요가 있다.

만병초는 진달래과 상록관목으로 키가 1~4m까지 자라며 우리나라에는 태백산, 울릉도, 지리산, 설악산, 백두산 등 해발 1,000m가 넘는 고산 지대에 자생하며 꽃은 6~7월에 피고 10~20개씩 가지 끝에 총상 꽃차례로 달린다. 잎은 어긋나지만 가지 끝에서는 5~7개가 모여 달리고 타원형이거나 타원 모양 바소꼴이며 가죽 질감이다. 잎자루는 길이 1~3cm이고, 잎의 가장자리는 밋밋하며 뒤로 말린다. 겉은 짙은 녹색이고 뒷면에는 연한 갈색 털이 빽빽이 난다. 청와대에서는 관저 내정 남쪽 담장에 있다.

청와대야 소풍 가자

25. 매실(매화)나무 *Prunus mume* (Siebold) Siebold & Zucc.

매화는 일생 추위도 향기를 팔지 않고, 오동은 천년이 지나도 가락을 잃지 않는다고 한다. 이는 매화의 곧은 지조와 절개를 선비의 표상으로 비유를 한, 조선 선조 때 문신 신흠이 쓴 「야언」에 나오는 말이다.

조선 시대에 매화는 고귀하고 맑은 영혼으로 욕심이 없고 청빈한 선비가 자기 수양의 표상으로 매화를 가까이 두고 살았다고 한다. 매화를 사랑했던 선비 중에서 가장 각별했던 분은 퇴계 이황이라고 한다. 매화 시 91수를 모아서 『매화시첩』이라는 시집을 만들었고, 문집에 실린 것까지 포함하면 무려 107수의 매화 시를 남겼다고 한다. 퇴계는

1570년 70세로 타계하는데 세상을 떠나면서 남긴 마지막 유언이 '저 매화나무에 물을 줘라.'였다고 한다.

매화는 늦겨울과 초봄에 눈 위에서도 피기 때문에 설중매, 한매, 동매라는 이름도 가지게 되었고, 송죽매라고 세한삼우에 매화를 포함시키고 있다.

매화는 많은 이름이 있는데 우선 꽃을 보기 위해서 심을 때는 매화나무가 되고, 매실을 수확할 목적으로 심을 때는 매실나무라고 부른다. 오래되고 이끼가 낀 나무에서 핀 매화를 고매, 강변에서 자라는 매화를 강매, 동지 전에 핀다고 해서 조매, 눈 속에서도 핀다고 설중매, 섣달 납월(음력 섣달을 납월이라 한다.)에 핀다고 납매 등의 이름이 있다. 또 꽃의 색깔로는 하얀 꽃이 피는 백매가 있고, 붉은색 꽃이 피는 홍매가 있으며, 녹색이 조금 들어 있는 청매가 있다.

한방에서는 설사, 이질, 해수, 인후통, 요혈, 혈변 등의 치료에 처방한다. 매실로 매실정과, 과자, 매실청 등을 만들어 먹기도 한다. 관상용 또는 과수로 많이 심는다.

매화나무는 장미과의 낙엽활엽소교목이며 키가 10m까지 자란다. 한국, 중국, 일본에 주로 분포한다. 나무껍질은 노란빛을 띤 흰색, 초록빛을 띤 흰색, 붉은색 등이다. 작은 가지는 잔털이 나거나 없는 것이 있으며, 잎은 어긋나고 달걀 모양이며 길이 4~10cm이다. 가장자리에 날카로운 거치가 있다. 중부 지방에서 꽃은 3~4월에 잎보다 먼저 피고 연한 붉은색을 띤 흰빛이며 향기가 난다. 열매는 공 모양의 핵과로 녹색이다. 7월에 노란색으로 익고 지름 2~3cm이며 털이 빽빽이 나고 신맛이

청와대야 소풍 가자

강하며 씨는 과육에서 잘 떨어지지 않는다. 청와대 내에서는 관저 내정, 회차로, 본관 주변, 인수로, 수궁터, 유실수 단지에 자라고 있다.

26. 머루 *Vitis coignetiae* Pulliat ex Planch.

머루는 고려 가요 「청산별곡」에서도 볼 수 있듯이 다래와 함께 늘 같이 나오는 산 과일이다.

머루는 덩굴식물로 줄기가 10m 정도 자란다. 동북아시아의 한국, 중국, 일본 등지에 분포하고 주로 산기슭과 산속에서 생장하는데 우리나라의 경우 전국 산지에 습기가 적당하고 배수가 잘되는 계곡 부근에서 쉽게 발견되며 덩굴손이 나와 다른 식물이나 물체를 휘감으며 줄기를 뻗는다.

잎은 길이 12~25cm로 어긋나게 나고 가장자리에 거치가 있다. 5~6월 황갈색 꽃이 피고 열매는 장과로 굵기가 지름 8mm 정도로 포도송이처럼 9~10월에 흑자색으로 익는다. 머루는 예로부터 통증을 없애는 효능이 있어 잎, 뿌리, 줄기, 열매를
말려 약재로도 활용하였으며 열매는
신맛이 강하여 생으로 먹기보다 주로
술을 담가 먹거나 말려서 꿀에 저미
는 머루정과로도 만들어 먹었다.

　머루에는 폴리페놀이 풍부하게 함
유되어 있어 혈중 콜레스테롤 수치를
낮춰주고, 심혈관 질환 예방에 도움
이 되며, 칼슘, 인, 비타민 C가 들어 있
어 면역력 개선, 골다공증과 골연화증
완화, 피부 개선 등에도 도움을 준다. 또한 안토시아닌 색소를 함유하
고 있어 노화 방지, 시력 보호, 콜레스테롤 감소, 항산화 작용의 효과가
있다. 줄기는 탄력이 좋아 지팡이 재료로 활용하였다. 청와대 내에서는
유실수 단지에 자라고 있다.

27. 메타세쿼이아 *Metasequoia glyptostroboides* Hu & W.C.Cheng

우리가 살아 있는 화석나무라고 이야기할 때 은행나무와 소철 등을 이야기한다. 이는 1억 년 이상 전에 살았던 나무를 말하는데, 여기에 비교적 근래에 합류한 나무가 바로 메타세쿼이아이다. 메타세쿼이아 화석은 만주 지방에서 나는 호박 가운데서도 발견되기도 하고, 미국 서부 해안 및 일본 등에서 백악기나 제3기층에서 적지 않게 발견되는 살아 있는 화석식물로 우리나라에서는 포항에서 화석이 발견되었다.

이 나무는 이 세상에서 이미 사라진 나무로 알고 있었다. 메타세쿼

이아Metasequoia란 이름은 일본 오사카대학 식물학자 미키교수가 화석 표본을 근거로 1941년 처음 등록했는데 북미 대륙에서 거대 나무로 자라고 있는 세쿼이아Sequoia를 닮은 나무이고 세쿼이아 이후에 발견되었고 세쿼이아보다 더 오래된 나무라고 메타Meta를 붙여 메타세쿼이아란 새로운 속명으로 학회에 보고하면서, 이제는 화석으로도 만날 수 있는 나무가 되었다.

그리고 1941년 바로 그해 중국 양자강 상류 지역 사천성에서 산림 공무원 왕전이란 사람이 이름을 알 수 없는 거대한 나무를 보고 표본을 만들어 남경 대학을 거쳐 북경 대학에 보냈는데 그 나무가 아주 오래전에 지구상에서 사라졌다고 보고 있는 메타세쿼이아로 밝혀져 세계 식물학자들에게 커다란 기쁨을 주었다.

일약 유명해진 메타세쿼이아는 미국의 연구비 지원에 힘입어 중국에서 급속히 세계로 퍼져 나가게 되었는데 우리나라에는 1950년에 미국에서 일본을 거쳐 들어왔다. 그렇기 때문에 가로수나 공원수로 심어진 모든 메타세쿼이아 나무는 중국 양자강 상류에서 발견된 메타세쿼이아와 같은 DNA를 가진 나무라고 보면 된다.

메타세쿼이아는 낙우송과의 낙엽침엽교목으로 키가 35m, 직경 2m까지 자란다. 중국 쓰촨성·후베이성 등지에 분포하고 있다. 가지는 옆으로 퍼지며 수피는 갈색으로 벗겨진다. 작은 가지는 녹색이며 마주난다. 잎은 줄 모양으로 마주나며 길이 10~23mm, 너비 1.5~2mm이다. 깃꼴로 배열되고 끝이 갑자기 뾰족해진다. 꽃은 양성화로 4~5월에 핀다. 열매는 구과로서 타원형이며 길이 1.5~2.5cm로서 녹색에서 갈색으로 된다. 우리나라 전역에 공원수, 가로수로 많이 심었으며, 차폐 등의 목적으로 이용한다. 청와대 내에서는 경호처 주변에 자라고 있다.

28. 명자꽃 *Chaenomeles speciosa* (Sweet) Nakai

어린 시절 동네 여자아이 이름 같은 명자꽃은 어떻게 보면 동백꽃을 닮았고, 어떻게 보면 매화꽃을 닮았는데, 동백꽃보다는 꽃이 작고, 매화꽃보다는 꽃이 크다. 명자꽃은 크기에 비해서 꽃도 크고 많이 피며 빨간색으로 발걸음을 멈출 만큼 아름답다. 명자꽃은 벚꽃처럼 요란하지도 않고 양귀비처럼 요염하지도 않으면서도 은은하고 청순한 느낌을 주는 매우 예쁜 꽃이다.

꽃나무 중에서 빨간색 꽃을 피우는 나무는 그렇게 많지 않다. 장미꽃, 동백꽃, 석류꽃과 이 명자꽃 정도다. 우리나라에서는 비교적 흔하게 볼 수 있는 꽃이지만, 세계적으로는 희귀종에  속한다. 그래서 서양에서는 명자꽃을 '장미를 닮은 꽃나무의 여왕'이라고 칭하고 있다. 최근에는 원예종으로 흰색 명자꽃, 분홍색 명자꽃이 개발되어 다양한 색으로 보급이 되고 있는데, 땅에서부터 많은 줄기가 올라와서 포기를 이루며, 가지가 변한 가시까지 가지고 있어서, 쥐똥나무, 사철나무 등과 함께 생 울타리용으로 각광을 받고 있다.

명자나무는『시경』위풍 편에 목도라는 이름으로 나오는 것으로 봐서 아주 오래전부터 중국에서는 관상수로 가꾸어 왔음을 알 수 있다. 우리나라에 언제 전래되었는지는 기록은 없다. 처음으로 명자꽃이 나오는 기록은 허준의『동의보감』에서 생약명 목과로 나오는데, 담을 삭이고 기침을 멈추게 하며, 이뇨 작용에 도움을 주고, 갈증을 멈추며, 주독을 풀어 준다고 되어 있다.

우리 이름 명자꽃은 조선 후기 신경준이 쓴『여암유고』에 명사榠樝라는 이름으로 처음으로 나오는데 어려운 한자다. 옥편으로 보면 명榠 자는 명자꽃 명 자, 사樝 자도 명자꽃 사자로 나온다. 이 어려운 한자 명

　　　　　　　　　　청와대야 소풍 가자

사 나무가 구전되면서 친근한 이름 명자꽃이 된 것으로 보고 있다.

명자꽃은 장미과의 낙엽활엽관목으로 키가 2m까지 자란다. 중국 원산으로 오랫동안 관상용으로 심어 왔다. 가지 끝이 가시로 변한 것이 있다. 잎은 어긋나고 타원형이며 양 끝이 좁아지고 가장자리에 거치가 있으며 턱잎은 일찍 떨어진다. 꽃은 4월 중순경에 피고, 지름 2.5~3.5cm이며 짧은 가지 끝에 1개 또는 여러 개가 모여 달리며 주로 붉은색으로 핀다. 열매는 7~8월에 노랗게 익고 타원형이며 길이 10cm 정도이다. 청와대 내에서는 관저 앞 주차장 옆 등지에서 자라고 있다.

29. 목련 *Magnolia kobus* DC.

목련木蓮은 나무에 피는 연꽃과 같이 크고 아름다운 꽃이라는 뜻이며 백목련, 자목련, 황목련, 별목련 등 목련류를 총칭하는 이름이다. 목련은 약 1억 년 전부터 지금까지 살아 있는 가장 오래된 식물 중에 하나다. 세계적으로 200여 종이 분포하고 있다고 한다.

서울대 이창복 교수의 1970년 논문에서는 목련의 원산지는 제주도 한라산이라고 주장하고 있다. 성판악에서 백록담 쪽으로 올라가면 해발 1,800m 부근에 자연산 목련의 군락이 있다고 한다.

　현재 우리가 흔히 정원이나 공원에서 보는 목련은 제주도 원산의 토종 목련이 아니라 대부분이 중국이 원산인 백목련이다. 꽃이 크고 순백의 미가 있어서 많이 보급한 결과다.

　목련은 꽃이 진 뒤에도 넓은 잎은 관상수로 충분히 보기 좋은 나무이다. 또, 목련은 꽃뿐만 아니라, 꺾은 가지에서도 좋은 향기가 난다. 중국에서는 '꽃은 옥이요, 향기는 난초와 같다.'라고 하여, 목련을 옥란, 목란이라고도 부른다.

　조선 전기 서거정이 쓴 『사가시집』에서는 겨울에 추위를 견딜 수 있도록 꽃눈에 나 있는 갈색의 긴 털이 글씨를 쓰는 붓과 비슷하다고 해서 목필화라고 했으며, 조선 중기 이수광이 쓴 『지봉유설』에서는 겨울날 목련 꽃눈의 끝이 대부분 북쪽을 향하고 있다고 해서 북향화라고도

청와대야 소풍 가자

했다. 이는 꽃봉오리 남쪽 아랫부분이 따뜻한 햇볕을 더 많이 받아 더 빨리 비대해지기 때문에 꽃봉오리 끝은 자연 북쪽으로 향하게 된다.

허준의 『동의보감』에서는 목련을 신이라고 했는데 매울 신辛 자가 있는 약재는 성질이 따뜻하고 매운 성질을 약효로 사용한다고 한다. 목련꽃이 피기 전에 꽃봉오리를 따서 말려서 약재로 사용하거나 차로 음용하는데 감기, 알레르기 비염, 축농증에 효과가 있으며, 얼굴이 부은 것을 내리고, 치통을 멎게 하며 눈을 밝게 한다고 한다. 그러나 자목련은 독성이 있어서 전문 한약사가 취급해야 한다고 하며, 자목련을 차로 마시는 것도 금하고 있다.

목련은 목련과의 낙엽활엽교목으로 키가 10m 정도 자란다. 우리나라와 일본 등지에 분포한다. 잎눈에는 털이 없으나 꽃눈의 포苞에는 털이

별목련.

밀생한다. 잎은 넓은 달걀 모양 또는 타원형으로 끝이 뾰족해지고 앞면에 털이 없으며 뒷면은 잔털이 약간 있다. 잎자루는 길이 1~2cm이다. 꽃은 4월 중순부터 흰색으로 잎이 나기 전에 피는데 지름 10cm 정도이고 꽃잎은 6~9개이며 긴 타원형으로 흰색이지만 기부는 연한 홍색이고 향기가 있다. 열매는 5~7cm로 곧거나 구부러지고 종자는 타원형이며 외피가 붉은색을 띤다. 조경용 관상용으로 많이 심는다. 청와대에서는 위민관 주변과, 침류각, 소정원, 상춘재, 버들마당 등지에서 자라고 있다.

30. 미선나무 *Abeliophyllum distichum* Nakai

미선나무는 지금부터 100여 년 전인 1917년 우리나라 1세대 식물분류학자인 정태현 박사가 충북 진천군 초평면 용정리에서 자생 군락지를 발견한 후 1919년 정태현 박사의 스승이었던 일본인 나카이 다케노신이 학계에 보고하면서 세계에 처음으로 소개가 되었다.

당시 나카이가 학계에 보고한 학명은 전 세계에 1속 1종뿐인 식물로 *Abeliophyllum distichum* Nakai 라고 했는데 식물의 종이 우리나라에서만 자라는 고유종은 더러 있지만 미선나무 속 전체가 우리나라에만 자라는 경우는 처음이었기 때문에 당시 식물학자들은 물론 우리 국민 모두에게 큰 관심의 대상이 되었다. 세계 식물학계에서도 새로운 속으로 보고된 조선의 미선나무는 큰 관심의 대상이 되었으며 1924년 미국의 아놀드 식물원에 보내지고 1934년 영국의 큐 식물원을 통해서 우리의 미선나무는 유럽에도 전파가 되며 세계에 전파가 되었다.

나카이는 일제 강점기인 당시에 미선나무의 이름으로 우찌와노기 즉 부채나무라고 명명했는데 우리 이름 미선나무는 1937년 정태현 박사가 쓴 『조선식물향명집』에서 조선 이름 미선나무로 변경하여 기록된 이름이다. 정태현 박사가 고집한 이름 미선나무의 미선尾扇은 우리 사극의 궁중 연회 장면을 보면 시녀 두 사람이 양쪽에서 귓불을 맞붙여 놓은 것 같은 길고 커다란 부채를 해 가리개로 들고 있는 장면이 가끔 나오는데 이 커다란 부채를 미선이라고 한다.

미선나무를 처음 보는 사람은 흰 개나리라고 할 만큼 꽃이나 잎 모양이 개나리를 많이 닮았다. 그 때문에 영어로 미선나무 이름도 White Forsythia로 흰색 개나리라고 하고 있다.

미선나무는 물푸레나무과로 같은 과에는 개나리, 이팝나무, 수수꽃다리, 쥐똥나무 등이 있는데 이 들의 꽃은 모두 통꽃으로 꽃잎 끝이 네 조각으로 나누어지는 특징이 있다. 장미과의 과실나무의 꽃의 특징이 모두 꽃잎이 다섯 장인 것과 비견할 수 있다.

미선나무는 흰색 꽃이 기본이지만 연분홍색 꽃의 분홍 미선나무와 꽃의 색이 상아의 색깔인 상아 미선나무도 있다.

미선나무는 낙엽활엽관목으로 자생하는 것은 키가 1~2m 정도로 가지가 아래로 늘어지는 경향이 있으며 큰 나무도 손가락 굵기가 고작이며 군집성이 강해서 자생지에서는 모여서 자란다.

미선나무는 수천, 수만 년을 이어 오면서 그 영토를 확장하지도 못하고 다른 종의 형제도 두지 못하고 달랑 1속 1종으로만 대를 이어 오고 있는 희귀성은 식물학계에서는 또 하나의 수수께끼다.

미선나무는 1962년에 진천 초평면 용정리 미선나무 자생지가 천연기념물 지정된 이후 괴산, 영동, 부안 변산반도 등지에서도 지정되어 보호 받고 있다. 청와대에서는 관저 회차로 우측 자락에 있다.

청와대야 소풍 가자

31. 박태기나무 *Cercis chinensis* Bunge

박태기나무는 잎이 나오기 전에 자잘한 꽃이 수적으로는 가장 많고 꽃자루가 짧아 가지 하나하나가 꽃방망이 모양이 되는데 꽃은 특이하게도 피는 곳이 정해져 있지 않고 나무줄기에 꽃이 달리는가 하면 때로는 뿌리에서도 꽃이 피어난다. 꽃봉오리가 달린 모양이 마치 밥알 즉 밥티기, 밥풀데기를 닮았다고 해서 박태기나무란 이름이 붙여진 것으로 보고 있다. 박태기나무의 한자명에 미화목米花木이 있는데 쌀알 같은 꽃이 달린다는 뜻으로 우리의 박태기나무라는 이름도 이 미화목에서 유래 되었다고 설명하는 사람도 있다.

박태기나무 종류는 중국, 유럽 남부, 북미를 원산지로 하는 7종이 있는데, 지구상에서는 약 6천5백만 년 전인 제3기층에서 자주 발견되는 꽃나무라고 한다. 우리나라에는 언제 들어왔는지는 문헌이 없으나 대체로 고려 이전에 들어온 것으로 짐작하는데 우리나라에 들어온 것은 중국 중북부를 원산지로 하는 중국 자생 박태기나무다.

박태기나무는 꽃도 화려하고 잎은 윤기가 있는 완벽한 하트 모양이다. 꼬투리열매도 보기 좋아 관상 가치가 높은 나무로 사랑받아 왔다. 또 옛날에는 붉은 물을 들이는 염색제로서도 귀중하게 사용되기도 했는데, 박태기나무는 오히려 자기의 재능보다도 덜 알려진 나무라고 본다.

양반가에서 앵두가 다닥다닥 붙어 있는 모양이 형제간 우애를 상징하는 나무라고 해서 집안의 잘 보이는 곳에 앵두나무를 심었다고 했는데, 박태기나무도 꽃이 다닥다닥 붙어 있는 모습이 형제애와 가문의 번성을 상징한다고 해서 즐겨 심었다고 한다.

박태기나무는 콩과의 낙엽활엽관목으로 키가 3~5m까지 자라며, 원산지는 중국이다. 관상용으로 많이 심는다. 잎은 길이 5~8cm, 너비 4~8cm로 어긋나고 하트 모양이며 밑에서 5개의 커다란 잎맥이 발달한다. 잎 면에 윤기가 있으며 가장자리는 밋밋하다. 꽃은 이른 봄 잎이 피기 전에 피고 7~30개씩 한군데 모여 달린다. 꽃줄기가 없고 꽃은 자홍색이고 길이 1cm 내외이다. 열매는 협과로서 꼬투리는 길이

청와대야 소풍 가자

7~12cm이고 편평한 줄 모양 타원형으로 8~9월에 익으며 2~5개의 종자가 들어 있다. 청와대 내에서는 춘추관 옥상정원에서 자라고 있다.

32. 밤나무 *Castanea crenata* Siebold & Zucc.

밤꽃 향기에는 남성 체액에 포함된 스퍼미딘 성분이 포함되어 있어서 특유의 비릿한 냄새가 나는데, 이를 가지고 호사가들은 밤꽃 향이 춘정을 발동시킨다는 등, 좀 민망한 이야기를 만들어 내기도 한다.

밤은 낙랑 시대의 무덤에서도 발견되는 것으로 보아서 우리나라에서 2000년 이상의 역사가 있다. 맛이 있고 영양이 풍부한 것 때문에 옛날부터 사랑을 받았고 군밤 등은 특별한 군것질거리가 없었던 시절에는 최고의 간식이었으며, 아기들 이유식으로 널리 이용되었다.

밤나무는 세계 어디에서나 분포하고 있지만 한국, 일본, 중국 만주 지역에 주로 분포한다. 우리나라에서는 옛날에는 양주 밤, 가평 밤이 유명했는데 지금은 공주 밤이 가장 유명하다.

언제부터 밤이라고 불렀는지는 알려지지 않고 있다. 한자의 밤은 율栗이라고 하는데 밤꽃이 피어서 아래로 늘어진 모양을 형상화한 것이라고 한다.

밤나무는 옛날부터 귀하게 취급되었다. 『경국대전』에는 지방 관리들에게 밤나무 식재를 권장하고 있고 밤나무, 뽕나무, 옻나무는 무단으로 벌채하면 벌을 받는다고 기록되어 있다. 조선 말기로 오면서 밤나무에 세금을 과도하게 부과하자 밤나무의 유목을 잘라 버리고 일본이 청일 전쟁과 러일 전쟁을 수행하기 위해서 철도를 건설할 때 침목으로 우리의 밤나무를 많이 벌채하여 사용하면서 밤나무의 개체 수가 많이 줄어들었다. 그러자 일제는 사방용으로 일본 품종의 밤나무를 많이 심어서 지금은 일본 품종의 밤나무가 더 많이 분포하게 되었다. 일본 밤은 알이 크고 흰색이고 맛이 좀 덜한 데 비해 우리 고유의 밤은 좀 작으나 황색이고 단맛이 아주 좋다.

청와대야 소풍 가자

우리의 결혼식 폐백에 꼭 밤, 대추, 은행이 사용된다. 밤과 대추는 자손 번창의 의미가 있고, 은행은 장수를 바라는 의미를 담고 있는데 아들, 딸 많이 낳으라는 의미로 며느리 치마폭에 시부모님이 밤과 대추를 던져 주었다.

밤나무는 참나무과의 낙엽활엽교목으로 주로 동아시아에 많이 분포하며 유럽, 북아메리카, 북아프리카 등의 온대 지역에서도 분포하고 있다. 키가 10~15m, 직경이 50~60cm까지 자란다. 우리나라에서는 산기슭이나 밭둑에 많이 심었다. 나무껍질은 세로로 갈라지고 작은 가지는 자줏빛을 띤 붉은 갈색이며 짧은 털이 나지만 나중에 없어진다. 잎은 어긋나고 긴 타원형 모양의 바소꼴로 길이 10~20cm, 너비 4~6cm이고 물결 모양의 끝이 날카로운 거치가 있다. 잎자루는 길이 1~1.5cm이다. 꽃은 암수한그루로서 6월에 핀다. 수꽃은 꼬리 모양의 긴 꽃이삭에 달리고 열매는 견과로 9~10월에 익으며, 한 송이에 1~3개씩 들어 있다. 청와대 내에서는 유실수 단지에 자라고 있다.

33. 방크스소나무 *Pinus banksiana* Lamb.

방크스소나무는 추위와 건조에 강하며 나무의 모양이 원뿔 모양으로 예뻐서 관상용으로 많이 심은 미국산 소나무의 한 종류이다. 생육 환경이 잘 맞으면 생장이 매우 빨라 조림지역 적응시험을 위하여 70년대 치산녹화기에 도입되어 전국 곳곳에 심어졌으며, 포항의 영일만 사방사업 지구 내에서 좋은 생육을 보이고 있다.

방크스소나무는 솔방울이 폐쇄성이 있어 열을 받아야 터지는 특성이 있다.

방크스소나무는 소나무과의 상록침엽교목으로 키가 25m, 직경 50cm까지 자라며 건조한 모래땅에서 잘 자란다. 가지가 수평으로 퍼지고 해마다 1마디 이상 자란다. 잎은 길이 2~4cm로 짧고 비틀어진 상태로 일반 소나무와 같이 2개씩 달린다. 암수한그루이며 꽃은 5월에

청와대야 소풍 가자

피고 솔방울은 구과로 길이 3~5cm이고 달걀 모양 원뿔형이다. 청와대 내에서는 기마로 주변에 자라고 있다.

34. 배나무 *Pyrus pyrifolia* (Burm.f.) Nakai var. culta (Makino) Nakai

'이화에 월백하고 은한이 삼경인제 일지춘심을 자규야 알랴마는 다정도 병인 양하여 잠 못 들어 하노라.'

학창 시절 교과서에 나와서 배꽃 하면 제일 먼저 생각나는 고려 후기 문신 이조년이 쓴 시조 「다정가」인데 우리나라 사람들이 많이 애송하는 고시조라고 한다.

배나무 꽃은 깨끗하고 청초하며 순결한 아름다움을 상징하고 있어 배꽃과 관련하여 우리나라나 중국, 일본의 시들은 모두 애잔한 슬픔과 관련이 있고 깊은 상념에 잠기게 하는 시들이 많이 있다.

우리나라 사람들은 배꽃 하면 이화여대, 이화학당이 생각나는 사람들이 많을 것이다. 미국 감리회 선교사인 스크랜튼 여사가 1886년 기독교 정신을 토대로 한 한국 최초의 여성 교육 기관을 서울 정동에 만들면서 고종 황제가 이화학당이라는 이름을 하사한 것이다.

배나무도 원래 일반적인 나무의 모양으로 10m 이상 자라는 나무다. 재배하는 배나무는 수확과 전정, 인공수분 등 관리 때문에 유도용 철사를 이용하여 나무의 모양을 인위적으로 Y자형으로 터널을 만들어서 원래 나무 모양을 오해하게 했다.

배나무의 원산지는 워낙 오래된 과일나무이기 때문에 어디라고 특정하기 어렵다. 산에 두고 따먹기만 했던 산리山梨라는 야생종 돌배나무를 삼한 시대부터 우수한 것을 집 주위에 심기 시작하면서 과수로 자리를 잡았다. 사람들은 돌배나무 중에서 굵은 열매가 열리고 맛이 좋은 것을 선택하면서 점차 청실배, 문배 등 유명한 배들이 생겨났다. 특히 청실배는 조선 영조 때 유박이 지은 『화암수록』에는 '배는 품종이 많으나 정선의 청리靑梨의 큰 것은 과일 접시 한 그릇에 가득 찬다.'라고 했고, 춘향전에서 월매가 이도령에게 상을 차려주는 대목이 있는데 이 상차림에 올라간 배도 청실배라고 나오며 근세의 서울 태릉 일대의 먹골배도 우리 토종 청실배였다고 한다. 전북 진안 은수사 청실배나무는 천연기념물 제386호로 지정되어 있다.

우리나라 배 주산지는, 나주, 천안 성환, 경기 안성, 남양주, 대전 유성, 충북 영동, 경남 삼랑진, 울산 울주 등이다.

배나무는 장미과에 속하는 낙엽활엽교목으로 꽃은 흰색이고 꽃잎은 5개씩이다. 과피는 갈색이거나 녹색을 띤 갈색이고 과육에는 석세포가 들어있다. 꽃은 4~5월에 피고 자웅동주이며 열매는 꽃턱이 발달해서 이루어지며 2~5실을 기본으로 한다. 종자는 검은빛이다. 주로 유라시아의 온대지방에 분포한다. 전 세계에 20여 종이 있으며 크게 일본배, 중국 배, 서양 배 3품종 군으로 나눈다. 배 재배의 적지로는 연평균기온이 11~16℃로서 4~5월 평균기온이 20℃, 강우량은 1,200mm 정도이며, 토질은 비옥하고 배수가 잘되고 토심이 깊은 양토 또는 사질 양토가 좋다. 우리나라는 중부 이남이 적지이다. 번식은 주로 접붙이기를 하며 대목으로는 돌배나무의 실생묘를 이용한다. 배는 당분과 수분

청와대야 소풍 가자

함량이 많아 그 시원한 과즙 때문에 주로 생과로 먹으며 통조림, 잼, 식초, 약용 등으로도 이용한다. 청와대 내에서는 본관 주변, 관저 주변, 유실수 단지에 자라고 있다.

35. 백당나무 *Viburnum opulus* L. var. *sargentii* (Koehne) Takeda

백당나무는 하얀 꽃이 층층이 단을 이루고 있는 것 같이 보이는데, 그래서 백단나무라고 불리다가 구전이 되면서 백당나무가 된 것이라

고 보고 있다. 백당나무의 꽃도 가장자리를 둘러싸고 있는 꽃은 불두
화꽃과 마찬가지로 암술과 수술이 없는 장식 꽃이다. 즉 생식 능력이
없는 중성화이다.

백당나무는 꽃도 아름답지만 가을에 익는 빨간 열매도 참으로 예뻐
서 공원, 정원을 장식해 주는 소중한 꽃나무다. 꽃 모양이 비슷한 꽃으
로 수국과 나무수국이 있다.

백당나무는 인동과의 낙엽활엽관목으로 키가 3m 정도 자란다. 우리
나라와 일본 사할린섬, 중국 헤이룽강, 우수리강 등지에 분포하고, 산

청와대야 소풍 가자

지의 습한 곳에서 자란다. 접시꽃 나무라고도 한다. 나무껍질은 불규칙하게 갈라지며 코르크층이 발달한다. 잎은 마주나고 넓은 달걀 모양이며 길이와 나비가 각각 4~12cm이다. 잎의 끝은 3갈래로 갈라져서 양쪽 것은 밖으로 벌어지며, 가장자리에 거치가 있다. 잎자루 끝에 2개의 꿀샘이 있다. 꽃은 5~6월에 흰색으로 피고 산방 꽃차례에 달린다.

꽃이삭 주변에 중성화가 달리고, 정상화는 가운데에 달리며, 중성화는 지름 3cm 정도이다. 정상화는 5개의 꽃잎과 수술이 있고 꽃밥은 짙은 자줏빛이다. 열매는 핵과로서 둥글고 지름 8~10mm이며 붉게 익는다. 청와대 내에서는 수궁터, 본관 주변에 자라고 있다.

36. 버드나무 *Salix pierotii* Miq.

버드나무류는 왕버들, 수양버들, 용버들, 호랑버들, 갯버들 등이 있다. 버드나무류는 세계적으로 300여 종이 주로 북반구의 온대에서부터 한대 지방까지 광범위하게 자라고 있는데 우리나라에서는 아름드리의 왕버들과 허리춤에 오는 갯버들 등 30여 종이 자생하고 있다.

버드나무의 우리 이름은 바람이 살랑살랑 불기만 해도 가지가 부드럽게 흔들린다고 부들나무라고 했던 것이 구전되면서 더 부르기 편하게 버드나무로 바뀌었다고 보고 있다.

버드나무는 특유의 부드러움과 길고 늘씬함이 있어서 여성스러움에 많이 비유되었는데, 화가들이 그리는 미인도에는 흔히 수양버들을 배경으로 그림을 그렸다. 버드나무의 부드러움과 여성스러움에 꽃花를 더하면 화류花柳라는 말이 되고, 이는 좀 육감적이고 퇴폐적인 의미가 가미된 뜻이 되었다. 그래서 이들이 어울려서 노는 곳을 아예 화류계라고 불렀다.

버드나무는 남녀의 사랑과 관계된 이야기가 많다. 물을 급히 마시다가 체할까 봐 버들잎을 띄운 지혜를 보고 왕비를 삼은 고려 태조 왕건과 장화황후의 나주 왕사천 이야기가 있고, 조선 태조 이성계와 신덕왕후가 만난 사연도 같은 버들잎 설화가 있다.

옛날에는 남녀가 이별할 때 절류증행折柳贈行의 풍습이 있었다고 한다. 조선 후기의 이익의 성호사설에 절류증행의 설명이 있는데 이 풍습은 중국에서 전래된 것으로 예부터 정인과 이별할 때 마지막 이별의 장소는 보통 강가 나루터였기 때문에 강가 나루터에 흔히 자라고 벽사력이 있다는 버드나무 가지를 꺾어 주면서 이별의 아쉬움과 무사 귀환을 빌어 주었다고 한다.

우리는 어릴 때 할아버지로부터 도깨비불의 무서운 이야기를 들으

청와대야 소풍 가자

면서 자랐다. 실제 왕버들은 도깨비 버들이란 의미의 귀류鬼柳라고도 하는데 왕버들은 몸집이 크고 오래 살며 줄기에 동공이 생기고 그 동공에서 밤에 빛이 새어 나오는 경우가 있는데 왕버들의 동공에는 나무에 들어 있는 인燐 성분에 수분이 닿으면 빛을 내는 것으로 이를 도깨비불이라고 불렀고 대표적인 무서움의 대상이 되었다.

버드나무는 버드나무과의 낙엽활엽교목으로 키가 20m, 직경 80cm까지 자란다. 우리나라와 일본, 중국 북동부 등지에 분포하고 들이나 냇가에서 흔히 자란다. 수피는 검은 갈색이고 얕게 갈라지며 작은 가지는 노란빛을 띤 녹색으로 밑으로 처지고 털이 나지만 없어진다. 잎은 어긋나고 바소꼴이거나 긴 타원형이며 길이 5~12cm, 너비 7~20mm이다. 끝이 뾰족하고 가장자리에 안으로 굽은 거치가 있다. 잎자루는 길이 2~10mm이고, 암수딴그루로 꽃은 4월에 유이 꽃차례로

핀다. 씨방은 달걀 모양으로서 자루가 없으며 털이 나고 암술대는 약
간 길며 암술머리는 4개이다. 열매는 삭과로서 5월에 익으며 털이 달
린 종자가 들어 있다. 습지에 잘 자라므로 사방 공사 때 편책용으로 사
용한다. 풍치목으로 심으며 재질은 가볍고 연하며 흰색으로 가구재,
장식재로 사용한다. 청와대 내에서는 의무동, 친환경 단지에 자라고
있다.

37. 병꽃나무 *Weigela subsessilis* (Nakai) L.H.Bailey

병꽃나무의 이름은 꽃 모양이 우리 조상들이 사용하던 목이 긴 청자
나 백자병처럼 생겼다고 병꽃나무라고 했는데 정말로 꽃이 피기 전 꽃

봉오리의 모양은 영락없이 병 모양이다.

병꽃나무는 정원이나 공원에선 화
려한 꽃나무나 외국 수종에 비해서 좀
밀려나 있는 것 같으나 5월 초 우리나
라 산 어디서나 햇빛이 잘 드는 곳이
면 산 아래에서 꼭대기까지 자주 만날
수 있는 꽃이다. 또 꽃이 적어도 2주 이상 피어 있어서 산에서는 아주
아름답고 반가운 꽃이다.

병꽃나무는 인동과의 낙엽활엽관목으로 키가 2~3m 정도 자란다.
우리나라 특산종으로 우리나라 전 지역에 자라고 주로 산지 숲속에서
자란다. 줄기는 연한 잿빛이지만 얼룩무늬가 있다. 잎은 마주나고 잎
자루는 거의 없으며 달걀을 거꾸로 세운 모양의 타원형으로 끝이 뾰족
하고 가장자리에 잔거치가 있다.

꽃은 5월에 노랗게 피었다가 점차 붉어지며 1~2개씩 잎겨드랑이에

달린다. 열매는 삭과로 잔털이 있고 길이 1~1.5cm로서 9월에 성숙하여 2개로 갈라지고 종자에 날개가 있다. 청와대 내에서는 관저 내정, 수궁터, 본관 주변에 자라고 있다.

38. 보리수나무 *Elaeagnus umbellata* Thunb.

보리수라고 하면 떠오르는 것이 우선 부처님이 그 나무 밑에서 득도하였다는 생각이 난다.

석가모니가 그 나무 아래에서 해탈한 나무는 인도에서 자라는 인도보리수 나무이다. 우리의 불교가 인도에서 중국을 거쳐 들어오면서 석가모니가 그 아래서 도를 깨우친 진짜 인도 보리수나무는 우리나라까지 따라오지 못했다. 인도 보리수나무는 아열대 지역에서 자라는 나무라서 겨울에 우리나라에서는 자랄 수 없기 때문이었다.

지방에 따라서는 보리똥나무, 보리둥나무, 뻐루똥나무, 볼데, 보리화주 등 여러 가지 이름이 있으며 제주도에서는 볼레낭이라고 한다. 근래에는 왕보리수 등 개량종의 보급으로 크기가 2~2.5cm로 과육이 크고 과즙이 풍부한 종도 개발되어 있다.

우리의 토종 보리수라는 이름의 유래를 보면 보리수 열매의 씨가 보리알 모양이라고 하여 보리수라고 했다고 하며 열매에 파리똥 같은 하얀 점이 있다고 보리똥이라고 했다고 한다.

보리수나무는 보리수나무과의 낙엽활엽관목으로 키가 5~6m 정도 자란다. 우리나라와 일본에 분포하며 산비탈의 풀밭, 숲 가장자리 또는 계곡 주변에서 자란다. 가지는 은백색 또는 갈색이다. 잎은 어긋나고 너비 1~2.5cm의 긴 타원형의 바소꼴이며 가장자리가 밋밋하다. 꽃은 4~6월에 피고 처음에는 흰색이다가 연한 노란색으로 변하며 1~7개가 산형 꽃차례로 잎겨드랑이에 달린다. 화관은 통형이며 길이는 5~7mm 정도이고 끝이 4개로 갈라진다. 열매는 둥글고 길이는 6~8mm 정도이며, 9~11월에 붉게 익는다. 열매는 자양, 진해, 지혈 등의 약제로 사용하고 잼, 파이의 원료로 이용하고 생식도 한다. 청와대 온실 앞에 살짝 누운 채로 매년 꽃을 피우고 열매를 생산하는 보리수나무가 있다.

39. 복사나무(복숭아나무) *Prunus persica* (L.) Batsch

무릉도원이라고 하는 인간이 꿈꾸는 이상향이 있다. 여기 선경仙境

에 피어 있는 꽃은 아름다워야 하고 신비의 꽃이라야 하며 그 과실은 신선이 먹을 만큼 맛있어야 하고 불로장생과 현세의 근심 따위가 없어야 하는 곳이어야 한다. 사람들은 복사꽃이 무릉도원에 가장 어울린다고 생각했던 것 같다.

복숭아는 아주 옛날부터 중국에서 재배한 과일나무였는데 아주 맛있는 과일이기 때문에 세월이 지나면서 차츰 신선이 먹는 과일이 되었고 또 봄날에는 화사하고 따뜻한 아름다운 꽃을 보여주기 때문에 도연명의 도화원기에서 그린 이상향, 무릉도원을 상징하는 나무와 꽃이 되었다.

복숭아꽃이 많이 피는 마을을 흔히 도화동桃花洞이라고 불렀는데 우리나라의 지명에는 도화동이라는 지명이 전국에 많이 있다. 서울에만도 마포구 도화동은 마포 강변에서 뱃놀이하면서 강 언덕 위에 만발한 복숭아꽃을 즐기던 곳이었고, 지금은 지명이 바뀌었지만 북악 아래 도화동이 있었고, 혜화문 밖의 도화동이 있었다. 경기도 부천시는 1973년 소사읍에서 승격한 도시로 복사골이 있고, 심청전에 나오는 심청이 살던 마을도 도화동이다.

복숭아가 우리나라에는 언제 들어왔는지는 명확하지 않으나 『삼국사기』에 보면 '2,000여 년 전 백제 온조왕 3년에 겨울이 가까워져 오는 10월에 벼락이 치고 복숭아나무와 자두나무가 꽃이 피었다.'라는 기록이 있다.

복숭아는 그 생김새로 이름 지어졌다고 보고 있다. 볼록(복), 솟아오른(슝, 숭), 알(아)이라고 한데서 온 것이고. 그 후에 복숭아가 복사로 변화된 것으로 유추하고 있다. 한자의 복숭아 도桃 자는 나무 목木 변

청와대야 소풍 가자

에 복숭아가 도톰하게 갈라진 모양을 조兆 자로 상형하여 만든 글자라고 설명한다.

모든 꽃을 여인에 비유하지만 특히 복숭아꽃은 맑고 아름다운 여인을 상징한다. 옛 선조들은 뛰어난 미인을 '복숭아꽃이 부끄러워하고, 살구꽃이 사양한다.'는 도수행양에 비유했으며 여인들이 아름답고 진한 화장을 도화장이라고 했다. 또 기녀의 이름도 복숭아 도桃 자를 많이 사용했는데 우리가 잘 아는 '홍도야 울지 마라.'는 노래에 있듯이 홍도라는 이름은 기생의 대명사였다. 복숭아 속 벌레는 복숭아거위벌레 애벌레인데 자신도 모르게 먹으면 미인이 된다는 속설도 있어 '복숭아는 밤에 먹고 배는 낮에 먹는다.'는 속담이 생겨났다.

옛날 토속 신앙의 일부로 점술이나 사주에서 중요시하는 살 중에 하나로 도화살이라는 것이 있는데 남자는 호색과 주색으로, 여자는 음란함으로 일신과 집안을 망친다고 해서 혼인에서 아주 기피하는 사례가 많았다.

우리의 옛 풍습은 집안과 마을에는 복숭아나무를 심지 않았다. 복숭아나무는 귀신을 쫓아내고 없애 주는 축귀력, 벽사력이 있다고 했는데 다른 귀신을 축귀하는 것은 바람직하나 제사 때 조상신이 찾아와도 복숭아나무가 집 안에 있으면 조상이 울면서 돌아간다고 생각했기 때문이다.

　복사꽃 하면 삼국지 도입부에 나오는 도원결의가 생각난다. 유비, 관우, 장비가 형제의 의를 맺으며 의기투합하는 장소가 만개한 복숭아나무 아래였다. 후에 남자들이 의기투합할 때 많이 인용하는 고사가 되었다.

　복숭아나무는 장미과의 낙엽활엽소교목으로 키가 10m 정도 자란다. 나무줄기나 가지에 수지가 있어 상처가 나면 분비된다. 잎은 어긋나고 바소꼴로 넓다. 길이 8~15cm이며 거치가 있고 잎자루에는 꿀샘이 있다. 꽃은 4~5월에 잎보다 먼저 백색 또는 옅은 홍색으로 피며 열매는 핵과로 7~8월에 익는다. 청와대 내에서는 관저 회차로 녹지에 천도복숭아가 자라고 있다.

　　　　　　　　　　　　　　　　청와대야 소풍 가자

40. 뽕나무 *Morus alba* L.

뽕나무는 누에치기를 위해 매년 베어내지 않으면 원래가 10m 이상 자라는 나무다. 강원도 정선군청 앞에 600년 된 큰 뽕나무가 있고 경북 상주에는 300년 이상 된 뽕나무가 있다.

옛날 우리 농촌에서는 가장 큰 부수입원으로 봄, 가을 두 차례의 누에고치 수매였다. 뽕나무와 양잠의 기록은 중국에서는 4,000여 년 전, 우리는 삼한시대 농경 생활이 시작되면서부터라고 한다. 삼국 시대, 고려 시대, 조선 시대로 이어지면서 양잠이 가장 중요한 수출 산업이 되었다. 지금의 고도 산업화 이전까지만 해도 비단 입국을 기치로 누에치기를 장려했다.

조선 시대에는 각도마다 누에치기 전문 기관인 잠실이 있었고 조선 중종 때에는 잠실의 효율적인 관리를 위해서 각 도의 잠실을 도성 근처로 모이도록 했는데 그 지명이 지금도 잠원동으로 남아 있다.

세계적으로 보더라도 중국을 중심으로 한 동양의 천연섬유 비단은 당시 초일류 국가였던 로마제국의 귀족과 귀부인들의 혼을 빼놓을 만큼 비교 불가 옷감이었다. 그 비단을 실어 나르던 길이 실크로드Silk Road로 동서양의 중요한 문화 교류의 통로가 되었다.

한자의 뽕나무 상桑 자는 나무 목木 위에 오디가 다닥다닥 붙은 모양을 형상화한 것이라고 한다. 섬유나 소재 기술이 발달하여 지금은 옷감으로서 비단의 중요성이 많이 떨어졌지만 뽕나무와 누에는 누에 가루, 누에환, 동충하초, 뽕잎차, 뽕잎 가루, 뽕잎환, 오디즙, 오디 와인 등 거의 모든 면에서 우리 몸에 좋은 건강식품으로 활용도가 증가하고 있다. 또 뽕나무에서 나오는 상황버섯이 진짜 상황버섯이라고 한다.

뽕나무는 뽕나무과의 낙엽활엽소교목으로 키가 10m 정도 자란다. 원산지는 온대, 아열대 지방이며 우리나라는 야생에서 산뽕나무, 돌뽕나무, 몽고뽕나무 등이 자란다. 세계적으로 30여 종이 있다. 뽕나무는 예전부터 활용 가치가 높아 귀중하게 여겨진 나무다.

집주변이나 마당에 뽕나무를 많이 심었다. 우리나라는 산상, 백상, 노상 3종을 재배하고 그중에서 백상을 가장 많이 재배하였다. 작은 가지는 회색빛을 띤 갈색 또는 회색빛을 띤 흰색이고 잔털이 있으나 점차 없어진다. 잎은 달걀 모양 원형 또는 긴 타원 모양 원형이며 3~5개로 갈라지고 길이 10cm로서 가장자리에 둔한 거치가 있으며 끝이 뾰족하다. 잎자루와 더불어 뒷면 맥 위에 잔털이 있다. 5~6월에 꽃이 피고, 열매는 6월에 검은색으로 익는다.

뽕나무의 열매를 오디라고 하며 크기는 약 1.5~2.5cm이며 장과로 생김새는 포도와 비슷한 모양이다. 처음에는 연한 녹색에서 점차 붉은색으로 자라다가 완전히 익으면 붉은빛이 섞인 검붉은색으로 바뀐다. 오디는 신맛과 단맛이 풍부하며 날것으로도 많이 먹지만 예전부터 술을 많이 담가 먹었다. 근래에는 오디로 잼을 만들어 먹거나 오디청을 만들어 오랫동안 먹기도 한다. 한의학에서 오디는 약재로 사용되는데 백발의 머리를 검게 하고 정력 보강에도 효능이 있고 정신을 맑게 한다고 알려져 있다. 뿌리껍질은 상백피로 한방에서 해열, 진해, 이뇨제로 쓰고 피부를 희고 맑게 하는 효과도 있어 화장품 재료로도 이용된다. 청와대 내에서는 기마로 입구, 친환경 단지에 자라고 있다.

청와대야 소풍 가자

41. 사과나무 *Malus pumila* Mill.

사과는 성경에 선악과로 등장하며 유럽의 전 지역에서 일찍이 재배되었다. 중국에서는 1세기경에 능금으로 재배한 기록이 있으며 그 당시 한국과 일본에 전파된 것으로 추정된다. 오늘날 우리나라에서 재배되고 있는 사과나무는 1884년에 최초로 심었다는 기록이 있고 1960년대부터 농가 소득 증대를 위하여 사과 재배를 권장하였으며 최근에는 키가 작은 왜성 사과가 우리나라 과수의 주종을 이루고 있다.

사과의 옛 이름은 임금林檎인데 임금의 어원은 산스크리트어로 사과를 말하는 Linkim을 한자로 옮긴 것이라고 한다. 우리의 능금도 이 Linkim에서 왔다고 보고 있다. 능금은 삼국 시대 한반도에 들어온 것으로 추정하며 능금의 최초 기록은 고려 의종 때 『계림유사』에 나온다. 또 조선 태종 12년 종묘에 올리는 햇과일로 능금을 올렸다는 기록이 있다.

지금 우리가 먹는 사과는 개화기 선교사들에 의해 들어오기 시작했고 1906년 서울 뚝섬에 원예 시험장이 개설되고 각종 과수 묘목을 보급하면서 본격적인 재배가 된 것이다.

1980년대까지만 하더라도 사과의 주산지는 대구였다. 대구는 큰 일교차 때문에 사과의 품질과 생산량에서 최고를 자랑했다. 2000년대로 들어오면서 온난화 현상으로 사과의 재배 적지가 점점 북상해서 경북 북부인 안동, 청송, 영주 등이 되었으며 지금은 죽령과 조령, 추풍령을 넘어서 충북 충주, 제천, 단양, 음성, 강원도 영월, 홍천까지 확대 재배되고 있다.

우리가 재배하는 사과의 주요 품종으로는 7월부터 수확하는 조생종인 아오리가 있으며, 9월과 10월에 수확하는 중생종 홍로, 10월 하순에서 11월에 수확하는 만생종 부사가 주종을 이룬다.

전 세계 생산량의 50% 이상을 점유하고 있는 품종은 부사인데 1940년 일본 아오모리에서 개발된 사과로 신맛이 적고 단맛이 강하며 과즙이 많고 아삭한 식감과 저장성이 좋아서 현재 가장 사랑받는 사과 품종이 되었다.

사과를 매일 하나씩 먹으면 의사를 멀리한다는 속담이 있을 정도로 사과는 건강에 유익한 과일로 알려져 있다. 사과는 알칼리성 식품으로 항산화 작용과 항암에 효과가 있고 장 기능을 향상시켜 배변 활동에 도움을 주며 혈압 조절, 당뇨 예방, 피로와 스트레스 해소 등 현대인의

청와대야 소풍 가자

대사증후군 예방과 치료에 좋은 역할을 하는 것으로 알려져 있다.

사과나무는 장미과의 낙엽활엽소교목으로 키가 10m까지 자란다. 꽃은 4~5월에 흰색 꽃이 잎과 함께 피고 가지 끝 잎겨드랑이에서 나와 산형으로 달린다. 사과의 상품 가치를 높이기 위해 적과를 실시한다. 품종에 따라 7~11월에 익으며 주로 붉은색이다. 잎은 어긋나고 타원형 또는 달걀 모양으로 거치가 있다.

청와대 내에서는 관저 회차로 주변에 있는 사과나무는 2009년도 8도 나무 심기 행사 때 영주농업기술센터에서 공급하여 심고 친환경적으로 관리해 왔으나, 어느 날 돌발 해충 발생으로 하루 밤새 앙상한 가지만 남아 교체 계획을 수립하고 대구 농업기술센터에서 홍보용으로 화분에 재배하던 부사를 농림부의 도움을 받아 새로 심은 나무이다.

42. 사철나무 *Euonymus japonica* Thunb

사철나무의 한자 이름은 동청冬靑으로 겨울에도 푸르다는 사철 푸른 나무라는 의미다. 이 사철 푸른 나무가 우리나라에서는 사철나무로 불리고 있고, 북한에서는 푸른나무로 한 단어씩 나누어 가진 것 같다.

겨울철에 소나무를 비롯한 몇몇 침엽수를 제외한 모든 활엽수의 푸르름이 사라진 뒤에도 잎이 넓은 활엽수이면서도 푸르름을 지키는 나무가 사철나무다. 물론 제주도를 비롯한 남부지방에서는 침엽수 외에도 동백나무, 녹나무, 차나무, 가시나무, 광나무 등이 활엽수이면서도 상록수이지만, 중부 지방에서는 사철나무, 인동덩굴 정도만이 겨울에도 푸르름을 유지하는 나무라고 볼 수 있는데, 사철나무는 겨울에 준휴면 상태를 유지하는 지혜를 발휘함으로써 상록수로서 혹독한 추위를 이겨 낸다.

사철나무로 천연기념물 제538호로 지정된 독도의 동도 천장굴 위쪽 절벽에 살고 있는 100살이 넘는 사철나무가 있는데 독도의 나무 중에

청와대야 소풍 가자

는 최고령 나무라고 한다. 경북대 독도 연구소 독도 식생 조사팀이 조사한 바에 따르면 독도에 자생하는 사철나무가 울릉도 일원에서 자생하는 사철나무와 같은 유전자로 울릉도 토종 사철나무의 씨를 새들이 먹고 독도까지 날아간 새의 배설물에서 자라난 것으로 확인됐다. 울릉도의 때까치나 지빠귀 종류가 기특하게도 독도에 확실하게 우리 땅이라고 영역 표시를 한 것 같다.

조선시대 전통 양반 가옥에서는 외간 남자와 바로 얼굴을 대할 수 없도록 만든 문병門屛이 있는데, 이 문병용으로 사철나무를 애용했다. 사철나무는 겨울에도 푸르고 윤기가 나는 잎과 마치 아름다운 꽃을 보는 듯한 빨간 열매가 있어서 정원수로도 많이 심기도 하지만 주로 생울타리 용으로 쥐똥나무, 측백나무 등과 같이 많이 사용된다.

사철나무는 노박덩굴과의 상록관목으로 키가 약 3m까지 자란다. 바닷가 산기슭의 반 그늘진 곳이나 인가 근처에서 자란다. 가지에 털이

사철나무.

없고 작은 가지는 녹색이다. 잎은 마주나고 두꺼우며 타원형으로서 길이 3~7cm, 너비 3~4cm이다. 양 끝이 좁고 가장자리에 둔한 거치가 있으며 앞면은 짙은 녹색이고 윤이 나며 털이 없다. 뒷면은 노란빛을 띤 녹색이며 잎자루는 길이 5~12mm이다. 꽃은 6~7월에 연한 노란빛을 띤 녹색으로 피고 잎겨드랑이에 취산 꽃차례로 달린다. 열매는 둥근 삭과로 10월에 붉은색으로 익으며 4개로 갈라져서 붉은 가종피로 싸인 종자가 나온다. 주로 한국, 일본, 중국 등지에 분포한다. 청와대 내에서는 전 지역에 자라고 있다.

황금사철나무.

청와대야 소풍 가자

43. 산사나무 *Crataegus pinnatifida* Bunge

산사나무의 영어명은 5월의 꽃이란 의미의 메이플라워May Flower다. 우리가 알고 있듯이 1620년 영국의 청교도들이 그 들의 신대륙인 미국으로 건너갈 때 타고 간 배의 이름이 메이플라워호이다. 즉 산사나무 배라는 뜻으로 이 이름이 자신들을 무사히 신대륙으로 인도해 주고 벼락도 막아 줄 것이라고 믿었기 때문이다.

유럽에서 산사나무꽃은 여신에게 바치는 꽃이었다. 지금도 5월 1일이면 산사나무 꽃다발을 만들어 문에 달아 두는 풍습이 있다고 하며, 산사나무는 벼락을 막아 주는 신령한 힘이 있다고 해서 정원수나 집 울타리에 많이 심는다고 한다.

이와 같이 산사나무는 유럽에서는 태양의 나무, 거룩한 나무의 의미를 가지고 있어 주로 정원수와 조경수로 많이 사랑받고 있는 나무다. 산사나무는 봄에 하얀 꽃이 모여서 피는 것도 아름답지만, 가을에 빨갛게 익어 가는 열매가 더 아름답다.

겨울에 빨간 산사나무 열매는 달콤하고 산새들에게 아주 좋은 먹이가 되기도 한다. 때문에 정원에 산사나무나 팥배나무 몇 그루를 심으면 겨울철에 여러 종류의 새들을 볼 수 있다.

한자명으로 산사는 산에서 나는 풀명자나무라는 의미다. 산사나무는 모양이 꽃사과라고 불리는 나무의 꽃과 열매를 많이 닮았고, 씹어 보면 그 맛도 새콤달콤한 사과의 맛과 비슷하게 느껴진다. 산사나무는 우리말로 아가외나무라고도 한다. 1820년 유희가 쓴『물명고』에서 우리말 아가위로 처음으로 기록되어 있다.

산사나무는 장미과의 낙엽활엽소교목으로 키가 8m까지 자란다. 우리나라와 중국, 시베리아 등지에 분포하며 우리나라에서는 전국 산지 일조량이 풍부한 지역에서 자생한다. 수피는 회색이고 가지에 가시가 있다. 잎은 어긋나고 길이 6~8cm, 폭 5~6cm로 가장자리가 깃처럼 갈라지고 밑부분은 더욱 깊게 갈라지고, 가장자리에 불규칙한 거치가 있다. 잎자루의 길이는 약 2~6cm이다. 꽃은 5월에 흰색으로 피고 산방꽃차례로 달린다. 꽃잎은 둥글며 꽃받침 조각과 더불어 5개씩 있다. 열매는 사과 모양으로 둥글고 흰 반점이 있다. 지름 약 1.5cm이고 9~10월에 붉은빛으로 익는다.

열매는 새콤달콤한 맛이 있어 열매 자체를 간식처럼 섭취하는 것이 보통이며 떡이나 과실주, 정과, 화채, 차 등으로 먹기도 한다. 비타민 C

청와대야 소풍 가자

가 다량 함유되어 있어서 피로 회복, 면역력 개선, 감기 예방, 피부 미용 등에 효과적이며 폴리페놀이 들어있어 항산화 작용, 노화 방지 등에도 도움을 준다. 한방에서는 열매를 산사자라고 하여 반으로 갈라 씨를 제거해 햇볕에 잘 말린 뒤 달여 먹으면 소화 불량과 장염, 요통, 치질, 하복통 등에 효능이 있는 것으로 전해졌다. 청와대 내에서는 친환경 단지, 본관 주변, 수궁터, 소정원 등지에 자라고 있다.

44. 산수유 *Cornus officinalis* Siebold & Zucc.

산수유 이름은 중국 한자를 소리 나는 대로 읽은 것인데, 산에 있는 쉬나무에서 유래된 것으로 수茱자는 열매가 붉다는 뜻이고, 유萸 자는 살찌다라는 뜻이라고 한다. 또 산수유는 생김새가 대추와 비슷하다고 해서 돌대추라고도 불렀다.

산수유는 1970년에 국립수목원이 있는 광릉 지역에서 자생지가 발견되어 한국의 중부 지방이 원산지라는 주장도 있지만 일반적으로 중국이라고 알려지고 있는데 현재 산수유의 주산지는 중국 산동성이다.

우리나라 기록으로는 『삼국사기』에 신라 경문왕 때 '임금님 귀는 당나귀 귀'라는 소리를 낸 대나무를 왕명으로 베어 버리고 산수유를 심었다는 기록이 남아 있는데 여기가 산수유의 시목지인 전남 구례라고 한다.

　산수유 시목이 있는 전남 구례에는 산수유와 관련된 전설이 하나 있다. 1,000여 년 전에 중국 산동성 산수유 마을에서 구례로 시집을 오게 된 새색시가 시집을 오면서 고향을 잊지 않기 위해서 산수유를 가지고 와서 심었다고 한다. 중국 산동성의 이름을 따서 구례군 산동면이 되었고, 지금도 산동면 계천리 계천마을에는 1,000년이 넘은 산수유 시목이 있다.

　옛날에는 십전대보탕이나, 육미지황탕 등을 보약으로 많이 먹었는데, 여기에 가장 많이 들어가는 약재가 산수유라고 한다. 산수유는 옛날에는 주로 약용 식물로 심어 왔으나, 요즘은 정원수, 관상수로 더 많이 심고 있다.

　우리나라에서 산수유꽃으로 유명한 지역은 전남 구례 지리산 온천 관광 단지에 있는 산수유 마을, 경북 의성 사곡면 화전리, 경기 이천 백사면 도림리, 송말리, 경사리 일대가 산수유 꽃마을로 유명하며, 해마다 산수유꽃 축제를 하고 있는 지역이다.

　산수유는 층층나무과의 낙엽활엽소교목으로 키가 7m까지 자란다. 우리나라는 중부 이남에서 많이 자란다. 꽃은 노란색으로 3~4월에 잎보다 먼저 피는데, 조경수, 관상수로 공원 등지에 많이 심고, 한약재로 재배한다. 열매는 타원형의 핵과로서 처음에는 녹색이었다가 8~10월에 붉게 익는다. 약간의 단맛과 함께 떫고 강한 신맛이 난다. 10월 중순의 상강 이후에 수확하는데, 육질과 씨앗을 분리하여 육질을 차나 술로도 복용하고, 한약의 재료로 사용한다. 강음, 신정과 신기 보강, 수렴 등의 효능이 있다. 청와대 내에서는 소정원, 상춘재, 수궁터, 유실수 단지에서 자라고 있다.

45. 산초나무 *Zanthoxylum schinifolium* Siebold & Zucc.

지금은 우리의 식단에서 고춧가루가 없는 것을 생각할 수도 없지만, 고추는 임진왜란 때 일본에서 우리나라로 전래된 것으로 고춧가루의 역사는 400여 년 정도다. 특히 매운맛을 좋아하는 우리 식단에서 그동안 후추와 산초가 긴요하게 쓰였는데 고춧가루의 등장으로 우리 음식에서 후추와 산초로 조미하던 것이 줄어들었다.

이제는 한국에서 산초는 극히 제한적으로 추어탕과 민물매운탕의 비린내 제거용으로 쓰이는 정도인데 옛날에는 김장할 때 양념에 산초를 꼭 넣었다. 산초는 단지 매운맛만 있는 것이 아니고 방부제 역할이 있어서 김치의 신선도를 오래 유지시키기도 하며 또 약리적인 효과도 있어 한국 음식에서 토종 향신료로 다시 산초의 가치를 연구할 필요가 있다.

식물학에서는 초피나무와 산초나무는 비슷하지만 이 둘은 다른 나무로 분류한다. 우선 산초나무는 열매나 잎에 특유의 향이 있기는 하나 초피나무보다는 약하다. 또 초피나무는 가시가 마주 보고 달리고 산초나무는 어긋나기로 달려 있다. 현재 우리나라에서는 지방에 따라 부르는 이름도 각각인데 경남에서는 제피, 경북에서는 산초, 강원도에서는 초피, 전남에서는 젠피라고 부르고 있다. 사찰에서는 산초의 어린잎과 어린줄기, 열매를 간장과 식초로 절여서 반찬으로 사용하는데 산초의 열매로 기름을 짜서 향미료로 사용하기도 했다.

또 산초의 열매나 잎에는 방부 효과가 있어서 장에 담가 놓으면 오랫동안 맛이 변하지 않는다고 하며 밥을 먹을 때 산초잎을 같이 먹으면 독특한 향기가 뇌를 자극하여 식욕을 증진시킨다고 한다.

산초나무는 운향과의 낙엽활엽관목으로 키가 3m 정도 자란다. 우리나라와 일본, 중국 등지에 분포한다. 잔가지에 가시가 있으며 붉은빛이 도는 갈색이다. 잎은 어긋나고 13~21개의 작은 잎으로 구성된 깃꼴겹잎이다. 작은 잎은 길이 1~5cm의 넓은 바소꼴이며 양 끝이 좁고 가장자리에 물결 모양의 거치와 더불어 투명한 유점이 있다. 암수딴그루이며, 꽃은 8~9월에 흰색으로 피며 가지 끝에 산방 꽃차례로 달린다. 꽃잎은 5개이고 길이 2mm의 바소꼴이며 안으로 꼬부라진다. 열매는 삭과이고 둥글며 길이가 4mm 정도이고 녹색을 띤 갈색이며 다 익으면 3개로 갈라져서 검은색의 씨앗이 나온다. 열매는 익기 전에 따서 식용으로 하고, 다 익은 열매로 기름을 짠다. 한방에서는 열매껍질을 야초라는 약재로 쓰는데 복부 냉증을 제거하고 구토와 설사를 그치게 하며, 회충, 간디스토마, 치통, 지루성 피부염에 효과가 있다. 청와대에서는 산악 지역, 침류각 주변에 자라고 있다.

46. 살구나무 *Prunus armeniaca* L.

매화가 양반들의 멋을 표현하는 좀 귀족적인 나무라면, 살구나무는 질박하게 살아온 서민들과 함께한 나무였다. 살구나무는 다른 과일보다는 훨씬 빨리 초여름에 새콤달콤하고 말랑말랑한 열매가 익기 때문에 보릿고개로 배고픔이 한창일 시기에 참 고마운 나무였다.

살구나무는 중국이 원산지라고 알고 있다. 중국의 가장 오래된 지리서인 기원전 400~250년경의 『산해경』에 살구나무 재배 기록이 있어서 중국에서도 가장 오래된 재배 역사를 가진 과수의 하나라고 할 수 있다. 살구나무가 우리나라에 들어온 시점은 명확하지 않으나 신라 때에 이미 흔히 볼 수 있었던 것으로 보인다. 『삼국유사』에 신라 고승 명랑이 지은 시에 '산속에 있는 복숭아나무와 개울가에 있는 살구나무에 꽃이 피어 울타리를 물들이고 있다.'라는 구절이 있다.

옛날에 살구는 복숭아와 더불어 약용으로 더 중요시된 것으로 보인다. 중국의 신선전에 오나라 명의로 이름난 동봉董奉은 가난한 환자를 치료해 주고 돈 대신 앞뜰에다 살구나무를 심게 했다고 한다. 그 살구

청와대야 소풍 가자

나무가 곧 숲을 이루었고 그 살구 열매를 약재로 사용했고 남는 것은 내다 팔아서 가난한 사람을 구제했다는 이야기가 나온다. 이후에 사람들은 진정한 의술을 펴는 의원을 칭할 때 살구나무 숲이라는 의미로 행림杏林이라고 했다고 한다. 살구꽃은 묘하게 서민, 여인, 술집과 깊은 인연이 있는 꽃이다.

'청명 날 봄비가 부슬부슬 내리는데
길가는 나그네 너무 힘들어
목동을 잡고 술집이 어디냐고 물어보았더니
손들어 멀리 살구꽃 핀 마을杏花村을 가리키네'

당나라 시인 두목杜牧의 청명이라는 시인데 행화촌이 술집, 술집이 있는 마을이라는 뜻으로 쓰였다. 이때부터 행화촌杏花村은 술집을 보다 점잖게 부르는 말이 되었다. 춘향전에도 이 도령이 춘향에게 집이 어디냐고 물어보니 '청룡방, 행화촌, 부용당을 찾으소서.'라고 대답하는데 이 도령이 '내 알겠다. 청룡방은 동쪽이고, 행화촌은 술 거리이며, 부용당은 초당이라. 내 찾아가겠다.'라고 대답하는 대목이 있다.

옛날에는 살구꽃이 농사의 중요한 기준 시점이 되었다고 한다. 살구꽃이 필 때 내리는 비를 행화우라고 했고 이때 온갖 곡식의 씨를 뿌리는 시기이다. 살구나무는 목재로도 흰색에 너무 단단하지도 너무 무르지도 않은 재질로 산사에서 스님이 두들기는 목탁은 살구나무 고목으로 만들어야 맑고 은은한 소리가 난다고 해서 살구나무 목탁을 주로 사용하고 있다고 한다.

　살구나무는 장미과의 낙엽활엽소교목으로 중국, 한국, 일본, 몽골, 미국, 유럽 등지에 분포하고 키가 5m까지 자란다. 꽃은 2년생 가지에 달리고 4월에 연한 붉은 색으로 잎보다 먼저 피고 꽃잎은 5개이고 둥근 모양이다. 열매는 핵과이고 둥글며 털이 많고 지름이 3cm 정도이며 7월에 황색 또는 황색을 띤 붉은 색으로 익는다. 잎은 어긋나고 길이 6~8cm의 넓은 타원 모양 또는 넓은 달걀 모양이며 털이 없고 가장자리에 불규칙한 거치가 있다.

　한방에서는 종자를 행인杏仁이라는 약재로 해열, 진해·거담, 기침, 천식, 기관지염, 인후염, 급성폐렴의 치료제로 사용했고, 요즘은 종자를 피부 미용을 위한 미백제로 사용한다. 청와대 내에서는 수궁터에서 떨어지는 살구는 그 맛이 일품으로 소문나 있고, 온실 주변, 녹지원, 유실수 단지 등에 자라고 있다.

　청와대야 소풍 가자

47. 상수리나무 *Quercus acutissima* Carruth.

상수리나무는 우리가 참나무라고
하는 나무인데 우리 산에서 흔히 볼
수 있는 나무다. 상수리나무, 신갈나
무, 갈참나무, 졸참나무, 떡갈나무, 굴
참나무가 참나무 6형제이다.

도토리의 한자 이름인 상실像實이 구전되면서 상수리가 되었다. 상
수리나무는 우리나라 전국 어디에서나 흔하게 분포하며 목질이 단단
하고, 무겁고, 쉽게 썩지 않으므로 예로부터 선조들이 가장 널리 쓰던
나무 중 하나였다. 선사시대부터 상수리나무로 움집을 짓고 살았고 사
찰이나 서원의 기둥, 목선박의 판재, 고분 관재의 대부분은 참나무로
사용되었으며 마찰에 견디는 힘이 강해 수레바퀴, 화력이 좋고 연기도
맵지 않아서 장작이나 참숯의 재료, 표고버섯의 대목으로 많이 사용되
었다. 와인이나 위스키를 숙성하는 오크통으로 이용이 되고 있으며,
민간에서는 장이나 간장을 담글 때 소독과 나쁜 냄새를 빨아내기 위해
서 참나무 숯을 띄웠다.

우리나라는 국토 면적의 63%가 산림인데 현재 우리 산에는 침엽수
대표 수종으로 소나무가 활엽수 대표로 참나무류가 있다. 산림과학자
들은 지금과 같은 추세라면 햇빛이 있어야만 자랄 수 있는 소나무가
잎이 넓은 참나무류와 햇빛 경쟁에서 이길 수 없어 점점 우리 산림이
참나무류로 변모할 것으로 예상하고 있다.

상수리나무의 단풍은 나무에 타닌 성분이 많아서 갈색으로 단풍이

든다. 다른 단풍과 달리 떨켜가 잘 생성되지 않아서 겨울에 마른 가랑 잎을 달고서 보내는 경우가 많으며 다음 해 새잎이 날 때 마른 잎이 떨어지는 경우를 흔히 볼 수 있다.

상수리나무 등 모든 참나무는 도토리를 열매로 맺으며 모든 도토리는 묵을 만들어 먹을 수 있다.

『향약집성방』에서는 저의율猪矣栗 즉 돼지가 먹는 밤이란 뜻으로 쓰고 있는데 경상도 방언인 꿀밤도 꿀꿀이의 밤에서 유래했을 것으로 보고 있다.

도토리는 인간 최초의 주식 중 하나로 기록되어 있는데, 서울 암사동 선사 유적지와 경남 창녕 비봉리 신석기 유적지에는 탄화된 도토리가 발견되고 있다. 또 『삼국사기』, 『고려사』, 『조선왕조실록』으로 역사를 이어오며 흉년에는 도토리가 우리 백성들의 배고픔을 달래 주는 구황 식물로 소중하게 이용되었다는 기록이 있다.

도토리는 떫은맛이 나는 타닌이 함유되어 있어 그대로 먹기에는 좀 거북스럽다. 물에 담가 떫은맛을 어느 정도 제거하고 묵 등을 만들어 먹었다.

다람쥐, 청설모, 멧돼지, 반달가슴곰 등 야생동물에게는 가을의 도토리가 겨울을 준비하는 가장 비중이 있는 먹이다. 우리는 묵으로 먹을 수 있는 보조 식품이지만 야생동물에게는 주식이기 때문에 부족하면 생존이 문제가 되고 가끔 도심에 출몰하는 멧돼지는 이 먹이의 부족과 관련이 크다고 보고 있다.

상수리나무는 낙엽활엽교목으로 키가 30m. 직경 1m까지 자란다.

청와대야 소풍 가자

우리나라와 중국, 일본 등지에 분포하고, 산기슭의 양지바른 곳에서 자란다. 수피는 회색을 띤 갈색이고 작은 가지에 잔털이 있으나 없어진다. 잎은 어긋나고 길이 10~20cm의 긴 타원 모양이며 양 끝이 뾰족하고 가장자리에 바늘 모양의 예리한 거치가 있으며 12~16쌍의 측맥이 있다. 잎 표면은 녹색이고 광택이 있으며 잎자루는 길이가 1~3cm이다. 암수한그루이며 꽃은 5월에 핀다. 수꽃은 어린 가지 밑 부분의 잎겨드랑이에 밑으로 처지는 미상 꽃차례를 이루며 달리고, 암꽃은 어린 가지 윗부분의 잎겨드랑이에 곧게 서는 미상 꽃차례를 이룬다. 열매는 견과이고 둥글며 10월에 익는다. 청와대에서는 녹지원 주변, 수영장 주변, 백악교 주변, 산악 지역에 분포하고 있다.

48. 생강나무 *Lindera obtusiloba* Blume

생강나무는 숲속에서 새봄을 알리는 전령사로서, 아직 산골짜기에

눈과 얼음이 남아 있는데도 숲속 나무 중에서 가장 일찍 마디마디에 노랑 구슬 같은 꽃을 피우는 작은 나무다. 생강나무는 비슷한 시기에 피는 산수유와 구분하기 쉽지 않다. 때문 에, 봄에 피는 노란 생강나무를 주위에서 흔히 볼 수 있는 산수유라고 생각하기 쉬운데, 산수유와 생강나무는 다르다.

산수유는 층층나무과이고, 생강나무는 녹나무과이다. 생강나무는 사람의 간섭이 미치지 않는 산속이나 계곡에서 많이 볼 수 있는 나무이며 우리나라 고유의 나무다.

생강나무라는 이름의 유래는 어린 가지나 잎에서 생강 냄새가 나므로 생강나무라고 했다. 잎을 따서 손으로 비비면 생강 냄새 같은 향기가 코를 톡 쏜다. 생강나무에 상처가 나면 그 상처를 치료하는 소독제와 같은 방어물질이다.

한글명으로 생강나무라고 처음 나오는 것은 1921년『조선식물명휘』에서이고, 약재명은 황매목이고, 유류재로 동박나무라고 같이 기재되어 있다. 그전에는 일반적으로 황매라는 이름으로 쓰였다. 동백나무, 동박나무, 산동백나무, 산동박나무 등으로 불리기도 한다.

김유정의 소설『동백꽃』에는 "한창 피어 퍼드러진 노란 동백꽃, 알싸한 그리고 향긋한 그 냄새에……." 라는 표현이 있다. 이 소설의 무대가 된 김유정의 고향 춘천에는 붉은색 실제 동백꽃이 없으며, 알싸한 향과 노란 꽃은, 강원도에서 동백나무라고 부르는 생강나무다. 또, 정선 아리랑에 나오는 올동백도 마찬가지로 강원도 정선의 산골 계곡에 피는 생강나무라고 보고 있다.

생강나무는 녹나무과의 낙엽활엽관목으로 키가 6m 정도 자란다. 우리나라와 일본, 중국 등지에 분포하며, 산지의 계곡이나 숲속의 냇가에서 자란다. 수피는 회색을 띤 갈색이며 매끄럽다. 잎은 어긋나고 길이가 5~15cm이고 윗부분이 3~5개로 얇게 갈라지며 3개의 맥이 있고 가장자리가 밋밋하다. 잎자루는 길이가 1~2cm이다. 암수딴그루이며, 3월에 잎보다 먼저 노란색의 꽃이 피며 작은 꽃들이 여러 개 뭉쳐 꽃대 없이 산형 꽃차례를 이루며 달린다. 열매는 장과이고 둥글며 지름이 7~8mm이고 9월에 검은색으로 익는다. 연한 잎은 먹을 수 있다. 한방에서는 껍질을 삼첩풍이라는 약재로 쓰는데, 타박상의 어혈과 산후에

몸이 붓고 팔다리가 아픈 증세에 효과가 있다. 청와대에서는 상춘재, 수궁터, 버들마당, 침류각 주변에 자라고 있다.

49. 서양측백 *Thuja occidentalis* L.

측백나무는 잎이 손바닥을 편 것처럼 옆으로 자란다고 붙여진 이름인데, 서양측백나무는 북아메리카가 원산지이고 우리나라에는 1930년경에 미국에서 들어왔기 때문에 미국 측백나무라고도 불린다. 요즘 새로 만들어진 공원이나 아파트 단지에 서양측백나무가 차폐용 또는 독립수로 많이
심어진 것을 볼 수 있다. 우리 토종의 측백나무보다 생육이 빠르고 수형이 아름다우며 좋은 향기를 뿜어내기 때문이다.

측백나무과의 상록침엽교목으로 키가 20m, 직경이 60cm까지 자란다. 목재는 재질이 뛰어나 건축재, 가구재, 토목용재로 쓰이며 잎에서는 향료를 채취하고 종자와 꺾꽂이로 번식하며 주로 관상용으로 심는다. 수피는 연한 노란빛을 띤 갈색이며 군데군데 얇게 벗겨지고 가지는 수평으로 퍼진다. 줄기에 달린 잎은 길이 3mm로 선점이 있고 가지의 잎은 선점이 없는 것도 있다. 표면은 연한 녹색이고 뒷면은 노란빛을 띤 녹색이다. 암수한그루로서 4~5월에 꽃이 피고 열매는 구과로서 긴 타원형이며 길이 1cm 내외로 2쌍의 열매 조각에 들어 있는 것만이

청와대야 소풍 가자

성숙한다. 청와대 내에서는 기마로 주변과 춘추관에서 버들마당 등지에서 자란다.

50. 서어나무 *Carpinus laxiflora* (Siebold & Zucc.) Blume

서어나무는 나무의 모양 자체가 특이하다. 암수 한 나무로 꽃은 잎보다 조금 먼저 피는데 열매는 이삭처럼 밑으로 길게 늘어진다. 가지 끝에 꽃대궁이 있다. 대궁에 긴 손톱같이 생긴 포엽이 수십 개씩 붙어 있고 쌀알 크기만 한 씨앗은 포엽 밑에 숨겨져 있다.

서어나무는 중부 이남에 주로 자라
는데 경남 밀양 상동면의 서어나무는
키가 10m에 둘레 5.3m 나이가 200년
이 되는 우리나라에서 가장 큰 서어
나무다.

서어나무는 자작나무과의 낙엽활엽교목으로 키가 15m, 직경이 1m
까지 자란다. 우리나라와 일본, 중국 등지에 분포하며 온대지방 산지
에서 자라며 흔하게 발견된다. 수피는 회색이고 근육처럼 울퉁불퉁하

청와대야 소풍 가자

다. 잎은 어긋나고 길이 5.5~7.5cm의 타원 모양 또는 긴 달걀 모양이며 끝이 길게 뾰족하고 가장자리에 겹거치가 있으며 뒷면 맥 위에 털이 있다. 꽃은 5월에 피며 미상 꽃차례를 이루며 달린다. 열매는 이삭 형태로 긴 원기둥 모양이고 길이가 4~8cm이며 밑으로 처지며 작은 견과이고 길이 3mm의 넓은 달걀 모양으로 10월에 익는다. 청와대에서는 산악 지역에 자라고 있다.

51. 섬잣나무 *Pinus parviflora* Siebold & Zucc.

섬잣나무는 영어명이 Japanese white pine으로 일본이 들어가 있지만 일반적으로 울릉도가 원산지로 알려진다. 섬잣나무라는 이름이지만 바다 찬바람에는 약해서 바닷가에서는 생육이 좋지 않고, 울릉도의 해발 500m 내외에서 자생한다.

울릉도의 고유 생물 이름에는 섬, 울릉, 우산 등의 접두어가 붙는데 울릉도의 고립된 섬 특유의 특성이 나타나기 때문이다. 섬잣나무도 육지의 잣나무와는 다른데 5개의 바늘잎과 반듯하게 자라는 것은 비슷하지만, 짧은 잎과 작은 잣송이가 섬잣나무가 가지는 특징이다.

울릉도 태하동의 섬잣나무, 솔송나무, 너도밤나무 군락이 천연기념물 제50호로 지정되어 있다. 정원수용 묘목은 해송을 대목으로 섬잣나무를 접붙인다.

섬잣나무는 소나무과의 상록침엽교목으로 키가 30m, 직경 1m까지 자란다. 우리나라 울릉도, 일본 등 섬 지방에서 잘 자란다. 줄기가 곧게 자라며 수관이 좁고 수피는 갈색이다. 잎은 5개씩 달리고 길이

3.5~6cm, 너비 1~1.2mm 정도이다. 암수한그루로서 꽃은 6월에 핀다. 구과는 원통 모양 또는 달걀 모양이고 길이 4~7cm, 지름 4~5cm이다. 25~40개의 열매 조각으로 이루어지며 노란빛을 띤 갈색으로 이듬해 9월에 익는다. 생장 속도는 느리지만 재질이 좋아 기구재, 건축재 등으로 쓰며 잎의 감촉과 색깔이 아름다워 관상용으로 많이 심는다. 청와대 내에서는 위민관 주변, 인수로 변에 자라고 있다.

52. 소사나무 *Carpinus turczaninowii* Hance

소사나무는 중부 이남 해안과 섬, 제주도 지방에서 자라는데, 척박한 곳에서 잘 자라며, 소금기에도 강하며, 자르고 비틀어도 새싹이 잘 나오는 질긴 생명력을 가지고 있다. 그 때문에 소사나무는 분재 나무로 선택될 수 있는 좋은 조건을 가지고 있는 셈이다.

강화도 마니산 참성단에 홀로 서 있는 소사나무가 천연기념물 제502

호로 지정되어 있다.

소사나무는 자작나무과의 낙엽활엽소교목으로 키가 10m까지 자란다. 꽃은 5월에 피고 열매는 견과로 달걀 모양이며 10월에 익는다. 잎은 어긋나고 달걀 모양이며 끝이 뾰족하거나 둔하고 밑은 둥글다. 잎길이는 2~5cm로서 겹거치가 있고 뒷면 맥 위에 털이 있다. 잎이 작고 가지를 잘라내도 싹이 잘 돋아나며 나무 모양이 아름다워 분재용으로 많이 쓰이며 단풍이 아름다워 공원수나 관상수로도 적합하다. 우리나라 서해안, 남해안, 강원도 삼척, 함경남도와 중국, 일본 등지에 분포한다. 청와대에서는 관저 내정에 자라고 있다.

53. 수수꽃다리 *Syringa oblata* Lindl. var.dilatata (Nakai) Rehder

4월 달콤한 향기에 주위를 둘러보면 분명 수수꽃다리꽃이 보인다. 조금 멀리 떨어져도 수수꽃다리 향기는 후각을 자극하며 밤이 되면 향기는 더 강하고 더 멀리까지 퍼져 간다. 수수꽃다리는 솔직히 평소에는 있는지 없는지도 모를 정도로 존재감이 없다가, 원뿔 모양의 커다란 꽃차례에 수많은 꽃이 피어나면 좀 떨어진 곳에서도 알 수 있을 만큼 향기를 내뿜으며 존재감을 드러낸다.

수수꽃다리라는 이름은 꽃차례가 마치 수수 이삭을 닮아서 붙인 우리말 이름이다. 서양에서 들어온 서양수수꽃다리를 라일락이라고 부른다. 일제 강점기까지도 우리나라는 수수꽃다리를 정향이라고 불렀으며, 정태현 박사 등이 쓴 1937년의 『조선식물향명집』에서 수수꽃다리란 이름으로 처음 불리게 되었다.

중국과 우리가 불렀던 정향이란 이름은 하나의 꽃을 보면 고무래 정丁 자를 닮았고 향기가 특징이라고 해서 향기 향香 자를 붙여 이름 지었다고 한다. 수수꽃다리꽃은 꽃받침이 길고 꿀샘이 깊어서, 긴 빨대를 가진 일부 나비만 꿀을 빨 수 있어 충실한 종자를 맺지 못한다. 때문

관저 연못에 있는 수수꽃다리.

청와대야 소풍 가자

에, 번식은 종자보다는 삽목, 분주 등 영양 번식을 주로 한다. 수수꽃
다리의 잎 모양은 하트 모양인데 강한 향기와는 반대로 잎을 씹어 보
면 상상 이상으로 쓴맛이 강하다.

우리나라의 현대적인 식물분류 체계를 확립한 일본인 나카이가
1918년 북한의 함경도, 평안도 등지의 석회암 지대에서 주로 자생하는
수수꽃다리를 중국의 자정향과 다른 독립된 종으로 등록하였다.

그런데 지금 세계 라일락꽃 시장에서 가장 인기 있는 종은 〈미스킴
라일락〉이란 종인데, 누가 듣더라도 우리나라와 인연이 있다고 생각
되는 이름이다. 1947년 미군 군정청 소속의 식물 채집가 E. M. Meader
가 서울 도봉산에서 채취한 수수꽃다리 씨앗을 미국으로 가져가, 개량
해서 'Miss Kim Lilac'을 만들었다고 하는데, 당시 식물 자료 정리를 도
왔던 타이피스트가 미스 김 이어서 붙여진 이름이라고 한다. 이 미스
김 라일락은 개량되면서 특별히 향기가 좋고 멀리까지 퍼져 가는 특성
이 인정되어 가장 인기를 끌고 있는 종이 되었는데 미국의 라일락 시
장에서 30% 이상을 차지하고 있으며, 우리나라에서는 1970년대부터
로열티Royalty를 주고 역수입하고 있다.

수수꽃다리의 향은 매우 달콤한 계열의 강한 향이기 때문에 화장품,
향수, 섬유유연제 등에 넣어지는 향료로 사용이 되며, 약용으로는 맛
은 쓰고, 성질은 차며, 해열 작용을 하는 것으로 알려져 있다.

수수꽃다리는 물푸레나무과의 낙엽활엽관목으로 키가 5m까지 자
란다. 한국 특산종으로 황해도 이북에서도 자란다. 수피는 회색이고
어린 가지는 갈색 또는 붉은빛을 띤 회색이다. 잎은 마주나고 넓은 달

걀 모양으로 가장자리가 밋밋하며 털이 없다. 꽃은 4~5월에 연한 자주색 또는 흰색으로 피며 원추 꽃차례에 달린다. 열매는 삭과로서 타원형이며 9월에 익는다. 관상용으로 흔히 심는다. 청와대 내에서는 위민관 주변, 관저 회차로에서 자라고 있다.

미스 김 라일락.

54. 수양벚나무(처진개벚나무) *Prunus serrulata* Lindl. var.*pubescens* (Makino) Nakai

수양벚나무는 수양버들과 같이 처녀의 머리카락처럼 늘어진 가지가 흘러내리기 때문에 붙여진 이름이다. 꽃이 피었을 때는 꽃이 흘러내리는 것 같은 아름다움이 있다. 수양벚나무는 능수벚나무, 처진개벚나무, 처진올벚나무라고 하기도 한다.

다른 벚나무는 줄기에 가로로 줄이 있으나 수양벚나무는 세로로 갈라진다. 우리나라에서 수양벚나무가 아름다운 곳은 국립현충원 정문에서 겨레 얼 마당을 지나 현충탑까지 수양 벚꽃이 아름답다. 보통 벚나무는 일제히 개화하는데 에너지를 많이 사용해서 100년 이상 살지 못한다고 하는데, 경남 함양군 서하면사무소 마당의 수양벚나무는 수령이 250년으로 추정되는데 우리나라에서 최고령 수양벚나무 보호수이다.

수양벚나무는 장미과의 낙엽활엽교목으로 키가 10m까지 자란다. 우리나라가 원산지이며 관상 가치가 뛰어나 최근 공원수, 정원수로 많이 식재되는 수종이다. 수양벚나무는 4월에 피는 연분홍색 꽃과 축 처지는 가지에 달린 꽃이 흘러내리는 듯하여 호수가, 물가에 심으면 잘 어울린다. 청와대 내에서는 온실 주변, 관저 회차로에서 자라고 있다.

55. 쉬땅나무 *Sorbaria sorbifolia* (L.) A.Braun var. *stellipila* Maxim.

쉬땅나무는 마가목과 비슷하다. 같은 나무라고 하는 사람도 있지만 다른 나무다. 쉬땅나무는 개쉬땅나무라고 부르기도 하며 꽃이 귀한 6~7월에 수많은 하얀 꽃들이 탐스럽게 피어 존재감을 알리는 꽃나무 이다. 꽃봉오리가 하얗게 동글동글 진주알처럼 영롱하게 생겨서 중국 에서는 진주알과 꽃 하나하나는 매화를 닮았다고 진주매라고 부른다.

쉬땅나무는 장미과의 낙엽활엽관목으로 키가 2m 정도 자란다. 우리나라와 만주, 일본, 시베리아 등지에 분포한다. 잎은 호생하며 기수우상복엽으로 소엽은 13~23개이며 장타원형으로 가장자리에 거치가 있다. 표면에는 털이 없고 뒷면에는 선모가 있다. 꽃은 6~7월 흰색으로 피고 총상화서이다. 열매는 골돌과로 긴 타원형이며 9월에 익는다. 관상용으로 많이 심는데 도로변이나 공원에서 자주 볼 수 있고 가지치기하면 맹아력이 강해서 울타리용으로도 많이 심는다. 청와대에서는 관저 내정에 자라고 있다.

56. 스트로브잣나무 *Pinus strobus* L.

스트로브잣나무는 잣나무에 비하여 잎이 가늘고 길며 나무껍질이 미끈한 것으로 구별이 된다. 내한성이 강하고 각종 공해에 강한 편이므로 도시 공원, 고속도로변 조경수로 많이 식재하였다.

스트로브잣나무는 60년 정도 되면 목재로 수확하는데 목질이 연하고 가벼우면서 결이 좋아 가공하기가 쉽다. 목재는 건축재나 가구재, 조각재, 펄프재, 합판재로 이용한다. 수원에 있는 잠사 과학 박물관에 1917년 기념 식수한 스트로브잣나무가 국내에서 가장 오래된 스트로브잣나무라고 한다.

스트로브잣나무는 소나무과의 상록침엽교목으로 키가 25~30m, 직경이 약 1m까지 자라며, 수형은 원추형이다. 원산지는 북아메리카 동부 지역으로 우리나라는 1910년경에 도입되었다. 잎은 5개씩 달리고 길이는 6~14cm이고 청록색이며 가늘고, 횡단면에 2개의 수지구가 있다. 꽃은 5월에 피고 열매는 구과로 가늘고 길며 밑으로 처지고 흔히 구부러져 있으며 길이 8~20cm, 지름 2.5cm 정도이며 다음 해 9월에 익는다. 종자는 타원형 또는 달걀 모양으로 길이 5~7mm이고 자갈색 바탕에 검은 점이 있으며 날개가 있다. 청와대 내에서는 버들마당, 온실 주변에 자라고 있다.

57. 아까시나무 *Robinia pseudoacacia* L.

아까시나무는 구한말 일본에서 전래된 귀화 식물로 초기에는 조경수나 가로수로 들여왔는데, 우리나라에 대대적으로 심기 시작한 것은 황폐해진 산림의 빠른 복구를 위한 산림녹화 사업 당시에 많이 심었다.

그때 많이 심은 나무가 아까시나무, 포플러, 오리나무, 족제비싸리 등으로 성장이 빠르고 뿌리가 퍼지면서 흙을 잡아 줘서 장마 기간에 토사가 흘러내리는 것을 방지하는 수종이었다. 우리의 산업화, 민주화와 마찬가지로 우리 산림녹화도 세계에서 유례를 찾을 수 없을 정도로 단기간에 성공한 국가가 되었다. 그 성공의 중심에 아까시나무가 있었다.

아까시나무는 대략 20년 정도까지는 잘 자라다가 20년 이후는 급격히 성장이 느려지고 우리나라의 환경 같으면 50년 전후를 아까시나무의 수명이라고 보고 있다. 최근에는 원예용으로 개발된 붉은색 아까시나무도 도시공원 조경수로, 고속도로변 가로수로 많이 식재하고 있다.

아까시나무는 양봉하는 사람들에게는 절대적이다. 한국양봉협회의 자료에 의하면 우리나라의 꿀 생산의 70% 이상을 아까시나무꽃에서 생산하고 있는데 연간 3천억 원 이상의 수익을 올리고 있어 양봉은 아까시나무꽃을 보고한다고 봐도 과언이 아니다. 이러한 아까시나무숲의 감소는 양봉 산업의 몰락을 가져올 가능성이 있고 이는 2차적으로 꿀벌의 수분에 많이 의존하는 과수 농가의 피해를 가져올 가능성이 커지고 있다.

근래에는 아까시나무의 홀대를 반성하는 사람들의 목소리가 커지고 있어서 산림청에서는 2016년부터 국유림을 중심으로 매년 상당량의 아까시나무를 다시 심고 있다.

아까시나무는 콩과의 낙엽활엽교목으로 키가 25m, 직경 1m까지 자란다. 북아메리카 원산으로 우리나라에는 사방 조림용으로 산과 들에 많이 심었으며 밀원수로 각광을 받고 있다. 수피는 노란빛을 띤 갈색이고 세로로 갈라지며 턱잎이 변한 가시가 있다. 잎은 어긋나고 기수1회우상복엽으로 작은 잎은 9~19개이며 타원형이거나 달걀 모양이고 길이 2.5~4.5cm이다. 양면에 털이 없고 가장자리가 밋밋하다. 꽃은 5~6월에 흰색으로 피는데, 어린 가지의 잎겨드랑이에 총상 꽃차례로 달리며 향기가 강하다. 열매는 협과로 납작한 줄 모양이며 9월에 익는다. 5~10개의 종자가 들어 있는데, 종자는 납작한 신장 모양이며 길이 약 5mm이고 검은빛을 띤 갈색이다. 번식은 꺾꽂이와 종자로 한다. 청와대에서는 기마로 주변 산악 지역에 큰 나무로 자라고 있다.

58. 앵도나무 *Prunus tomentosa* Thunb.

앵두나무라고도 한다. 옛사람들은 미인의 조건으로 단순호치라고 해서 붉은 입술과 하얀 치아를 꼽았다. 앵두는 햇빛에 비치면 알알이 박힌 보석처럼 빛나는데 잘 익은 앵두의 빨간색과 터질 듯한 탱탱함은 미인의 입술을 상징해서 앵두 같은 예쁜 입술을 앵순이라고 했다. 가수 최헌 씨는 1978년 발표한 앵두에서 '철없이 믿어 버린 당신의 그 입술 떨어지는 앵두는 아니겠지요.'라고 노래했다.

앵두나무의 원산지는 중국 북서부이기 때문에 영어명도 만주체리 Manchu Cherry라고 하며, 우리나라에는 통일 신라 최치원의 글에 앵두가 처음 등장하는 것으로 봐서 늦어도 통일 신라 이전에 들어온 것으로 보고 있다. 『동문선』에는 최치원이 앵두를 보내 준 임금에게 올리는 감사의 글이 나오는데 '온갖 과일 가운데 홀로 먼저 성숙 됨을 자랑하며, 신선의 이슬을 머금고 있어서 진실로 먹을 만하거니와 임금의 은덕을 입었음에 어찌 꾀꼬리에게 먹게 하오리까.'라고 하고 있다.

오늘날 앵두는 먹는 과일의 반열에 올라가지도 못하고 꽃과 빨간 열매를 감상하기 위해 심는 정도이지만 옛날에는 앵두를 이렇게 임금이 아끼는 신하에게 선물하는 품격 있는 과일이었다. 왜 최치원은 앵두를 이야기하면서 꾀꼬리가 나오지? 했는데, 앵두의 어원이 꾀꼬리가 먹으며, 생김새가 복숭아를 닮았다고 꾀꼬리 앵鶯 자 도桃의 앵도라고 했던 것이, 앵도櫻桃가 되었다고 보고 있다.

그런데 홍만선의 『산림경제』에서는 앵두는 자주 이사 다니기 좋아하므로 이사락移徙樂이라 한다는 내용이 나온다. 이는 앵두나무가 옮겨 심어도 잘 산다는 의미인데 그래서 앵도의 옛 이름을 이스랏이라고 했다고 본다. 지금도 앵도와 아주 비슷한 산앵도를 '이스라지'라고 한다.

옛날에는 앵도가 가지에 다닥다닥 사이좋게 열리는 것이 우애가 좋은 형제애를 상징하는 것으로 봐서 조선 시대 반가班家에서는 예외 없이 잘 보이는 울 밑이나 우물가에 앵도나무를 심었다고 한다. 고려 때에도 종묘 제사상에 한 해에 제일 먼저 올리는 과일로 앵도가 기록되어 있다고 하며, 세종실록과 종묘의궤에도 5월에 앵도와 더불어 살구를 종묘에 올렸다는 기록이 있다고 한다.

1956년 가수 김정애 씨가 부른 노래 '앵두나무 처녀'가 있다. 당시 농촌에서 도시로 향하는 현상이 본격적으로 생기기 시작한 시대상을 반영한 가사로, 앵두나무 우물가에 동네 처녀 바람 났네. 물동이 호미자루 나도 몰라 내던지고, 말만 들은 서울로, 라는 가사이다. 우물가 앵도나무와 농촌에서 도시로 향하는 이촌향도가 무슨 직접적인 관계가 있을까만은 봄날의 앵도꽃과 빨갛게 익은 앵도는 시골 처녀의 마음을 흔들어 놓기에 충분했을 것으로 생각된다.

앵도나무는 장미과의 낙엽활엽관목으로 키가 3m 정도 자란다. 가지가 많이 갈라지며 나무껍질이 검은빛을 띤 갈색이고 어린 가지에 털이 빽빽이 있다. 잎은 어긋나고 길이 5~7cm의 달걀을 거꾸로 세운 모양 또는 타원 모양이며 끝이 뾰족하고 밑 부분이 둥글며 가장자리에 거치가 있다. 잎 표면에 잔털이 있고 뒷면에 털이 빽빽이 있다. 잎자루는 길이가 2~4mm이고 털이 있다. 꽃은 흰색 또는 연붉은색으로 4월에 잎보다 먼저 피거나 동시에 핀다. 열매는 핵과이고 둥글며 지름이 5~10mm 정도이고 6월에 붉은색으로 익는다. 성숙한 열매는 날것으로 먹을 수 있으며 관상용으로도 가치가 있다. 번식은 실생, 꺾꽂이,

분주 등으로 한다. 한방에서 열매를 이질과 설사 치료제로 사용했다.

청와대 내에서는 인수로 주변 등 곳곳에 자라고 있다.

59. 야광나무 *Malus baccata* (L.) Borkh.

눈부신 하얀 꽃이 흐드러지게 피면 밤에도 주위를 환하게 밝혀 야광
이라 붙여진 이름이다. 야광나무는 중부 지방 산에서 가끔 만날 수 있
는데, 꽃이 아름답고 화려하기로 유명하다. 야광나무와 비슷한 모양의
아그배나무가 있다.

야광나무는 장미과의 낙엽활엽소교목으로, 키가 12m, 직경 50cm
정도가 되는 제법 큰 나무에 속한다. 꽃은 5월에 작은 가지 끝에 백색
또는 연한 홍색으로 피고, 장미과 특유의 5장의 꽃잎이 부분적으로 겹
쳐서 다른 꽃 사과라고 불리는 나무보다는 풍성한 느낌이 있다. 열매
는 가을에 작은 사과 모양으로 빨간색 또는 노란색으로 익는다. 긴 열
매 자루에 3~5개씩 밑으로 처져 초겨울까지 매달려 있어서 그 시기 먹
이가 부족한 산새들에게는 좋은 먹이가 된다. 야광나무는 사과나무를

접붙일 때 흔히 대목으로 사용한다.

야광나무는 일반적으로 우리나라가 원산지로 알려졌으며, 우리나라에서는 제주도를 제외한 지역에 분포하는데, 주로 중부 지방에서 관찰된다. 중국의 동북부, 사할린 우수리강, 일본 북해도 등지에 분포하고 있다. 야광나무는 홀로 자라기를 좋아하는 나무로, 군락을 이루는 경우는 드물다고 하는데, 예외적으로 지리산 천왕봉 아래에 300여 그루의 야광나무 군락지가 있다. 설악산 백담사에 커다란 야광나무가 유명하다. 청와대 온실 주변, 관저 등지에서 자라고 있다.

청와대야 소풍 가자

60. 영산홍 *Rhododendron indicum* (L.) Sweet

영산홍은 많은 원예 품종이 있고 꽃 색깔은 붉은색, 흰색, 분홍색 등 다양하며 종자와 삽목으로 번식시키는데 발근이 잘 된다. 4월말~5월 초 화단이나 공원을 화려하게 장식하는 분홍색, 주황색, 빨간색, 흰색 등의 꽃이 핀다.

일본과 한국에서 원예용으로 산철쭉과 영산홍을 교배하고 또 교배종을 교배하여 육종한 종인데, 영산홍에 가까운 것은 영산홍, 산철쭉에 가까운 것은 산철쭉 또는 철쭉이라 하며 많은 개량종을 육종하였다.

일본에서 이 꽃이 필 때 온 산이 붉게 물든다고 영산홍이라 했는데, 붉은색의 영산홍과 구분하여 자주색 꽃이 피는 것을 자산홍이라고 불렀다. 영산홍은 물론 개량한 산철쭉도 잎이 두껍고 단단하여, 일본이나 제주도에선 겨울에도 잎이 떨어지지 않는 상록수이며 우리나라 중부 지역같이 추운 지역에선 반상록이다.

『양화소록』에 따르면 '세종 23년 봄에 일본에서 철쭉 화분을 공물로 보내와 주상께서 이것을 대궐 안에 심도록 지시했는데 그 꽃이 무척

아름다웠다.'고 기록하고 있다. 여기에서 말한 철쭉이 영산홍으로 그 전래 시기가 명확하게 기록으로 남아 있는 화목이다.

영산홍은 진달래과의 반상록관목으로 키가 1m 정도 자란다. 우리나라는 조경용, 관상용으로 대부분 정원에 심어져 있다. 줄기에서 가지는 잘 갈라져 가지가 많고 갈색 털이 있다. 잎은 어긋나지만 가지 끝에서는 모여 달리고 좁은 바소꼴로 길이 1~3cm, 너비 5~10mm이다. 잎이 약간 두껍고 광택이 있으며 가장자리가 밋밋하며 뒷면 맥상과 표면에는 갈색 털이 있다. 꽃은 4~5월에 피고 지름 3.5~5cm이며 화관은 넓은 깔때기 모양으로 털이 없으며 5개로 갈라지는데 안면의 위쪽에 짙은 홍자색 반점이 있다. 열매는 삭과이고 9~10월에 익으며 달걀 모양

청와대야 소풍 가자

으로 길이 7~8mm이고 거친 털이 있다. 청와대에서는 대정원 주변, 영빈관 주변, 녹지원 주변, 수궁터 등지에 자라고 있다.

61. 영춘화 *Jasminum nudiflorum* Lindl.

봄을 환영하는 꽃이라 하여 영춘화라 이름 지어졌다. 개나리와 같은 물푸레나무과이고 영춘화가 좀 일찍 피는 경향이 있지만, 비슷한 시기에 노란색으로 꽃이 피기 때문에 언뜻 보기에는 개나리꽃 같아 보인다. 그러나 개나리는 샛노란 꽃잎이 4개인데 비해 영춘화는 노란색이 약간 옅고 꽃잎 수가 6개이다.

영춘화는 발열과 두통에 해열제로 사용도 되고 있어 중국에서는 약용으로도 재배가 되고 있다.

영춘화는 물푸레나무과의 낙엽활엽관목이다. 중국 원산이며 중부 이남에서는 관상용으로 심는다. 줄기는 많이 갈라져서 옆으로 퍼지고 땅에 닿은 곳마다 뿌리가 내리며 녹색이다. 잎은 마주나고 3~5개의 작은 잎으로 된 깃꼴겹잎이며 작은 잎은 가장자리가 밋밋하다. 이른 봄 노란색 꽃이 잎보다 먼저 피고 각 마디에 마주 달린다. 청와대에서는 관저 내정에 자라고 있다.

62. 오동나무 *Paulownia coreana* Uyeki

중국 명나라 왕상진이 쓴 책으로 가장 오래된 꽃에 대한 백과사전인 『군방보』가 있다. 이 『군방보』에서 시인들이 자주 인용하는 구절이 '오동일엽락 천하진지추梧桐一葉落 天下盡知秋'다. 해석하면 '오동잎 한 잎 떨어지면 천하가 가을임을 다 안다.'라는 뜻이다. 오동잎은 잎이 크고 잎줄기가 무거워서 바닥에 떨어지면 탁탁 소리가 나는데 고요하고 쓸쓸한 가을밤에 오동잎 떨어지는 소리는 잠 못 들고 뒤척이는 사람들에게는 여러 감정이 교차할 것 같다.

옛날에 딸을 낳으면 그 딸의 몫으로 앞마당의 어귀나 밭두렁에 오동나무를 심고 아들을 낳으면 그 아들의 몫으로 선산에 소나무를 심었다. 그 딸이 자라서 시집갈 때는 그 오동나무로 장롱을 만들어 주었고 그 아들이 늙어서 죽을 때에는 자기 몫의 소나무로 관을 만들었다고 한다.

오동나무의 학명은 *Paulownia coreana* Uyeki 인데 원산지를 표기하는 두 번째에 코레아나가 들어가 있어 한국 특산종임을 밝히고 있다. 제일 앞에는 일반적으로 식물의 속명을 쓰는데 네덜란드 여왕인 파울로니아의 이름이 들어가 있다. 이는 우에키를 후원해 준 네덜란드 학자에 대한 보답과 일본의 근대화에 가장 많은 도움을 주었던 나라인 네덜란드 여왕의 이름을 넣은 것이라고 한다.

오동나무는 일본인도 인정하는 우리나라 특산 식물인데 이 오동나

무가 언제 일본으로 전래되었는지는 분명하지 않지만 지금은 일본 권력의 상징으로 오동나무 문장이 사용되고 있다. 일본 전국시대를 평정하고 임진왜란을 일으킨 도요토미 히데요시가 오동나무 문장을 사용한 이래 지금은 일본의 내각 총리 문장으로 사용해 오고 있다.

최근에 오동나무가 주목받는 데는 목재의 용도가 다양하다는 이유도 있지만 속성수로 조림 비용 회수가 빠르기 때문이다. 오동나무 목재는 비중이 박달나무의 3분의 1 수준밖에 안 되는 가벼운 목재로 가공하기 쉽고 열은 홍백색의 무늬가 아름답고 잘 틀어지지 않는다. 또, 습기와 해충에도 강하고, 불에도 잘 타지 않으며, 소리의 전달이 좋은 특성이 있다.

오동나무는 가야금, 거문고, 비파 등 악기의 재료로 쓰였는데 악기의 재료로 오동나무가 쓰이는 것은 우선 가볍고 소리의 전달 능력이 다른 나무에 비해 좋아 소리가 깊고 그윽하게 나기 때문이다. 우리가 잘 알고 있는 가야의 악성 우륵은 경북 고령의 가야 천변의 오동나무로 가야금을 만들었다.

한방에서는 동피라고 해서 오동나무 껍질은 종기, 습진, 피부염, 치질 치료에 효험이 있으며 위염, 위궤양, 장염 치료에 사용이 되었다. 또 오동나무 열매는 진해, 거담, 천식 치료에 약재로 쓰였다.

오동나무는 현삼과의 낙엽활엽교목으로 키가 15m까지 자란다. 우리나라 특산종으로 평안남도, 경기도 이남에 분포한다. 잎은 마주나고 달걀 모양의 원형이지만 오각형에 가깝고 끝이 뾰족하며 밑은 심장저이고 길이 15~23cm, 너비 12~29cm로 표면에 털이 거의 없다. 뒷면에 갈색 별 모양의 털이 있으며 가장자리에 거치가 없다. 꽃은 5~6월에 자주색으로 피고 가지 끝의 원추 꽃차례에 달리며 꽃받침은 5개로 갈라진다. 열매는 삭과로 달걀 모양이고 끝이 뾰족하며 털이 없고 길이 3cm 정도이고, 10월에 익는다. 청와대에서는 성곽로 주변에 자라고 있다.

63. 옥향나무 *Juniperus chinensis* var. globosa

옥향나무의 옥향玉香은 일본식 한자 이름인데 모양이 둥글다고 구슬 옥玉 자 옥향이라고 했다. 우리 이름은 둥근향나무, 둥글향나무이다.

향나무와 비슷하나 원줄기가 자라지 않고 밑에서 많은 가지가 갈라져서 자라기 때문에 수형이 옆으로 퍼져서 자라며 전정으로 둥글게 다듬어 준다. 나무껍질은 검은빛을 띤 갈색이다. 부드러운 비늘잎을 가지고 있으며 찌르는 바늘잎은 거의 없고 잎 빛깔은 밝은 노란빛을 띤 녹색이다.

한국과 일본 원산이며 생장이 빨라 회양목과 더불어 산소, 정원, 진입로에 유도식재 및 경계식재용으로 많이 심는다.

옥향나무는 측백나무과의 상록침엽수이며 키가 1~2m 정도 자란다. 모래 성분이 많은 땅에서 잘 자라며, 번식은 삽목으로 한다. 청와대 내에서는 정원을 조성한 전 지역에 자라고 있다.

청와대야 소풍 가자

64. 음나무 *Kalopanax septemlobus* (Thunb.) Koidz.

농촌에서는 잡귀의 침입을 막기 위하여 음나무의 가지를 대문 위에 꽂아 두는 것을 볼 수 있다. 옛날부터 음나무가 벽사나무로 인식이 되어 왔기 때문이다. 경남 창원 신방리 천연기념물 제164호 음나무를 비롯하여 마을을 지켜 주는 당산나무로 보호받는 곳이 전국에 50여 곳이 된다고 한다.

동물이든 식물이든 뭔가 소중한 것을 지키기 위해서는 뭔가 특별한 보호책을 가지고 있다. 식물에서 흔하게 볼 수 있는 것이 예리한 가시나 독을 품고 있는 것이다. 음나무의 새싹은 개두릅으로 쌉쌀하면서도 달콤한 맛이 있어 사람이나 초식동물이 아주 좋아한다. 그래서 나무 중에서도 가장 무시무시한 가시를 촘촘하게 가지도록 진화하였다.

그런데 음나무가 자라서 굵어지고 높아지게 되면 가시가 차츰 없어지게 된다. 나무도 키가 크면 초식동물이 그 높이까지 올라오지 못한다는 것을 알기 때문이다.

음나무는 엄나무라고 부르기도 하는데『동의보감』,『물명고』등에서 엄나모라고 기록되어 있고 국어사전에도 엄나무라고 표기되어 있다. 가시가 엄嚴하게 생겨서 붙여진 이름이다.『국가식물표준목록』에는 음나무가 올바른 이름으로 등록되어 있다.

청와대야 소풍 가자

음나무는 두릅나무과의 낙엽활엽교목으로 키가 25m, 직경 1m까지 자란다. 엄나무 또는 엄목嚴木이라고 하고 지방에 따라서는 개두릅나무라고도 한다. 우리나라와 러시아, 일본, 중국에 분포한다. 꽃은 8월에 피고 황록색이며 우산 꽃차례로 달린다. 잎은 어긋나며 길이와 넓이가 10~30cm로 크며 손바닥 모양이며, 잎 가장자리에 거치가 있다. 잎자루도 10~30cm 정도이다. 열매는 핵과로 팥알 정도로 둥글며 9~10월경 검게 익는다. 나무껍질은 약용으로 쓴다. 청와대 내에서는 소정원, 수궁터에 자라고 있다.

65. 일본잎갈나무 *Larix kaempferi* (Lamb.) Carrière

대부분 낙엽송落葉松이라고 하는데, 국립수목원『국가식물표준목록』의 정식 명칭은 일본잎갈나무이다. 가을에 잎갈이하는 소나무라는 이름인데 순 우리말로 잎갈나무라고 이름을 붙였다. 지금 우리가 자주 만나는 낙엽송은 일본에서 들어온 일본잎갈나무이다.

일본잎갈나무는 우리나라의 중남부 지방의 기후에 적합하여 우리나라에 식재가 되면서 기존 우리나라 북한 지역의 잎갈나무와 구별하기 위해서 일본잎갈나무를 낙엽송이라고 부르게 되었다고 한다.

우리나라 기존의 잎갈나무와 일본에서 들어온 일본잎갈나무는 전문가도 구별이 쉽지 않을 정도로 유사하다. 소나무과 침엽수이면서 보기 드물게 낙엽수다. 울창한 산림에 묻혀 있을 때는 어디에 있는지 잘 모르지만 11월 늦가을이면 노란색으로 일제히 단풍이 들면 일본잎갈나무를 쉽게 찾아낼 수 있다.

일본잎갈나무의 원산지는 일본으로 일본어로는 가라마쯔からまつ라고 하는데 아마 낙엽이 지는 소나무라고 해서 가짜 소나무라고 한 것 같다.

일본잎갈나무는 1904년 일본에서 조림용으로 도입했고 일제 강점기부터 중남부에 상당량의 조림이 이루어졌는데 빨리 자라고 곧게 자라는 특성 때문에 1970년대 치산녹화사업을 국가적으로 시행할 때 대대적으로 식재를 했던 나무이다.

1967년 가수 배호의 노래에 안개 낀 장충단공원이란 노래가 있다. '안개 낀 장충단공원 누구를 찾아왔나 낙엽송 고목을 말없이 쓸어안고 울고만 있을까'라는 가사이다. 그때 이미 장충단공원에 낙엽송 고목이 있었을까 하는 생각은 든다.

일본잎갈나무는 소나무과의 낙엽침엽교목으로 키가 30m, 직경 80cm까지 자란다. 잎은 줄 모양이며 40~50개씩 짧은 가지에 모여나고 길이 2~3cm이다. 꽃은 자웅 1가화로 5월에 꽃이 핀다. 열매는 구과로 넓은 달걀 모양으로 길이 2~3.5cm로 9~10월에 황갈색으로 익는다. 우리나라 대표적인 조림수종으로 목재는 건축재, 기구재, 침목, 펄프, 선박용재, 데크용재, 토공용재 등으로 쓰인다. 청와대에서는 녹지원과 친환경 단지에서 자라고 있다.

청와대야 소풍 가자

66. 자귀나무 *Albizia julibrissin* Durazz.

자귀나무는 장마가 시작되면서 피어나는 특이한 꽃나무다. 보는 사람의 시각에 따라서는 비 온 뒤의 화려한 무지개를 생각게 하고, 멀리서 쏘아 올린 밤하늘의 불꽃놀이를 연상시키기도 하며, 또한 공작새가 아름다움을 뽐내기 위해서 깃을 활짝 펼친 것 같기도 하고, 여자들이 연분홍 볼 터치를 하기 위한 화장 솔을 연상시키기도 하는 나무가 자귀나무다.

자귀나무는 산기슭이나 양지바른 곳에서 가끔 볼 수 있었지만, 꽃이 아름다워 요즘은 가로수나 정원 또는 공원의 관상수로 많이 심고 있는데, 추위에 약해서 중부 이남에 많이 식재되고 있다. 자귀나무의 어원은 목수의 연장으로 쓰이는 자귀의 손잡이를 만드는 나무라고 해서 자귀나무라고 했다고 많이들 주장한다. 또 해가 지고 나면 펼쳐진 잎이 서로 마주 보며 접히는 모습에서 순우리말 짝과 관련하여 짝나무, 짜기나무, 자귀나무로 변천되었다고도 하고 있다. 한자로 좌귀목이라고 쓴 것은 순우리말의 자귀나무를 한자로 단순 차자해서 표현한 것이다.

예로부터 자귀나무는 사이좋은 부부에 비유되곤 했다. 그래서 이 자귀나무를 안마당에 심어 놓으면 부부 금실이 좋아지고 늘 화목해진다는 속설이 있다. 이는 자귀나무가 낮에는 잎이 활짝 펴져 있다가 밤이 되면 잎이 반으로 접히는데 그 모습이 부부가 서로 사이좋게 붙어서 자는 모습이라고 생각했기 때문이다. 그래서 자귀나무는 기쁘게 합한다는 의미의 합환목, 정이 있는 나무라는 유정수, 결혼하는 나무라는 뜻으로 합혼수 또는 야합수라고 불리기도 한다. 같은 의미로 한자의

청와대야 소풍 가자

자귀나무 혼槝 자는 혼인할 혼婚 자와 비슷하다.

보통 농사는 24절기의 하나인 청명과 입하 사이 곡우가 되면 농사가 시작되고, 봄비가 내려서 모든 풀과 나무가 무성해진다고 하는데, 곡우가 지나도 잎을 피우지 않는 자귀나무와 대추나무는 게으른 나무라고 소문이 난 것이다. 자귀나무는 입하가 지나서야 잎을 피우는데, 성미 급한 농부는 겨울에 얼어 죽은 나무로 오해해서 베어 내기도 한다.

자귀나무는 해가 지거나 흐린 날에는 잎이 서로 마주 보면 접히는 수면 운동의 특징이 있다고 했는데, 이는 광합성이 필요 없는 밤이나 흐린 날에 잎을 펴고 있으면 수분 증발이 되기 때문에 총엽병의 바탕 부분에 있는 물주머니를 수축시켜서 잎을 접었다가 날이 밝고 해가 뜨면 이 물주머니를 팽창시켜서 잎을 편다.

자귀나무는 콩과의 낙엽활엽소교목으로, 키가 5~15m 정도 자라며 큰 가지는 드문드문 퍼지며, 작은 가지에는 능선이 있다. 우리나라와 일본, 이란, 남아시아 등지에 분포한다. 꽃은 연분홍색으로 6~7월에 피고 작은 가지 끝에 15~20개씩 산형으로 달린다. 꽃이 붉은색으로 보이는 것은 수술의 빛깔 때문이다. 열매는 9월 말에서 10월 초에 익으며 편평한 꼬투리이고 길이 15cm 내외로서 5~6개의 종자가 들어 있다. 잎은 어긋나고 2회깃꼴겹잎이다. 작은 잎은 낫같이 굽으며 좌우가 같지 않은 긴 타원형이고 가장자리가 밋밋하다. 작은 잎의 길이는 6~15mm, 너비는 2.5~4.0mm 정도로서 양면에 털이 없거나 뒷면의 맥 위에 털이 있다. 청와대 내에서는 친환경 단지, 영빈관 뒤 사면에 자라고 있다.

67. 자두나무 *Prunus salicina* Lindl.

『명심보감』의 정기 편에 나오는 말로 '과전불납리 이하부정관瓜田不納履 李下不整冠'이 있다. '참외밭에서 신발을 고쳐 신지 말고, 자두나무 밑에서 갓을 고쳐 쓰지 말라.'는 강태공의 가르침이다. 오얏나무는 옛날에는 성현들의 가르침에 인용할 만큼 사람들 가까이에 흔히 볼 수 있었던 나무임을 알 수 있다.

자두는 보랏빛이 강하고 복숭아를 닮았다고 한자명으로 자도紫桃라고 했는데 이후에 시간이 흐르면서 발음하기 쉽게 자두로 변한 것이라고 한다.

자두의 옛말로 우리말이 오얏이라고 했다. 오얏의 한자는 이李자인데 글자를 파자하여 보면 나무 목木 아래에 아들 자子가 붙어 있는 형상으로, 자두나무 가지에 자두가 붙어 있는 모습이 자식이 붙어 있는 모

청와대야 소풍 가자

양으로 형상화한 것이다. '아들을 많이 낳고 다복하라.'는 글자 의미가
있다. 그런 의미가 있어 자두는 우리나라 전국에 고루 집 근처에 한두
그루씩 과일나무로 심어서 길렀는데 추위에는 강한 편이나 건조와 해
풍에는 잘 자라지 못한다. 자두는 영어로 플럼Plum이고, 중국어로는 리
李, 리즈李子이며, 일본어로는 신 복숭아란 의미로 수모모酢挑이다. 북
한에서는 자두를 추리라고 하는데 지금도 경북, 전북에서는 추리라고
도 하고 있다.

 성씨로 이씨李氏가 오얏 이李 자를 택하고 있는데 조선 왕조가 전주 이
씨 왕조이긴 하지만 자두나무를 상징물로 쓰지 않았기 때문에 조선 시
대에 자두나무를 특별한 대우를 한 기록은 없다. 구한말 고종 황제는 대
한 제국으로 국호를 바꾸고 국가를 상징하는 휘장으로 자두꽃을 사용

했다. 또 현재 전주 이씨 종친회 문장이 이화문李花紋을 사용하고 있다.

자두나무는 장미과의 낙엽활엽교목으로 키가 10m까지 자란다. 원산지는 중국이며 공원의 정원수나 농가의 과수로 심는다. 4월에 흰색 꽃이 잎보다 먼저 피고 열매는 달걀 모양 원형 또는 구형으로서 자연생은 지름 2.2cm 정도지만 육종하여 과수용으로 재배하는 것은 7cm에 달하는 것도 있다. 열매의 밑부분은 들어가고 7월에 노란색 또는 붉은빛을 띤 자주색으로 익으며 과육은 연한 노란색이다. 잎은 어긋나고 달걀을 거꾸로 세운 듯한 모양 또는 타원형이며 잎 뒷면에 털이 있고 가장자리에 둔한 거치가 있다. 자두는 관상 가치가 있으며 날것으로 먹기도 하고 잼이나 파이 등으로 가공한다. 청와대 내에서는 관저, 유실수 단지 등에 자라고 있다.

68. 자목련 Magnolia liliiflora Desr.

목련木蓮이란 이름이 나무에 피는 연꽃이라는 뜻인데 자주색 꽃이 피는 목련이라고 자목련이라고 했다. 목련과 자목련 모두 연꽃과 의미가 잇닿아 있어 불교 사찰에 많이 심어져 있다. 경남 범어사에 우리나라에서 가장 오래된 것으로 추정하는 자목련이 있다.

자목련은 백목련보다 내한성이 좀 떨어져 일주일 정도 늦게 꽃이 피는데, 중부 이북 지방에서는 추위에 적응하기 어려워서 보기 쉽지 않았는데, 지구 온난화의 영향으로 지금은 서울 인근에서도 자주 볼 수 있다.

자목련도 꽃봉오리를 약재 명으로는 신이라고 하는데 비염이나 몸의 부기를 빼 주는 약으로 쓰인다. 백목련은 꽃봉오리를 따서 말렸다가 차로 마시기도 하는데, 자목련은 독이 있어서 차로 마시지 않는다. 자목련도 백목련과 같이 목재는 연하지만 치밀해서 밥상이나 목공예품 재료로 많이 사용된다.

자목련은 목련과의 낙엽활엽교목으로 키가 15m까지 자란다. 원산지는 중국이며, 귀화 식물이다. 목련과 함께 관상용으로 심는다. 가지

가 많이 갈라지고, 잎은 마주나고 달걀을 거꾸로 세운 듯한 모양이며 가장자리가 밋밋하다. 꽃은 4월에 잎보다 먼저 피고 검은 자주색이다. 꽃잎은 6개이고 길이 10cm 내외이며 햇빛을 충분히 받았을 때 활짝 핀다. 꽃잎의 겉은 짙은 자주색이며 안쪽은 연한 자주색이다. 열매는 달걀 모양 타원형으로 많은 골돌과로 되고 10월에 갈색으로 익는다. 청와대에서는 인수로 변 등지에서 자라고 있다.

69. 자작나무 *Betula pendula* Roth

자작나무는 추운 지방에서 자라는 대표적인 활엽수다. 자작나무는 겨울에 영하 20~30도의 혹한 지역 즉 시베리아, 알래스카, 히말라야 고산 지대, 북유럽, 중국 북부, 일본의 북해도, 북한 등 북반구의 북쪽에 널리 분포하고 있다. 일반적으로 자연 상태의 자작나무 숲의 남방 한계선은 북한까지이다. 따라서 남한의 자작나무는 조림한 것이라고 봐야 한다.

자작나무는 눈부신 흰색에 종이처럼 얇은 껍질이 보온을 위해서 몇 겹으로 되어 있고 기름 성분이 들어 있어서 살아 있는 나무의 근원인 형성층이 얼지 않게 보호하도록 구조화되어 있다. 자작나무 하얀 껍질은 0.1~0.2mm 두께로 매끄럽고 잘 벗겨지는데 글을 쓰거나 그림 그리는 데 사용되었다. 자작나무 껍질은 큐틴Cutin이라는 방부제 성분의 기름기가 있어서 잘 썩지 않는다.

청와대 자작나무.

결혼식을 말할 때 '화촉을 밝힌다.'라고 하는데 이 말은 '자작나무 촛불을 밝힌다.'라고 하는 말이다. 즉 양초가 없을 때 신방을 밝히는 촛불의 대용으로 기름기가 많은 자작나무 껍질이 불을 밝히는 재료로 사용되었기 때문인데 자작나무를 한자로 화樺라고 한다.

자작나무의 이름은 자작나무가 탈 때 자작자작 소리가 난다고 해서 붙인 이름이라고 한다. 자작나무 껍질에는 기름 성분이 풍부하여 불을 붙이면 잘 붙고 오래 간다. 그 때문에 옛날에는 부엌에 불쏘시개로 많이 비치했다고 하며 산에서 약초를 캐는 사람들은 비 오는 날이든 눈이 내리는 날이든 자작나무 껍질로 불을 피웠다고 한다. 자작나무의 기름 성분은 방수성이 우수하므로 북한에서는 자작나무 수피로 지붕을 덮는 재료로 많이 사용했으며 북미의 원주민들은 자작나무 수피로 카누를 만들었고 여진족은 자작나무 배를 만들었다고 한다.

나무와 관련해서 우리나라에 소나무 문화가 있다면 일본에서는 히노끼 문화가 있고 핀란드를 비롯한 북유럽은 자작나무 문화가 있다. 핀란드나 러시아에서는 사우나 속에서 자작나무 잎이 달린 가지로 자기 몸을 툭툭 두드리는데, 혈액 순환을 좋게 하고 특히 숙취를 제거하는 데 효과가 좋다고 한다.

북유럽에서는 가공하지 않는 자작나무 수액은 음료로 인기가 높다고 한다. 우리나라의 고로쇠나무처럼 자작나무 수액을 뽑아서 마시는데 사포닌 성분이 많아서 약간 달콤하면서 쌉쌀한 맛이 난다고 한다. 자작나무 껍질에는 베툴린산Betulinic Acid이라는 물질이 함유되어 있어서 진해, 거담, 항균 작용을 한다고 알려져 있다.

청와대야 소풍 가자

핀란드에서는 자작나무에서 자일리톨 성분을 추출하여 천연 감미료로 사용하고 있는데 이 자일리톨 성분이 치아의 에나멜층을 보호하여 충치의 발생을 억제한다고 치과 의사들이 말한다.

자작나무는 자작나무과의 낙엽활엽교목으로 키가 20m 정도 자란다. 우리나라와 일본, 중국, 러시아, 유럽 등지에 분포한다. 꽃은 4월에 피고 암꽃은 위를 향하며 수꽃은 이삭처럼 아래로 늘어진다. 열매는 9월에 익고 아래로 처져 매달리며 길이가 4cm 정도 되며 열매의 날개는 열매의 넓이보다 넓다. 나무껍질은 흰색이며 옆으로 얇게 벗겨지고 작은 가지는 자줏빛을 띤 갈색이며 지점이 있다. 잎은 어긋나고 삼각형 달걀 모양이며 가장자리에 불규칙한 거치가 있다. 나무껍질이 아름다워 정원수, 가로수, 조림수로 심고 대표적인 관광지는 인제 원대리 자

인제군 원대리의 자작나무 군락.

작나무 숲과, 영양 무창 자작나무 숲이 유명하다. 목재는 가구재, 기구재로 쓰며 자작나무를 이용한 팔만대장경판도 있다. 한방에서는 나무 껍질을 백화피라고 하여 이뇨, 진통, 해열에 쓴다. 천마총에서 출토된 천마도의 재료에 자작나무 껍질이 이용되었다.

2009년도 필자가 근무할 당시 연풍문 옆 대문 앞에 자작나무 100여 그루 군락을 이루고 있었는데, 그 이유는 경호상 군사용 차량의 진입을 1차적으로 저지하기 위함이라고 했다. 아쉬운 마음은 많이 들었지만 2009년 봄 그 나무는 북서울꿈의숲으로 이식하고, 그 자리에 잔디원과 주차장을 만들어 개방적인 공간으로 만들었다.

70. 장미 *Rosa hybrida*

우리 역사에서 장미를 찾아보면『삼국사기』에서 설총의 화왕계에 아첨하는 미인으로 장미가 등장하는 것으로 봐서 삼국시대에 이미 장미가 있었다고 추정된다. 또『고려사』에서 한림별곡의 가사에 황색 장미, 자색 장미라는 대목이 있다.『조선왕조실록』에 장미꽃 이야기가 여러 번 나오며 조선 세조 때 강희안이 쓴『양화소록』에서는 사계화란 이름으로 장미 키우는 법을 소개하고 있으며, 화목 9품계 중에서 장미를 5품계 위치에 두고 있다.

지금 재배하고 있는 현대 장미는 20세기 초에 일본을 거쳐서 유입되었고 해방 이후에 더 많은 새로운 품종이 도입되었으며 우리나라에서도 많이 개발이 이루어지고 있다.

장미薔薇의 한자를 보면『본초강목』에서 '담에 기대어 자라는 식물'이란 뜻으로 장미가 되었다고 한다. 장미의 영어명은 로즈Rose인데, 비너스 여신이 그리스 로즈 섬에 뿌린 씨가 꽃이 되어서 Rose라고 했다고 한다.

사랑하는 여성에게 장미꽃을 선물하는 것은 꽃의 아름다움뿐만 아니라 장미꽃 향기에 여성 호르몬을 자극하는 성분이 있어서 여자들이 장미꽃의 향기를 맡으면 기분이 좋아지게 된다고 한다.

장미는 10월경에 열매가 익으며, 이 열매에서 장미유를 추출해서 화장품 원료나 약으로 사용한다. 장미유는 여성을 위한 향수나 화장품 소재 중에 가장 높은 가치를 인정하고 있으며, 약용으로는 소염, 긴장 완화와 신경 진정, 소화 촉진, 기침 감소, 목 통증 완화, 집중력 향상에 효과가 있다고 한다.

현재 수많은 장미의 종류를 대별하면 3가지로 나눌 수 있다. 덩굴장미나 딸기나무와 같은 형태의 정원용이 있고, 꽃다발을 만들고, 수출하는 산업용으로 이용되는 절화용이 있으며, 미니장미 등으로 분재로 사용되는 분화용이 있다.

지금 영국의 나라꽃이 장미이다. 장미를 무척 사랑해서 다수의 장미 시를 남긴 영국의 시인 라이너 마리아 릴케는 연인에게 줄 장미를 꺾다가 가시에 찔려서 사망한 것으로 알려져 있으며, 릴케의 묘비에도 그의 장미 시가 새겨져 있다고 한다.

　장미는 장미과 장미속에 속하는 식물의 총칭으로 낙엽활엽관목이다. 원산지는 서아시아지역이고, 야생종이 북반구의 한대, 아한대, 온대, 아열대에 분포하며 약 100여 종 이상이 알려져 있다. 오늘날 장미라고 하는 것은 이들 야생종의 자연잡종과 개량종을 말한다. 장미는 갖춘 꽃으로 꽃의 아름다운 형태와 향기 때문에 관상용과 향료용으로 재배하며, 육종을 통해 개발한 품종이 지금까지 2만 5천 종 정도 되며, 요즘도 해마다 200종 이상의 새 품종이 개발되고 있다. 일반적으로 흰색, 붉은색, 노란색, 분홍색 등의 색을 띠나 품종에 따라 그 형태·모양·색이 매우 다양하다.

　국내에서는 일반적으로 품종에 따라 5월 중순경부터 9월경까지 꽃을 볼 수 있다. 장미는 18세기 이전의 장미를 고대 장미Old Rose 19세기 이후의 장미를 현대 장미Modern Rose라고 구분하는데, 우리가 지금 보는 장미는 현대 장미이다. 청와대에서는 관저 회차로 주변에 자라고 있다.

청와대야 소풍 가자

71. 전나무 *Abies holophylla* Maxim.

전나무의 어원은 젓나무이다. 이는 전나무의 어린 열매에서 흰 젓 같은 액체가 나오기 때문에 젓나무라고 이름 붙인 것인데 후일 발음하기 편하게 전나무라고 하게 되었다고 한다. 전나무는 『훈몽자회』와 『방언유석』 등의 옛 문헌에서도 모두 젓나무라고 했고 또 서울대 농대 이창복 교수도 '잣이 달리는 나무를 잣나무라고 하듯이, 젓이 나오는 나무는 젓나무라고 하는 것이 맞다.'라고 주장해서 한동안 전나무와 젓나무 모두 사용이 되었다. 그러나 각종 교과서나 수목도감, 국어사전에서 이미 전나무라고 쓰고 있으며 국립수목원의 「국가표준식물목록」에도 전나무라고 되어 있어 이제는 전나무라고 통일해야 한다.

많은 사람이 모르고 있지만 전나무는 우리나라가 원산지인 나무다. 백두산 일대의 전나무 원시림이 전나무의 고향이라고 한다. 백두산에서 출발 남쪽으로는 한반도 남쪽 끝까지 내려왔고 북서쪽으로는 시베리아를 거쳐 유럽까지 흘러갔으며 다른 방향으로는 시베리아에서 알래스카로 건너가서 북미지역 한대지방 대표나무가 되었다고 한다.

우리나라의 전나무 숲은 오대산 월정사 전나무 숲이 제일 먼저 떠오르며 광릉 수목원 전나무 숲, 청도 운문사 계곡의 전나무 숲, 변산반도 내소사 전나무 숲이 유명한데 전남 화순에는 신라 진흥왕 때 진각국사가 심었다고 하는 1,200년 된 전나무 노거수가 있다. 이렇게 유명 사찰 주위에 전나무 숲이 많은 이유는 사찰의 건축이나 수리에 반듯반듯한 전나무를 기둥이나 재목으로 사용하기 위해서다.

　전나무는 소나무과 상록침엽교목으로 키가 40m, 직경이 1.5m에 달하는 고산 식물로서 풍치수로 흔히 심는다. 나무껍질은 잿빛이 도는 흑갈색으로 거칠며 작은 가지는 회갈색이고 털이 없거나 간혹 있고 얕은 홈이 있다. 잎은 나선상 배열로 줄 모양이고 길이 4cm, 나비 2mm로서 끝이 뾰족하다. 암수 한 그루로 꽃은 4월 하순경에 피며 열매는 구과로 원통형으로서 길이 10~12cm, 지름 3.5cm 정도이고 끝이 뾰족하거나 둔하며 10월 상순에 익는다. 목재는 펄프, 건축재, 가구재로 이용한다. 청와대 내에서는 상춘재, 산림 지역 등지에서 자라고 있다.

청와대야 소풍 가자

72. 진달래 *Rhododendron mucronulatum* Turcz.

진달래는 봄이 오면 제주도의 한라산에서부터 북쪽의 백두산까지 우리 산을 온통 붉게 물들이며 피어나는 우리의 꽃이다. 진달래는 오랜 세월을 두고 따뜻한 정감으로 우리 겨레와 애환을 함께했으며, 우리 기후 풍토에도 가장 알맞은 꽃나무로 존재해 왔다. 진달래꽃은 메마르고 척박한 땅과 바위틈에서도 잘 자란다.

진달래라는 이름은 조선 중종 때 최세진이 지은 『훈몽자회』에서 진달위로 나오는 것이 처음이다. 진달래꽃은 다른 이름으로 참꽃이라고도 한다. 참꽃은 진달래꽃이 지고 나면 진달래와 비슷한 연분홍의 철쭉이 피는데 꽃은 더 크고 탐스럽기까지 하지만 철쭉에는 독이 있다. 그래서 먹을 수 없는 철쭉을 개꽃이라고 하고, 먹을 수 있는 진달래꽃을 참꽃이라고 했다.

또, 중국에서 부르는 이름으로 진달래를 두견화라고도 한다. 두견새가 울 때 핀다고 해서 붙여진 이름으로 전설에 의하면 두견새는 중국 촉나라 망제가 화신이 된 새인데 고향을 그리워하여 촉나라로 돌아가고 싶다고 귀촉귀촉하고 구슬프게 운다고 한다. 그 한 맺힌 울음으로 토해 낸 피에 붉게 물든 것이 두견화라는 전설이다.

우리 민족은 봄이 되면 분홍색 진달래 동산과 노랗게 피어나는 개나리 마을에서 살아오면서 그 속에서 우리의 정서를 키워왔다. 그래서 진달래꽃의 색깔과 개나리꽃의 색깔이 자연 우리 민족 정서에 가장 친근한 색깔이 되었으며, 우리 여인들의 연분홍 치마와 노랑 저고리에 자연스럽게 녹아들었다고 보고 있다.

진달래꽃은 토양 산도(PH)와 유전 형질에 따라서 빛깔이 조금씩 다르게 나타나는데 즉 꽃잎의 색이 연한 연달래, 표준 색깔의 진달래, 아주 진한 난달래로 나누어 부르기도 했다.

진달래꽃은 이른 봄에 피어서 배고픈 아이들이 생으로 따 먹으며 허기를 달래기도 했고, 말려서 차를 끓여 먹기도 했으며, 진달래꽃으로 전을 부쳐 먹고 가무를 즐기는 화전놀이 문화도 있었다. 진달래술인 두견주를 만들어 먹기도 했다.

우리도 해방 후에 나라꽃으로 무궁화보다는 진달래꽃이 우리 민족과 동질감이 있고, 민족 정서를 대표하는 꽃이라고 나라꽃을 진달래로 바꾸자는 주장이 많이 나왔었는데, 북한이 영변 약산 진달래꽃과 관련지어 진달래꽃을 나라꽃으로 정하였다가, 1994년 김일성의 교시에 의해서 산목련(함박꽃나무)으로 바뀌게 되었다.

진달래는 진달래과의 낙엽활엽관목으로 키가 3m까지 자라며 우리

청와대야 소풍 가자

나라와 일본, 중국, 몽골 등지에 분포하며 전국 산지의 볕이 잘 드는 곳에서 무리 지어 자란다. 줄기 윗부분에서 많은 가지가 갈라지며 작은 가지는 연한 갈색이고 비늘 조각이 있다. 잎은 어긋나고 긴 타원 모양의 바소꼴 또는 거꾸로 세운 바소꼴이며 길이가 4~7cm이고 양 끝이 좁으며 가장자리가 밋밋하다. 잎자루는 길이가 6~10mm이다. 꽃은 4월에 잎보다 먼저 피고 가지 끝부분의 곁눈에서 1개씩 나오지만 2~5개가 모여 달리기도 한다. 화관은 벌어진 깔때기 모양이고 지름이 4~5cm이며 붉은빛이 강한 자주색 또는 연한 붉은색이고 겉에 털이 있으며 끝이 5개로 갈라진다. 열매는 삭과이고 길이 2cm의 원통 모양이며 끝부분에 암술대가 남아 있다. 청와대에서는 관저 내정, 인수로, 소정원, 상춘재 등지에 자라고 있다.

73. 찔레꽃 *Rosa multiflora* Thunb.

'찔레꽃 붉게 피는 남쪽 나라 내 고향
언덕 위에 초가삼간 그립습니다.'

우리도 잘 알고 있는 가수 백난아가 부른 가요 「찔레꽃」 가사의 일부인데, 찔레꽃은 우리나라 토종 꽃으로 대부분이 하얀색 꽃이나 아주 간혹 토질에 따라서 연한 분홍색으로도 핀다. 찔레꽃 가사 첫머리의 붉은 찔레꽃은 찔레꽃이 아니고 해당화를 지칭하는 것이라고 한다. 실제 제주도에서는 해당화를 찔레꽃이라고도 하는데, 백난아의 고향이 제주도 한림이라고 한다.

봄의 꽃나무 중에 향기가 좋은 꽃으로 유난히 달콤하면서도 은은한 향기가 난다. 그래서 찔레꽃은 향수의 원료인 방향성 식물로 중요하게 취급되고 있고, 꿀도 많이 가지고 있어 중요한 밀원식물이다.

찔레꽃의 찔레란 '가시가 찌른다.'라는 뜻으로, 찔레라는 이름이 정

착된 것은 1937년『조선식물향명집』에서부터로 그렇게 오래되지 않았다. 그전『동의보감』에서는 찔레나무 열매를 딜위여름이라고 불렀고, 1820년 한글학자 유희가 쓴『물명고』에서는 뉘나무라고 했다.

농촌에서는 찔레꽃 가뭄이라는 표현이 있다. 찔레꽃이 필 무렵이 물을 가장 많이 필요로 하는 모내기 시기인데 이때가 가뭄이 잘 들기 때문이다. 또 이맘때가 보릿고개의 절정기인데 먹을 것이 부족하여 아까시나무 꽃도 따 먹었고 찔레꽃도 따서 먹었다. 특히 찔레꽃 나무의 새순 찔레를 많이 꺾어 먹었는데 좀 떫고 알싸하고 달콤한 맛이 있다.

찔레꽃은 장미과의 낙엽활엽관목으로 키가 1~2m 정도 자라고, 가지가 많이 갈라지며, 가지는 끝부분이 밑으로 처지고 날카로운 가시가 있다. 꽃은 5월에 흰색 또는 연한 붉은색으로 피고 새 가지 끝에 원추꽃차례로 달린다. 잎은 어긋나고 5~9개의 작은 잎으로 구성된 깃꼴겹잎이다. 작은 잎은 타원 모양 또는 달걀을 거꾸로 세운 모양이고 길이가 2~4cm이며 양 끝이 좁고 가장자리에 잔 거치가 있다. 잎 표면에 털이 없고, 뒷면에 잔털이 있다. 열매는 둥글고 지름이 6~9mm이며 9월에 붉은색으로 익고 길이 2~3mm의 씨앗이 수과 속에 많이 들어 있다.

한방에서는 열매를 영실이라고 하며 약재로 쓰는데 불면증, 건망증, 부종에 효과가 있고 이뇨제로도 쓴다.

우리나라에서는 산기슭이나 볕이 잘 드는 냇가와 골짜기에서 자라고, 청와대 내에서는 관저 내정, 성곽로, 유실수 단지에 자라고 있다.

붉은찔레꽃.

74. 철쭉 *Rhododendron schlippenbachii* Maxim.

신라 향가 헌화가가 있는데, 『삼국유사』의 수로부인 이야기로 우리나라에서 철쭉이 처음 등장하는 기록이다. 수로부인은 신라 최고의 미인으로 성덕왕 때에 강릉 태수로 부임하는 남편 순정공을 따라가는 도

중에 바닷가 언덕 꼭대기에 핀 아름다운 꽃을 보고, 저 꽃을 따서 내게 바칠 사람 누구인고? 하니 모두가 머뭇거리고 있는데, 암소를 몰고 지나가던 어떤 노인이 척촉화躑躅花를 꺾어다 바쳤다는 기록이 있다. 이 척촉화가 진달래인지, 철쭉인지는 분명하지 않다고 한다.

철쭉의 어원이 되는 이름은 한자로 척촉이라고 한다. 우리에게는 어려운 한자이지만, 머뭇거릴 척躑, 머뭇거릴 촉躅 자를 쓴다. 즉 머뭇거림과 망설임을 표현한 이름이다. 철쭉이라는 우리 이름은 척촉이라는 한자 이름이 철쭉이 되었다고 보고 있다.

철쭉에는 그라야노톡신Grayanotoxin이란 강한 독이 있어 양이 철쭉의 꽃이나 잎을 먹으면 죽을 뿐 아니라 사람도 철쭉을 진달래로 잘못 알고 먹게 되면 심한 배탈과 구토를 하게 되는데 많이 먹으면 사망에 이를 수 있다. 철쭉꽃이 많이 필 때는 철쭉꽃의 꿀에도 독이 있어 철쭉 꿀이 많이 섞인 꿀을 먹으면 사람에 따라서는 혼절할 수 있으므로 조

심해야 한다. 때문에 옛날 사람들은 비슷한 모양의 꽃이지만 독이 있어 먹을 수 없는 철쭉을 개꽃이라고 하고, 먹을 수 있는 진달래를 참꽃이라고 했다.

우리나라 철쭉제로 유명한 곳은 소백산 철쭉제, 남원 바래봉 철쭉제, 합천 황매산 철쭉제가 국내 3대 철쭉제라고 하며, 지금은 지역마다 크고 작은 철쭉제가 더 많이 생겼다.

철쭉은 진달래과 낙엽활엽관목으로 키가 2~5m 정도 자란다. 우리나라와 중국 등지에 분포하고 우리나라 전국 각지에서 잘 자란다. 어린 가지에 선모가 있으나 점차 없어진다. 잎은 어긋나지만 가지 끝에서는 돌려난 것 같이 보이고 거꾸로 선 달걀 모양으로 끝은 둥글거나 다소 파이며 가장자리가 밋밋하다. 표면은 녹색으로 처음에는 털이 있으나 차츰 없어지며 뒷면은 연한 녹색으로 잎맥 위에 털이 있다. 꽃은 5월에 피고 연분홍색이며 3~7개씩 가지 끝에 산형 꽃차례를 이룬다. 화관은 깔때기 모양이고 5개로 갈라지며 위쪽 갈래 조각에 적갈색 반

청와대야 소풍 가자

점이 있다. 열매는 삭과로 달걀 모양의 타원형이고 길이 1.5cm 정도로 선모가 있으며 10월에 익는다. 청와대 소정원 등지에서 자라고 있다.

75. 측백나무 *Platycladus orientalis* (L.) Franco

『논어』의 자한편에 나오는 '세한연후지송백지후조야歲寒然後知松柏之後凋也'는 '추운 겨울이 되어야 소나무와 잣나무의 굳은 절개를 알 수 있다.'라는 뜻으로 추사 김정희 세한도의 모티브가 된 유명한 구절이다. 그런데 이 백栢 자를 중국에서는 측백나무 백栢 자라고 하고 우리나라

에서는 잣나무 백柏 자라고 많이 해
석하고 있어 좀 혼선이 있다. 우리나
라의 세한도에서는 송백의 백자를 잣
나무로 해석하고 있는데 공자 고향인
산동성이나 공자의 주 활동 무대였던
사천성에도 잣나무는 없고 측백나무
가 있기 때문이다.

『삼국지』의 제갈량은 54세에 죽었는데 그의 나이에 따라서 54그루의
측백나무를 묘소에 심었다고 한다. 지금도 22그루가 살아있다고 하며
거의 1,800년 가까이 되는 것으로 중국에서는 가히 국보로 여기는 나
무라고 한다.

측백나무의 유래는『본초강목』에서 잎이 비늘잎으로 납작하고 옆으
로 펴져서 자라기 때문에 옆을 의미하는 측側 자에 측백나무 백柏 자
를 쓰고 있다. 우리나라 천연기념물 제1호가 대구 동구 도동에 있는
1,200여 그루의 측백나무 숲이다. 또한 측백나무 노거수로 서울 종로
구 삼청동 총리 공관의 300년 된 측백나무가 있고 경북 안동 암산굴 위
의 측백나무 숲 등이 있다.

네덜란드의 화가 빈센트 반 고흐가 프로방스 지방에 머무르고 있을
때 하늘로 타오르는 불꽃 같은 검은 나무를 주제로 해서 많은 그림을 그
렸는데 이 그림에 나오는 나무 싸이프러스Cypress는 측백나무의 종류다.

측백나무는 측백나무과의 상록침엽교목으로 키가 25m, 직경이 1m
까지 자라며 우리나라는 단양, 영양, 울진에 집단으로 서식하고 있다.

수형이 아름답기 때문에 생울타리, 관상용으로 심으며 작은 가지가 수직으로 벌어진다. 비늘 모양의 잎이 뾰족하고 가지를 가운데 두고 서로 어긋나게 달린다. 꽃은 4월에 피고, 열매는 구과로 원형이며 길이 1.5~2cm로 9~10월에 익는다. 잎은 지혈, 이뇨, 씨는 자양, 진정 등의 약재로 사용한다. 가지가 많이 갈라져서 반송같이 되는 것을 천지백 (for. sieboldii)이라고 하며 관상용으로 심는다. 설악산과 오대산 등 높은 산에서 자라는 한국 특산종을 눈측백(T. koraiensis)이라고 한다. 청와대 버들마당, 온실 주변에서 자라고 있다.

위민관과 녹지원 차폐 식재광경.

76. 칠엽수 *Aesculus turbinata* Blume

칠엽수는 크게 2종류가 있다. 유럽이 원산이고 열매의 겉껍질에 가시 같은 돌기가 있는 마로니에가 있고, 일본이 원산으로 동북아시아에 많은 열매 겉껍질에 가시 돌기가 없이 갈색으로 매끈한 칠엽수七葉樹가 있다. 마로니에는 보통 흰색 또는 약간 노란색 꽃이 피는데, 서양의 마로니에는 붉은 꽃이 피는 것도 있다.

서양에서는 열매를 보고 이름을 지었고, 동양에서는 잎을 보고 한 잎자루에 잎이 7개가 있다고 칠엽수라고 했다. 그래서 부르는 이름도 서양에서는 마로니에로 동양에서는 칠엽수라고 한다.

여행이 자유화되지 못한 시기에 여행작가들이 프랑스 파리의 몽마르트 언덕 마로니에 가로수 사진을 많이 실었고 또 독일을 유학했던 전혜린이 쓴 베스트셀러『그리고 아무 말도 하지 않았다』에서 독일 뮌헨의 마로니에가 있는 거리 묘사가 낭만과 문학의 상징같이 그려져 사람들에게 유럽과 마로니에 대한 동경을 갖게 했다. 그 영향으로 유행처럼 우리나라에 마로니에 공원, 마로니에 길, 마로니에 광장 등 마로니에가 들어가는 명칭과 상호가 많이 생겨나게 되었다.

마로니에가 우리나라에 처음 들어온 기록은 다른 나무나 꽃에 비해서 비교적 명확히 남아 있다. 고종 황제의 회갑에 주한 네덜란드 공사가 선물로 바쳐서 제1호 유럽 마로니에가 덕수궁에 심어졌다고 하며, 1929년에 현재 서울 동숭동 대학로에 있던 서울 문리대 교정에 일본산 마로니에 몇 그루가 처음 심기게 되었다. 후에 서울 문리대가 관악 캠퍼스로 이전하고 그 자리에 마로니에 나무가 있다고 해서 이곳을 마로

니에 공원으로 불리게 되었다.

지금은 우리나라에서도 칠엽수를 가로수나 정원수로 많이 채택하고 있다. 꼭 알밤과 같이 생긴 칠엽수 열매는 독성이 있어서 그냥 날것으로 먹으면 안 된다. 나무위키에 나오는 주의 사항은 '마로니에 열매의 경구 섭취 시에는 위경련, 현기증, 구토 현상이 일어난다. 심한 경우 사망에 이른 사례도 있다. 이 열매를 주워 먹고 응급실에 간 사람이 많다.'라고 되어 있다. 잣이나 밤 등 견과류를 좋아하는 청설모나 다람쥐도 이 칠엽수 열매는 건드리지 않는다고 한다.

칠엽수는 칠엽수과의 낙엽활엽교목으로 키가 30m, 직경 60cm까지 자란다. 마로니에로 불리는 가시칠엽수는 유럽의 여러 나라와 북미 등에 많이 분포한다. 칠엽수꽃은 잡성화로 양성화와 수꽃이 있고 6월에 분홍색 반점이 있는 흰색으로 피며 가지 끝에 원추 꽃차례를 이루며 많은 수가 빽빽이 달린다. 꽃차례는 길이가 15~25cm이고 짧은 털이 있다. 열매는 삭과로 거꾸로 세운 원뿔 모양이며 지름이 4~5cm이고 3개로 갈라지며 10월에 익는다.

종자는 밤처럼 생기고 끝이 둥글며 폭이 2~3cm이고 붉은빛이 도는 갈색이다. 열매는 독성이 있어서 삶아서 독성을 어느 정도 제거한 후에 말의 사료 등으로 이용한다. 잎은 마주나고 손바닥 모양으로 갈라진 겹잎이다. 작은 잎은 7개이고 긴 달걀을 거꾸로 세운 모양이며 끝이 뾰족하고 밑 부분이 좁으며 가장자리에 잔거치가 있다. 청와대 내에서는 수궁터 주변에서 자라고 있다.

청와대야 소풍 가자

77. 팥꽃나무 *Wikstroemia genkwa* (Siebold & Zucc.) Domke

팥꽃나무는 다 자라면 허리춤 정도에 이르는 정말 곱고 아름다운 우리 강산의 우리 꽃나무다. 자주색 또는 주황색 꽃방망이를 달고 있는 모양은 정원수나 화단의 꽃나무로 제격이다.

팥꽃나무란 이름은 꽃이 피어날 때의 꽃 색깔이 팥알 색깔과 비슷하다고 팥꽃나무라는 이름을 가진 것으로 보인다. 서해안 지방에서는 이 팥꽃나무가 필 때쯤에 조기가 많이 잡힌다고 하여 조기꽃나무라고도 하고, 이팥나무라고도 한다.

팥꽃나무는 팥꽃나무과 낙엽활엽관목으로 한반도의 자생 식물이고, 전라남도에서 서해안을 따라 올라가며 분포하고, 북한의 평안도까지 분포한다. 일본과 중국, 대만에도 분포한다. 키는 1m 내외 정도이고, 3월~5월에 꽃이 피며, 열매는 한여름에 하얀색으로 익는다.

팥꽃나무의 꽃봉오리를 따서 말린 것을 한방에서는 원화라고 하는데 아주 귀한 약재로 사용되었다고 한다. 『동의보감』에서는 '원화는 맵고 쓰며 독이 많다. 옹종, 악창, 풍습증을 낫게 하며 벌레나 물고기의 독을 푼다.'라고 하여 특별히 염증 치료에 효과가 있다고 한다. 청와대에는 관저 앞 담벼락에 있다.

78. 팥배나무 *Aria alnifolia* (Siebold & Zucc.) Decne.

팥배나무는 숲속의 수많은 나무의 녹음에 묻혀 있을 때는 별다른 존재감이 없다가 가을에 낙엽이 지고 나뭇가지에 팥알보다 굵은 붉은 열매가 파란 하늘을 배경으로 서 있는 모습은 다른 나무가 범접하기 어려운 모양새다. 팥배나무 열매는 타원형으로 반점이 뚜렷하고 9~10월에 빨간색으로 익으며, 열매가 붉은 팥알같이 생겼고 하얗게 피는 꽃은 배나무를 닮았다고 팥배나무라고 한다.

아그배나무는 사과나무 속이고, 산돌배나무는 배나무 속이며, 팥배나무는 마가목 속이다. 즉 속이 다른 나무들이 각각 배나무라는 이름을 가지고 있다.

팥배나무는 엄연한 장미과의 과일나무로 과일주를 담그기도 하지만, 별다른 맛이 없어서 사람들에게 인기가 없다. 겨울에 먹을 것이 부족한 산새들에게는 좋은 먹잇감이 된다. 겨울에 새를 많이 보고 싶으면 정원에 팥배나무를 심어 두면 겨울에 열매를 따 먹으러 여러 종류의 새가 날아와서 생태적으로 중요한 먹이식물의 하나이다.

팥배나무는 장미과의 낙엽활엽교목으로 키가 15m 내외이다. 우리

청와대야 소풍 가자

나라와 일본, 중국에 분포한다. 꽃은 5월에 흰색으로 피고 6~10개의
꽃이 산방 꽃차례로 달린다. 꽃받침 조각과 꽃잎은 5개씩이고 수술은
20개 내외이며 암술대는 2개로 갈라진다. 잎은 어긋나고 달걀 모양에
서 타원형이며 잎자루가 있고 가장자리에 불규칙한 겹거치가 있다. 잎
과 열매가 아름다워 관상용으로 심는다. 열매는 빈혈과 허약체질 개선
치료제로 쓰이며, 일본에서는 나무껍질을 염료로도 쓴다. 청와대 내에
서는 수궁터에 자라고 있다.

79. 포도 *Vitis vinifera* L.

예로부터 포도나무는 생명의 나무라고 성스러운 나무로 여겨졌으며 프랑스 속담에 포도주 없는 하루는 태양이 없는 하루와 같다고 할 정도로 유럽 사람들은 포도주는 신의 물방울로 취급해 왔다.

포도나무의 원산지는 중동 지역으로 기독교와도 많은 연관이 있다. 올리브, 무화과나무와 함께『성경』에 많이 등장하는 나무로 포도나무는『성경』에 155회나 나온다고 한다.『성경』의 기록이나 고고학적인 자료를 종합해 보면 인류는 적어도 기원전 4천 년 전부터 포도를 재배하기 시작했다고 볼 수 있다.

포도는 송이 하나에 50~80여 개의 포도알을 달고 있으며 특유의 새콤달콤함을 주는 과일로 서양인들에게는 포도는 평화와 축복 풍요와 다산의 상징이 되었다.

포도가 동양에 전래된 것은 중국 한나라 때에 중동 지방으로 갔던 장건 이라는 사신이 귀국하면서 중국으로 가지고 들어왔다고 하는데 고대 페르시아어로 부도우Budow라고 불리던 과일 이름이 한자로 포도 葡萄라고 표기된 것으로 한국, 중국, 일본 삼국이 같이 포도를 자기 나라말로 발음하고 있다.

우리나라에는 삼국 시대에 들어온 것으로 추정이 되지만 우리의 문헌 기록에 포도가 등장한 것은 고려말 『동국이상국집』, 『목은집』에 포도에 관한 시가 나오는 것으로 봐서는 포도를 널리 심고 재배하기 시작한 것은 고려 후기 정도로 짐작하고 있다.

포도나무는 덩굴손이 있어서 다른 물체를 감으면서 자라므로 포도 농원에서는 관리에 편리한 2m 정도 높이로 덕을 만들어 주어야 한다. 포도는 지금 재배하고 있는 품종이 약 1천 종에 이른다고 한다. 포도의 주요 생산국으로 이태리, 프랑스, 스페인, 미국, 아르헨티나가 있다. 한국에서는 칠레와의 FTA를 맺어 값이 싼 칠레산 와인이 많이 들어오고 있다.

세계의 포도는 크게 보면 유럽포도와 미국포도가 있는데, 우리나라에서는 유럽포도를 베이스로 해서 미국포도와 교잡을 한 캠벨얼리 Campbell early 품종을 가장 많이 재배하고 있으며 근래에는 일본에서 개발된 거봉 포도 재배가 증가하고 있다.

최근에는 역시 일본에서 개발된 일명 망고 포도로 알려진 샤인머스캣Shine muscat이 경북 지방을 중심으로 급속히 재배가 증가하고 있는데 당도가 17~22Brix로 높아 소비와 수출이 늘어나고 있지만 생산량 증가로 가격이 하락하고 있다. 우리나라 포도의 생산은 경북이 가장 많이 생산하고 있는데 경산, 김천, 충북 영동, 충남 천안, 경기 안성, 화성 등이 주 생산지다.

잘 익은 포도의 표면에는 농약이라고 오인될 수 있는 하얀 가루가 묻어 있다. 이것은 농약이 아니고 과분이라는 포도 껍질의 일부분이다. 이 과분이 포도주를 만들 때 발효를 도와주는 효모의 역할을 하는 것으로 포도가 과분이 있어서 혼자서도 술이 된다는 것이다. 포도주 즉 와인은 아주 오래전 야생의 포도나무에서 채취한 포도에서 흘러나온 포도즙이 자연스럽게 발효하여 와인이 된다는 것을 우연히 발견하게 되었다고 한다.

포도주는 색에 따라 레드와인, 로제와인, 화이트와인이 있다. 보통 화이트와인은 청포도의 씨와 껍질을 제거한 과즙으로 만들고, 로제와인은 분홍빛 포도주로 포도를 발효시키다가 색이 우러나오면 압착 하여 씨와 껍질을 제거하고 만든다. 레드와인은 적(흑)포도를 원료로 하

청와대야 소풍 가자

여 껍질과 씨 모두를 사용해서 제조한 진한 붉은색 와인으로 포도의 껍질과 씨에 함유된 타닌으로 인해서 레드와인 특유의 떫은맛이 있다.

　포도나무는 포도과의 낙엽활엽덩굴식물로 1년에 줄기를 3m 이상 뻗는다. 덩굴손이 있으며 잎과 마주난다. 노란빛을 띤 녹색 꽃이 5~6월에 원추 꽃차례로 핀다. 열매는 액과로 8~10월에 익는다. 과피는 짙은 자줏빛을 띤 검은색, 홍색 빛을 띤 붉은색, 노란빛을 띤 녹색 등이며 과일 모양도 공 모양, 타원 모양, 양 끝이 뾰족한 원기둥 모양 등 다양하다. 번식은 꺾꽂이로 하고 과즙에는 주석산, 능금산, 구연산, 포도산 등이 함유되어 있다. 포도는 건위, 이뇨, 강장 등에 효과가 있고 생식용, 포도주뿐만 아니라 쥬스, 통조림, 건포도 등으로 많이 이용하고 있다. 청와대 내에서는 관저회차로와 유실수 단지에 자라고 있다.

80. 풀또기 *Prunus triloba* Lindl. var. truncata Kom.

　장미과의 떨기나무인 앵두나무, 이스라지(산앵두나무), 산옥매, 풀또기는 비슷하다. 풀또기는 한반도 최북단 두만강 유역의 회령과 무산의 산기슭에서 발견된 우리 고유 자생종인데 이름은 함경도 방언에서 채록된 것으로, 유래는 알려지지 않는다고 한다.

　풀또기의 열매도 앵두와 비슷한데 열매가 1.5cm 정도로 좀 크며 열매에 털이 많이 난다. 풀또기는 잎이 돋기 전 꽃봉오리가 진분홍색으로 부풀어 오르는데 꽃이 만개하면 연분홍색으로 변하고 매우 아름답고, 화려하고, 부드럽다. 번식은 주로 앵두나무를 대목으로 해서 접을 붙인다.

　풀또기는 장미과의 낙엽활엽관목으로 키가 1~3m 정도 자란다. 우리나라와 중국에 분포하며, 산기슭 양지바른 곳에서 자란다. 꽃은 4~5월에 잎보다 먼저 연분홍빛으로 피는데 지름 2~2.5cm로서 1~2개씩 달린다. 열매는 핵과로서 8월에 빨간색으로 익는다. 나무껍질은 붉은 빛을 띤 갈색으로 윤이 나며 옆으로 피목이 있다. 어린 가지에는 희고 짧은 털이 빽빽이 난다. 잎은 어긋나고 달걀을 거꾸로 세워 놓은 모양이고 가장자리에 겹거치가 있다. 겉면에는 잔털이 나거나 없으며 뒷면은 맥을 따라 흰 털이 빽빽이 난다. 꽃이 아름다워 관상수로 심는다. 청와대 관저 내정, 관저 회차로 등지에 자라고 있다.

청와대야 소풍 가자

81. 향나무 *Juniperus chinensis* L.

향나무의 향은 더러운 것을 정화 시키는 힘이 있다고 믿었고 정신을 맑게 함으로써 신앙의 대상과 연결이나 경건함으로 통하는 곳에는 향을 거처야 한다고 생각했다.

향나무는 나무줄기 등에서 독특한 향을 내기 때문에 향나무라고 불렀으며, '불로 향나무 향을 피우면 그 향이 하늘까지 올라간다.' 하여 옛날부터 사람들의 어떠한 기원을 전달하는 매개체로써 신목의 역할을 했던 나무였다.

향나무는 새들이 씨앗을 먹은 뒤에 껍질 부분은 소화를 시키고 멀리까지 날아가서 딱딱한 씨앗을 배설물과 함께 배설하여 일반적으로 번식이 되었는데 근래에는 주로 삽목을 이용하고 있다. 향나무의 어린잎은 끝이 날카로운 바늘잎이 대부분인데 10여 년이 지나면 바늘잎 이외에 찌르지 않는 비늘잎이 함께 생기며 점차 전부가 비늘잎화 되어간다. 이는 어느 정도 성목이 되면 보호의 필요성이 줄어들어 가시의 날카로움이 많이 둔화하는 것으로 볼 수 있다.

향의 사용이 대중화된 것은 역시 종교와 관련이 있다. 사람들이 많이 모이는 종교 행사에서 땀에 찌든 옷 냄새를 없애기 위한 수단으로 향을 피우기 시작했다고 한다.

우리나라에서 처음 향을 피우는 풍습의 기록은 6세기 초로 삼국유사에 보면 '중국 양나라 사신이 신라에 향을 가지고 왔는데 그 이름도 쓰임새도 몰랐다.'라는 기록이 있으며 이후에 불교가 들어오면서 자연스럽게 불교 의식에 향이 사용되게 되는데 주위에서 쉽게 구할 수 있는 향나무를 향의 재료로 사용하게 된 것이라고 한다. 또 향이 우리 민간에서 많이 사용하게 된 유래는 장례식에서 시신이 부패 되어 나는 냄새를 제거하기 위해서 사용되었다고 보고 있다.

청와대야 소풍 가자

이렇게 광범위하게 종교 행사와 민간에서 향을 사용하게 됨에 따라서 사람의 손길이 닿을 수 있는 곳에 있는 자연 향나무는 없어지고 우리가 요즘 만나는 향나무 대부분은 식재 향나무로 보고 있다. 국내에서 자생하는 향나무는 울릉도 도동 남쪽 험준한 절벽에 사는 키 작은 향나무가 2500년 정도의 수령으로 세계 최고령의 향나무이며, 경북 울진 죽변항 바닷가에서 자라는 향나무 군락은 수령이 500년 정도이고, 그 외에도 보조국사의 향나무 쌍지팡이에 뿌리가 자랐다는 전설이 있는 송광사 쌍향수, 창덕궁의 향나무 등 우리나라 천연기념물로는 향나무가 가장 많다.

향나무 이야기에는 침향沈香을 빼놓을 수 없는데 원래는 동남아 원산인 침향나무 줄기에 상처를 내어서 흘러내린 수지를 채집하거나 향나무를 베어서 땅속에 묻어 썩히고 나면 남는 수지만을 침향이라고 한다.

향나무는 측백나무과의 상록침엽교목으로 우리나라, 일본, 중국 및 몽골 등지에 분포하며 키가 약 20m까지 자란다. 새로 돋아나는 가지는 녹색이고 3년생 가지는 검은 갈색이며 7~8년생부터 비늘 같은 부드러운 잎이 달리지만 맹아에는 잎에 날카로운 침이 달려 있다. 잎은 마주나거나 돌려나며 가지가 보이지 않을 정도로 밀생한다. 꽃은 단성화로 4~5월에 피고 열매는 구과로 원형이며 흑자색으로 지름 6~8mm로 이듬해 9~10월에 익는다. 목재는 향으로도 쓰며 조각재, 가구재, 장식재 등에 이용한다.

향나무의 종류로는 작고 비스듬히 눕는 것을 눈향나무(var. sargentii), 지면으로 기어가는 것을 섬향나무(var. procumbens), 원줄기가 없고 여러 대가 한꺼번에 자라서 공처럼 둥근 수형이 되는 것을 둥근향나무 (var. globosa) 또는 옥향나무, 우리나라 특산종으로 가지와 원대가 비스듬히 자라다가 전체가 수평으로 퍼지며 잎은 대부분 바늘잎으로 가시처럼 날카로운 것을 뚝향나무(var. horizontalis)라고 한다. 청와대 수궁터 주변 등지에서 자라고 있다.

82. 호두나무 *Juglans regia* L.

호두는 열매의 모양이 복숭아처럼 생겼고 오랑캐 나라에서 왔다고 호도胡桃라고 했는데 구전되면서 발음하기 편하게 호두가 되었다고 한다. 경북 등 지방에 따라서는 추자楸子, 추자나무라고 했다.

우리나라 호두의 전래는 약 700년 전 고려 중엽 천안 광덕면 출신의 유청신이란 사람이 원나라에 사신으로 갔다가 돌아올 때 호두나무 묘목과 열매를 가지고 와 천안 광덕사 앞에 심어서 오늘에 이르렀으며 이 호두나무가 천연기념물 398호로 지정 보호되고 있다. 천안 호두는 여기에서 유래한다. 그런데 1953년 일본 동대사 창고에서 「신라 민정문서」가 발견되는데, 여기에 신라 경덕왕 때 호두나무를 심게 했다는 기록이 나온다. 이것으로 보면 적어도 1,300여 년 전에 우리나라에 호두가 있었다고 봐야 하며 또한 당추자라는 이름은 당나라 때 우리나라에 들어온 것이 아닌가 추정하고 있다.

호두와 관련된 우리나라의 풍습을 보면 정월 대보름날 아침에 호두를 이빨로 소리 내어 깨어 먹는 부럼이 있고, 천안에서 시작된 호두 모양의 호두과자가 있다. 표면에 주름이 많은 호두 2개를 혈액 순환을 위

한 손 노리개로 사용하는 문화가 있었다. 사람의 뇌 모양을 닮은 호두의 배유는 호두유라고 하는데 40~50%의 호두유 외에 각종 영양분이 많아 두뇌 발달에 도움을 주므로 자라나는 아이들에게 좋다고 한다.

조선 숙종 때 실학자 홍만선이 쓴 농업 및 가정생활서 『산림경제』에서 호두는 독이 없고 먹으면 머리카락이 검어지고 강장, 강정, 변비 치료에 효과가 있다고 했으며 호두 기름은 모든 피부병을 치료하는 데 도움이 된다고 하고 있다. 또 호두나무 목재는 고급이라는 형용사가 늘 따라다닌다. 변재는 회색이고, 심재는 갈색인데, 목재가 단단하고 윤기가 있어 고급 가구나 조각에 사용이 되었다. 특히 유명한 소총 및 엽총의 개머리판과 총 몸은 호두나무의 심재로 만든다고 한다.

호두나무는 가래나무과의 낙엽활엽교목으로 키가 20m까지 자란다. 중국이 원산지이며 우리나라에는 중부 이남에서 재배하고 있다. 가지는 굵고 사방으로 퍼지며 수피는 회백색이며 세로로 깊게 갈라진다. 잎은 어긋나고 기수우상복엽이며 5~7개의 작은 잎으로 되어 있다. 작은 잎은 타원형이고 위쪽일수록 크고 가장자리는 밋밋하거나 뚜렷하지 않은 거치가 있다. 꽃은 4~5월에 피고 열매는 둥글고 털이 없으며, 핵은(호두) 둥글고 연한 갈색이며 접합선을 따라 깊은 주름살과 파진 골이 있다. 청와대 내에서는 유실수 단지에 자라고 있다.

청와대야 소풍 가자

83. 화살나무 *Euonymus alatus* (Thunb.) Siebold

화살의 구조를 보면 화살이 날아갈 때 곧바로 멀리 날아가게 하는 것으로 화살 끝에 전우箭羽라는 새의 깃털이 붙어 있다. 이 전우의 재료는 매나 수리의 깃털을 주로 사용했는데 여의치 못하면 꿩, 닭, 오리 등의 깃털을 사용했다.

화살나무는 이 전우 같은 회갈색의 코르크 날개를 가지에 달고 있어서 화살나무라는 이름을 가지게 되었다. 이 코르크 날개는 봄에 새싹이 돋아날 때 싹을 먹어 치우는 초식동물로부터 자신을 보호하기 위한 것이다. 음나무나 두릅나무에 가시가 있는 것과 같다.

화살나무는 이른 봄에 약간 쌉쌀한 맛이 나는 보드라운 새싹이 돋아나며 이때 나물을 해서 먹는데 홑잎나물이라고 한다. 화살나무는 봄과 여름은 다른 녹음에 묻혀서 존재감이 없는데 가을이 되면 작은 키에

걸맞지 않게 전체적으로 불타는 듯 빨간 단풍으로 물들면서 확연하게 드러난다. 화살나무 단풍의 아름다움을 따라갈 나무도 별로 없지만, 10월이 되면 열매가 익으면서 껍질이 벌어지는데 주홍빛의 동그란 씨가 마치 루비 알 같이 반짝이는 영롱한 모양이 아름답다.

화살나무는 근래에 와서 분류 체계에 따라 1937년『조선식물향명집』에서 식물 이름을 정비할 때 새로 붙인 이름으로 보인다. 회잎나무는 화살나무와 아주 유사한데 가지에 코르크질 날개가 발달하지 않거나 아예 없는 것으로 구분한다. 19세기까지도 화살나무와 회잎나무는 구

　　　　　　　　　　　　　청와대야 소풍 가자

분하지 않고 혼용을 한 것으로 보인다.

화살나무는 노박덩굴과의 낙엽활엽관목으로 키가 3m 정도 자란다. 우리나라와 일본, 사할린, 중국 등지에 분포한다. 꽃은 5월에 피고 황록색이며 취산 꽃차례로 달린다. 꽃이삭은 잎겨드랑이에서 나온다. 꽃받침 조각·꽃잎 및 수술은 4개씩이고 씨방은 1~2실이다. 열매는 10월에 결실하며 삭과이다. 잎은 마주 달리고 짧은 잎자루가 있으며 타원형 또는 달걀을 거꾸로 세운 모양으로 가장자리에 가는 거치가 있고 털이 없다. 한방에서는 지혈, 구어혈, 통경 치료제로 사용한다. 청와대에서는 수궁터, 친환경 단지, 침류각, 대정원 주변 등지에서 자라고 있다.

84. 황매화 *Kerria japonica* (L.) DC.

장미과로 분류된 매화도 수많은 품종이 있고, 같은 나무를 두고도 꽃을 보기 위해 심은 것은 매화나무라고 하고, 매실을 수확하기 위해 심은 것은 매실나무라고 부른다. 꽃의 색깔에 따라서 하얀 꽃은 백매, 조금 녹색 빛이 도는 청매, 붉은 꽃이 피는 홍매가 있다.

매화도 애매하게 장미과로 분류되어 있지만, 또 한 번 애매하게 매화라는 이름으로 분류된 노란색의 매화라는 이름의 황매화가 있다. 황매화는 초록빛 줄기와 초록빛 잎 사이에 유난히 형광의 노란색 꽃을 피우는 작은 꽃나무다. 꽃나무의 크기나 모양은 매화나무와 다르지만, 꽃의 모양이 매화를 좀 닮았고, 꽃의 색깔이 노랗다고 해서 황매화라고 부르고 있다.

꽃잎이 다섯 장으로 꽃 모양이 비슷하다고 하지만 매화와 황매화는 관계가 실제로 좀 먼 사이다. 황매화란 이름도 20세기 전반기에 일제가 우리나라 식물에 표준 이름을 붙일 때 새로 만든 이름이다. 황매화는 나무 전체를 뒤덮은 노란 꽃이 아름답고 개화 기간이 비교적 길어서 관상 가치가 높기 때문에 서원이나 사찰 등에서 많이 볼 수 있다. 주 분포 지역은 한국, 일본, 중국인데, 습기가 있는 곳에서 잘 자란다.

우리나라에서는 중부와 남부 지역에 주로 분포하는데 충남 계룡산 갑사 주변과 강원도 춘천 청평사 주변에 황매화 군락이 있다. 해마다 4월 하순에 열리는 계룡산 갑사 황매화 축제가 유명하다.

황매화의 종류 중에는 꽃잎이 홑잎인 것과 겹잎인 것이 있는데 이것도 구분하여 홑잎은 황매화라 하고, 겹잎 황매화를 죽단화라고 아예 구분하여 부르는 경우도 많다. 구분해서 꽃 모양을 말한다면, 황매화는 꽃이 너무 처연해서 아름답고, 죽단화는 소담스러워서 정이 간다.

황매화 홑꽃.

청와대야 소풍 가자

황매화는 금매화라고 불리기도 하고, 꽃의 생김새가 금 그릇 같다고 해서 금완이라고도 한다. 생약명으로는 봉당화, 체당화, 지당 등으로 불리는데 꽃에는 지혈 작용이 있다고 하며 꽃·줄기·잎 전체는 한약으로 거풍, 진해, 거담에 효능이 있다고 한다.

황매화는 장미과의 낙엽활엽관목으로 키가 2m 정도 자란다. 우리나라와 일본, 중국 등지에 분포하고, 습기가 있는 곳에서 무성하게 자라고 그늘에는 약하다. 가지가 갈라지고 털이 없다. 잎은 어긋나고 긴 달걀 모양이며 가장자리에 겹거치가 있고 길이 3~7cm이다. 꽃은 4~5월에 황색으로 잎과 같이 피고 가지 끝에 달린다. 꽃받침 조각과 꽃잎은 5개씩이고 열매는 견과로 9월에 결실하며 검은 갈색의 달걀 모양의 원형이다. 관상용으로 많이 심고 있다.

청와대에서는 상춘재, 침류각 등지에 자라고 있다.

황매화 겹꽃인 죽단화.

85. 회양목 *Buxus sinica* (Rehder & E.H.Wilson) M.Cheng var. *insularis* (Nakai) M.Cheng

회양목은 일제 강점기에 일본인 나카이와 정태현 박사가 같이 한반도의 식물을 조사하면서 경북 북부 지방, 강원도 영월, 삼척, 회양(지금은 북한 땅) 등 석회암 지대에서 집중적으로 분포하고 있는 것을 발견했다.

어떠한 특수한 환경에서 분포하고 그 식물의 자생으로 주변 환경 조건을 알 수 있는 식물을 지표 식물地表 植物이라고 하는데 회양목은 석회암 지대의 대표적 지표 식물이란 것을 확인한 것이다.

강원도 회양군 석회암 지대에서 특별히 많이 분포한다고 해서 그동안 황양목이라고 불리던 이 작은 자생나무를 회양목淮楊木으로 새롭게 이름 붙였다. 회양목의 영문명은 Korean boxwood이다. 아마도 생울타리로 네모반듯하게 잘 다듬어진 나무라고 붙여진 이름인 것 같다.

청와대야 소풍 가자

송나라 소동파의 시 「퇴포」에서 '황양액윤년黄楊厄閏年'이라고 한 구절
이 있다. '정원의 초목은 봄이 오면 무성하게 자라건만 황양목은 윤년
의 액운을 맞는다.'라고 한 것인데 이는 회양목이 1년에 한 치씩 더디
게 자라다가 윤년을 만나면 오히려 한 치가 줄어든다는 속설로 회양목
은 그만큼 자람이 느리다는 표현을 한 것이라고 본다.

　자람이 더딘 나무들이 대개 그렇듯이 회양목은 나무의 목질이 치밀
하고 단단하다. 그 때문에 단단한 목재가 필요한 곳, 즉 목판 인쇄의
활자, 호패, 도장, 낙관, 머리빗, 장기알 등의 재료로 사용되었다. 대체
로 선비들이 거처인 사랑채나 서원 등에는 회양목 한두 그루씩 심었는
데 다른 이름으로 도장나무라고 했듯이 개인의 인장, 글씨나 그림에

찍는 낙관을 만들기 위한 것이었다.『조선왕조실록』을 비롯한 책을 인쇄하는데 필요한 나무 활자를 회양목으로 많이 만들었다고 하며, 경북대 박상진 교수는 불국사 석가탑에서 나온 무구정광대다라니경의 목판인쇄에 사용된 활자가 회양목이 틀림없다고 주장한다.

회양목 잎이 자라는 시기인 봄, 여름에는 녹색, 녹황색을 추운 겨울철에는 다소 붉은빛이 있는 갈색을 보여 가끔 겨울에 얼어 죽었다는 오해를 받기도 한다. 회양목이 봄, 여름에도 노란색이나 갈색을 띠면 석회질을 보충해 주면 원래의 색으로 돌아온다고 하는데 이는 회양목의 태생이 석회암 지대에 자생하는 나무이기 때문이다.

회양목은 회양목과의 상록활엽관목으로 키가 5m까지 자란다. 작은 가지는 녹색이고 네모지며 털이 있다. 잎은 마주 달리고 두꺼우며 타원형이고 끝이 둥글거나 오목하다. 가장자리는 밋밋하며 뒤로 젖혀지고 잎자루에 털이 있다. 꽃은 4~5월에 노란색으로 피고 열매는 삭과로 타원형이고 6~7월에 갈색으로 익는다.

청와대야 소풍 가자

전국에서 가장 오래된 회양목은 경기도 화성시 태안읍 용주사에 있는 나무로 정조 대왕이 심은 것이라고 전해진다. 이 나무는 천연기념물 제264호로 지정되었다가 나무의 노령화와 수형 훼손으로 2002년에 지정 해제되었다.

86. 히어리 *Corylopsis coreana* Uyeki

히어리는 빠르면 2월 말부터 풍년화, 생강나무, 산수유와 함께 가장 먼저 봄이 왔음을 알리는 노란색 꽃나무다. 꽃 모양도 특이하고 이름도 외래어처럼 느껴져서 귀화 식물로 보는 사람도 있는데 히어리는 우리나라에서만 자라는 한반도 고유 식물이며 이름도 순수 우리말이다.

히어리의 분포 지역은 처음에는 조계산, 지리산 등 남쪽에서 자생하는 것으로 알았지만 지금은 천안 광덕산, 수원 광교산, 포천 백운산 등에서도 자생 군락이 발견되고 있는데 산기슭이나 산 중턱, 계곡에서 자라며 약간 습한 지역을 자람터로 삼고 있다.

히어리를 처음 발견한 사람은 서울농대 우에키 교수가 1924년 전남 순천의 조계산 송광사 인근에서 발견했다. 이 꽃의 특징인 꽃받침 부분이 밀납을 먹인 것같이 반투명하여 납판화라고 한 중국 꽃과 비슷하다고 송광납판화 또는 조선납판화라고 했다.

히어리라는 이름은 그 후에 서울농대 이창복 교수가 1966년에 쓴 『한국수목도감』에서 전남 순천지역에서 부르는 이름이라고 처음으로 히어리로 명명하면서 그 후 「국가표준식물목록」에 히어리로 등록하여 지금도 부르고 있다.

　히어리는 조록나무과 히어리속의 2~3m 크기의 낙엽활엽관목이다.
멀리서 보면 생강나무꽃 같기도 하고 산수유꽃 같기도 한데 가까이서
보면 더 오묘하게 생겼고 더 아름다운 꽃이다. 히어리꽃은 2월 말에서
4월 중순까지 이른 봄에 연한 황록색으로 꽃이 피는데 8~12개의 꽃이
총상 꽃차례로 아래로 달린다. 열매는 삭과로 9월에 결실하며 종자는
검은색이다.

　히어리는 그간 환경부에서 멸종위기 야생 식물 2급으로 지정 보호
되었지만 그 후에 남해도서 중부 지방에서 추가 자생지가 발견되어 충
분한 개체수가 확인되었기 때문에 2012년에 지정 해제되었다. 최근에
히어리를 대량 증식에 성공한 이후 꽃 모양이 특이하고 가을에 단풍이

아름답기 때문에 공원수나 정원수로도 근래에 많이 식재되어 이제는 주위에서도 어렵지 않게 볼 수 있게 되었다.

히어리의 생약명은 납판화라고 하는데 여름과 가을에 뿌리를 채취하여 햇빛에 말려서 약재로 쓴다. 맛은 쓰고 성질은 서늘하다고 하는데 항염증에 효능이 있고 감기, 부종, 구토, 오한 발열에 또 마음이 괴롭고 전신이 불안할 때 사용한다. 청와대에서는 관저 뜰에 있다.

참고문헌

꽃으로 보는 한국문화. 1998. 이상희. 넥서스

도시나무 오디세이. 2024. 홍태식. 디자인포스트

문화와 역사로 만나는 우리 나무의 세계. 2017. 박상진. 김영사

서울의 산. 1997. 서울시역사편찬위원회

세종로의 비밀. 2007. 유길상·광화문마당. 중앙books

우리 산에서 만나는 나무 200가지. 2010. 국립수목원, 지오북

우리 산에서 만나는 풀 200가지. 2010. 국립수목원, 지오북

원색대한식물도감. 2004. 이창복. 향문사.

이야기가 있는 나무백과. 2019. 임경빈. 서울대학교출판문화원

청계천의 역사와 문화. 2002. 서울특별시

청와대의 꽃 나무 풀. 2012. 장다사로. 김오진, 조오영. 권영록. 대통령실

청와대의 나무와 풀꽃. 2019. 박상진. 대통령경호처. ㈜눌와

청와대와 주변 역사·문화유산. 2007. 대통령경호실. ㈜트랜드미디어

청와대와 주변 역사·문화유산. 2019. 대통령경호처. ㈜넥스트커뮤니케이션

한강과 함께하는 나무와 풀. 2012. 조재형 등. 국립산림과학원

한국수목도감. 1992. 영도조재명. 최명섭. 삼정인쇄사

한국식물생태보감. 2013. 김종원. 자연과 생태

한국의 자원식물. 1996. 김태정. 서울대학교출판부

인터넷 문헌

국토 정보 플랫폼

http://map.ngii.go.kr/ms/map/nlipCASImgMap.do

청와대야 소풍 가자

두산백과 두피디아. 서울대학교 아시아연구소.

http://www.doopedia.co.kr

한국민족문화대백과. 한국학중앙연구원.

http://encykorea.aks.ac.kr

한국 야생식물 종자도감. 국립수목원.

http://www.nature.go.kr

국가생물종지식정보시스템.

http://www.nature.go.kr/main/Main.do

국가식물표준목록.

http://www.nature.go.kr/kpni/index.do

청와대 국민 품으로. http://reserve.opencheongwadae.kr

청와대사랑채. http://www.cwdsarangchae.kr

비밀의 정원과 나무 이야기

청와대야 소풍 가자

ⓒ 권영록·조오영·정명규·최영섭·박국진·조병철, 2025

개정증보판 1쇄 발행 2025년 2월 25일

지은이	권영록·조오영·정명규·최영섭·박국진·조병철
펴낸이	이기봉
편집	좋은땅 편집팀
펴낸곳	도서출판 좋은땅
주소	서울특별시 마포구 양화로12길 26 지월드빌딩 (서교동 395-7)
전화	02)374-8616~7
팩스	02)374-8614
이메일	gworldbook@naver.com
홈페이지	www.g-world.co.kr

ISBN   979-11-388-4017-0 (03480)